·人工智能技术丛书·

# 智能物联网与深度学习

林驰 著

INTELLIGENT
INTERNET OF THINGS
AND DEEP LEARNING

机械工业出版社
CHINA MACHINE PRESS

**图书在版编目（CIP）数据**

智能物联网与深度学习 / 林驰著. -- 北京：机械工业出版社，2024. 9. --（人工智能技术丛书）.
ISBN 978-7-111-77563-8

Ⅰ. TP393.45；TP18

中国国家版本馆 CIP 数据核字第 2025CJ5490 号

机械工业出版社（北京市百万庄大街22号　邮政编码100037）
策划编辑：李永泉　　　　　　　　　　责任编辑：李永泉　周海越
责任校对：邓冰蓉　张慧敏　景　飞　　责任印制：单爱军
保定市中画美凯印刷有限公司印刷
2025 年 6 月第 1 版第 1 次印刷
186mm×240mm・15.75 印张・384 千字
标准书号：ISBN 978-7-111-77563-8
定价：79.00 元

电话服务　　　　　　　　　网络服务
客服电话：010-88361066　　机　工　官　网：www.cmpbook.com
　　　　　010-88379833　　机　工　官　博：weibo.com/cmp1952
　　　　　010-68326294　　金　书　网：www.golden-book.com
**封底无防伪标均为盗版**　　机工教育服务网：www.cmpedu.com

# 前 言

PREFACE

  智能物联网与深度学习正以惊人的速度改变着人们的生活和工作方式。从传感器到设备，再到云计算和人工智能技术的结合，智能物联网提供了一个无限可能的连接世界。与此同时，深度学习作为人工智能的重要分支，通过模拟人脑神经网络的工作方式，在各个领域都取得了突破性的进展。

  本书旨在全面介绍智能物联网与深度学习的基础知识、技术原理和应用场景，帮助读者理解和掌握智能物联网与深度学习的核心概念和方法。首先，从概念层面入手，介绍智能物联网的基本概念与体系结构，并探讨其在国内外的发展现状和应用前景。

  接下来，深入研究深度学习的基础知识。从机器学习的基本概念开始，介绍机器学习任务和深度学习，重点介绍人工神经网络和神经网络架构的相关知识，为读者建立关于深度学习的基础理论框架。

  在介绍了智能物联网和深度学习的基础知识后，进一步探讨智能感知和智能计算的核心内容。智能感知部分介绍了视觉、听觉和无源感知等技术，并探讨如何利用多传感器数据融合和网络化智能协作感知提升智能感知能力。

  智能计算部分介绍了深度学习计算的基础知识和算法，并重点关注卷积神经网络和群智能算法等相关内容。此外，还讨论了优化算法和多目标优化算法在深度学习中的应用。

  最后，本书的应用及展望部分介绍了智能物联网与深度学习在社交媒体分析、健康医疗、交通、安全与隐私保障、智慧城市等领域的具体应用，并展望了智能物联网与深度学习未来的发展前景和面临的挑战。

  希望本书能够成为读者了解智能物联网与深度学习的入门参考书。无论是学生、科研人员，还是从事相关工作的专业人士，本书都能够为你提供宝贵的知识和实践经验，帮助你在智能物联网与深度学习领域取得更好的成果。

  最后，感谢所有支持和帮助我完成这本书的家人、朋友和同事。希望我的努力能够为读者带来价值，也期待读者在阅读本书的过程中不断探索、学习并应用所学知识，为推动智能物联网与深度学习的发展做出贡献。

# 目　录

**前言**

## 第一篇　绪　论

### 第1章　认识智能物联网 …… 2
- 1.1 智能物联网的基本概念与体系结构 …… 2
  - 1.1.1 什么是物联网 …… 2
  - 1.1.2 智能物联网的基本概念 …… 5
  - 1.1.3 智能物联网的体系结构 …… 6
- 1.2 智能物联网的起源与国内外发展现状 …… 7
  - 1.2.1 智能物联网的起源 …… 7
  - 1.2.2 国内外发展现状 …… 9
- 1.3 智能物联网的应用前景及发展趋势 …… 12
  - 1.3.1 智能物联网的应用前景 …… 12
  - 1.3.2 智能物联网的发展趋势 …… 14
- 本章习题 …… 16
- 参考文献 …… 16

### 第2章　认识深度学习 …… 17
- 2.1 机器学习的基本概念 …… 17
- 2.2 机器学习任务 …… 20
- 2.3 深入研究深度学习 …… 21
- 2.4 人工神经网络 …… 23
  - 2.4.1 人工神经网络的历史 …… 23
  - 2.4.2 脉冲神经网络 …… 24
  - 2.4.3 操作模式 …… 24
  - 2.4.4 学习规则 …… 24
- 2.5 神经网络架构 …… 25
  - 2.5.1 单层前馈网络 …… 25
  - 2.5.2 多层前馈网络 …… 25
  - 2.5.3 循环网络 …… 26
  - 2.5.4 网状网络 …… 27
  - 2.5.5 训练过程和学习特性 …… 27
- 本章习题 …… 29
- 参考文献 …… 29

## 第二篇　智能感知

### 第3章　视觉智能感知 …… 32
- 3.1 机器视觉的基本概念和特性 …… 32
  - 3.1.1 机器视觉的基本概念 …… 32
  - 3.1.2 机器视觉的特性 …… 33
- 3.2 机器视觉感知技术 …… 35
  - 3.2.1 机器视觉系统中的图像传感 …… 35
  - 3.2.2 用于移动机器人的仿生实时被动视觉 …… 36

  3.2.3 用于机器视觉中的颜色和深度传感器技术 ········ 37
 3.3 视觉智能感知应用 ············ 38
 本章习题 ························ 41
 参考文献 ························ 41

## 第 4 章　听觉智能感知 ············ 42
 4.1 机器听觉的基本概念和特性 ······ 42
  4.1.1 听觉生理学 ············ 43
  4.1.2 听觉中的关键问题 ········ 44
  4.1.3 机器听觉 ·············· 45
 4.2 机器听觉感知技术 ············ 46
  4.2.1 机器听觉感知体系结构 ······ 46
  4.2.2 语音识别技术 ············ 47
 4.3 听觉智能感知应用 ············ 51
 本章习题 ························ 52
 参考文献 ························ 53

## 第 5 章　智能无源感知 ············ 54
 5.1 智能无源感知的基本概念和特性 ·· 54
  5.1.1 无源传输网络 ············ 55
  5.1.2 电子传感器架构 ·········· 56
  5.1.3 智能无源传感器 ·········· 56
  5.1.4 典型应用 ·············· 57
 5.2 无源感知信号分类 ············ 58
  5.2.1 RFID ················ 58
  5.2.2 Wi-Fi ················ 64
  5.2.3 LoRa ················ 70
  5.2.4 Radar 与 LTE ·········· 73
  5.2.5 毫米波和太赫兹 ·········· 79
 5.3 智能无源感知应用 ············ 86
  5.3.1 基于 RFID 的无源物联网 ···· 87
  5.3.2 基于蓝牙的无源物联网 ······ 88

  5.3.3 基于 Wi-Fi 的无源物联网 ···· 88
  5.3.4 基于 LoRa 的无源物联网 ···· 88
  5.3.5 基于 5G 的无源物联网 ······ 88
 本章习题 ························ 89
 参考文献 ························ 89

## 第 6 章　多传感器数据融合 ········ 91
 6.1 数据融合的基本概念 ·········· 91
  6.1.1 多传感器数据融合的概念 ···· 91
  6.1.2 多传感器数据融合的分类 ···· 94
  6.1.3 多传感器数据融合的应用 ···· 95
 6.2 数据融合的目标、原理及层次 ·· 97
  6.2.1 数据融合的目标 ·········· 97
  6.2.2 数据融合的原理 ·········· 98
  6.2.3 数据融合的层次 ·········· 100
 6.3 多传感器数据融合的方法 ······ 101
  6.3.1 随机类方法 ············ 101
  6.3.2 人工智能类方法 ·········· 102
 本章习题 ························ 103
 参考文献 ························ 103

## 第 7 章　网络化智能协作感知 ···· 106
 7.1 传感器网络与无线传感器网络 ···· 106
  7.1.1 传感器网络 ············ 106
  7.1.2 无线传感器网络 ·········· 107
 7.2 协作感知 ···················· 111
  7.2.1 单空间协作感知 ·········· 111
  7.2.2 从单一空间到跨空间协作感知 ···················· 113
 本章习题 ························ 115

参考文献 …………………………………… 116

## 第三篇　智能计算

### 第 8 章　深度学习计算 ………………… 120
8.1 深度学习计算概述 …………………… 120
　8.1.1 人工智能简史 …………………… 120
　8.1.2 基于规则的系统 ………………… 121
　8.1.3 基于知识的系统 ………………… 121
　8.1.4 机器学习 ………………………… 122
　8.1.5 机器学习的概念 ………………… 122
　8.1.6 泛化 ……………………………… 124
　8.1.7 感知器 …………………………… 129
　8.1.8 多层神经网络 …………………… 130
8.2 模型构造与模型参数初始化和共享 … 132
　8.2.1 提前停止 ………………………… 132
　8.2.2 以广度换深度 …………………… 133
　8.2.3 集成方法 ………………………… 133
　8.2.4 参数共享 ………………………… 134
8.3 数据读取和存储 …………………… 135
8.4 GPU 计算 …………………………… 135
本章习题 ………………………………… 140
参考文献 ………………………………… 140

### 第 9 章　卷积神经网络 ………………… 141
9.1 卷积神经网络简介 ………………… 141
9.2 二维卷积层 ………………………… 144
9.3 图像物体边缘检测 ………………… 149
　9.3.1 边缘检测的步骤 ………………… 150
　9.3.2 边缘检测器 ……………………… 151
9.4 互相关运算和卷积运算 …………… 154
　9.4.1 互相关运算 ……………………… 154
　9.4.2 卷积运算 ………………………… 156
　9.4.3 互相关与卷积的区别 …………… 160
9.5 填充和步幅 ………………………… 160

　9.5.1 填充 ……………………………… 160
　9.5.2 步幅 ……………………………… 161
本章习题 ………………………………… 161
参考文献 ………………………………… 162

### 第 10 章　群智能算法之粒子群算法 …… 163
10.1 基本粒子群算法 …………………… 163
10.2 粒子群优化算法的基本框架 ……… 166
10.3 粒子群算法分类 …………………… 168
　10.3.1 PSO 算法 ……………………… 168
　10.3.2 两种基本的进化模型 ………… 169
　10.3.3 改进的 PSO 算法 ……………… 169
10.4 实例分析 …………………………… 170
本章习题 ………………………………… 172
参考文献 ………………………………… 172

### 第 11 章　优化算法 …………………… 173
11.1 优化与深度学习 …………………… 173
　11.1.1 优化目标 ……………………… 174
　11.1.2 优化过程 ……………………… 175
　11.1.3 深度学习中的优化挑战 ……… 176
11.2 梯度下降和随机梯度下降 ………… 176
　11.2.1 梯度下降的实现和基本分析 … 177
　11.2.2 随机梯度下降 ………………… 179
11.3 动量法 ……………………………… 180
11.4 自适应学习率算法 ………………… 182
　11.4.1 AdaGrad 算法 ………………… 182
　11.4.2 RMSProp 算法 ………………… 182
　11.4.3 Adam 算法 …………………… 183
　11.4.4 选择正确的优化算法 ………… 183
本章习题 ………………………………… 183
参考文献 ………………………………… 184

# 第12章 多目标优化算法 ......... 185
## 12.1 多目标优化算法简介 ............ 185
### 12.1.1 多目标优化算法定义 .............. 185
### 12.1.2 与单目标优化的区别 ............ 187
### 12.1.3 多目标优化的两种方法 ............ 187
### 12.1.4 非占优解与帕累托最优解 ............ 189
## 12.2 三代多目标优化算法 ............ 191
## 12.3 高维多目标优化算法 ............ 193
## 12.4 多目标优化算法应用实例 ............ 194
### 12.4.1 航天器轨迹设计 ............ 194
### 12.4.2 悬臂板设计 ............ 194
## 本章习题 ............ 196
## 参考文献 ............ 197

# 第四篇 应用及展望

# 第13章 智能物联网与深度学习应用 ............ 200
## 13.1 深度学习在社交媒体分析中的应用 ............ 200
### 13.1.1 用户行为分析 ............ 201
### 13.1.2 业务分析 ............ 204
## 13.2 医疗认知系统与健康大数据应用 ............ 206
## 13.3 认知车联网与5G认知系统应用 ............ 209
### 13.3.1 认知车联网 ............ 209
### 13.3.2 5G认知系统应用 ............ 212
## 13.4 生成对抗网络在深度学习中的应用 ............ 214
### 13.4.1 GAN在自然语言处理中的应用 ............ 214
### 13.4.2 GAN在计算机视觉中的应用 ............ 215
### 13.4.3 GAN的安全应用 ............ 216
## 13.5 大数据技术在城市治理与智慧城市中的应用 ............ 217
## 13.6 无人机应用 ............ 219
## 13.7 安全与隐私保障应用 ............ 222
### 13.7.1 物联网安全 ............ 224
### 13.7.2 物联网中的隐私 ............ 225
### 13.7.3 物联网安全和用户隐私面临的挑战 ............ 226
## 13.8 生理和心理状态监测应用 ............ 227
## 本章习题 ............ 230
## 参考文献 ............ 230

# 第14章 智能物联网与深度学习的未来展望 ............ 234
## 14.1 智能物联网与深度学习的发展前景 ............ 234
## 14.2 智能物联网与深度学习面临的挑战 ............ 237
## 本章小结 ............ 240

PART I
第一篇

# 绪　　论

- 第1章　认识智能物联网
- 第2章　认识深度学习

CHAPTER 1

# 第 1 章

# 认识智能物联网

本章将深入探讨智能物联网（Artificial Intelligence & Internet of Things，AIoT）的基本概念与体系结构、发展历程与现状，以及未来应用前景。1.1 节将介绍什么是智能物联网，它的基本体系结构是如何构建的。通过对这些基础知识的学习，读者将准确理解智能物联网的本质特征和技术架构。

1.2 节将探讨智能物联网的发展起源，以及目前国内外的研究现状。分析智能物联网技术的演进历程，重点关注国内外在这一领域的最新研究进展和典型应用。通过对发展历程的回顾和现状的分析，读者将把握智能物联网技术的发展脉络和趋势。

1.3 节将着重讨论智能物联网的应用前景和发展趋势。深入探讨智能物联网在各个领域的应用前景，分析其面临的机遇与挑战，展望未来的发展方向。通过对发展前景的探讨，读者将更好地理解智能物联网的战略价值和实践意义。

通过本章的学习，读者将系统地了解智能物联网的基础知识，掌握其核心概念和技术特点，认识其发展现状和未来趋势，这些内容将为后续深入学习智能物联网的具体技术和应用奠定坚实的基础。

## 1.1 智能物联网的基本概念与体系结构

### 1.1.1 什么是物联网

物联网（Internet of Things，IoT）是互联网的一个延伸，并扩展到物理世界使设备之间能够广泛连接、相互交互并将数据共享到一个更大的网络。在这个网络中，共享的数据可以用来提取有价值的信息。在物联网中，所有设备都必须具有唯一标识符，并使用嵌入式技术来感知和收集有关自身及其环境的数据，并将该数据传输到其他设备。然后，这些数据需要进行关联和分析，以提供更明智的决策[1]。从工业和商业的角度来看，物联网提供了一个巨大的机会，可以利用以前未知的信息来改造和创建工业流程和商业模式。

由于技术的快速发展和融合，物联网的定义也在不断发展，因此从不同的角度对物联网有多种定义。但是，它们都具有以下基本特征[2]。

（1）物　物联网中的物（也称为智能对象、物联网设备）是可以感知、驱动其他对象、系统或人，并与之交互的连接对象。物联网中的设备必须具有处理单元、电源、传感器/执行器、网络连接和标签/地址，以便可以对其进行唯一识别。

（2）连通性　连通性指使物联网设备能够连接到互联网或其他网络来增强物联网的能力。这意味着每个物联网设备中都必须有一个连接模块，以及支持网络和设备间通信的协议。

（3）数据　没有从物联网设备中收集的"大"数据，就没有物联网。事实上，"数据是新的石油"。从物联网设备发出的信息通常包括环境数据、诊断数据、位置数据或状态报告。数据还可以被发送到设备，例如发送休眠或降低功耗的命令。

（4）智能　智能是释放物联网潜力的关键，因为它能够从物联网数据中提取其特征。例如，人工智能（Artificial Intelligence，AI）、机器学习、数据分析和物联网数据的结合可以避免意外停机（即预测性维护）、提高运营效率、启用新的和改进的产品和服务，并加强风险管理。

（5）行动　行动是智能的结果。它指的是设备上要采取的自动化操作，同时也包括物联网生态系统中利益相关者的操作。

（6）生态系统　必须从生态系统的角度来看待和分析物联网。物联网设备本身、它们使用的协议、它们运行的平台、对数据感兴趣的社区以及相关方所要达到的目标构成了生态系统。

（7）异构性　物联网将由异构设备组成，在不同网络的不同平台上运行。因此，所有组件都应该是可互操作的，即它们必须能够基于公共参考模型以协调的方式连接、交换和呈现数据。

（8）动态变化　设备的状态、它们运行的环境、连接的设备数量以及它们传输和接收的数据会动态变化。

（9）巨大的规模　连接设备的数量比当前连接至少多一个数量级。这意味着设备生成的数据量相应增加，而这些数据必须经传输和分析才能加以利用。

（10）安全和隐私　安全和隐私是物联网的内在组成部分。这些问题至关重要，因为个人数据将在线可用（例如在医疗保健系统中，物联网设备可以绘制和共享心率、血糖水平、睡眠模式和个人幸福感）。这需要数据主权、安全网络、安全端点和可扩展的数据安全计划，以确保这些信息的安全。

在物联网生态系统中，有四个主要组成部分：物、数据、人和流程[3]。它们必须协同工作，才能实现更加互联的世界，如图1.1所示，这些要素互联互通构成了日常生活中的物联网。

**1. 物**

物是指物联网中运行的物理设备，每个设备都必须能够连接到其他设备或网络。这可以使用专门的通信协议，例如ZigBee、蓝牙或更通用的Internet协议。设备需要能量和处理能力来处理该通信。此外，要成为物联网设备，必须有一些数据进行通信，最常见的数据是由设备本身收集的传感器数据，例如来自安防摄像头的图像数据、温度计的温度数据、工业制造机器上的传感器的湿度或压力数据等。也可以命令物或设备执行某些动作，如发送特定数据、移动执行器或某些其他控制电机。设备必须能够确认这些命令、执行这些操作，并通过遥控器确认执行了所需的操作。路由器、交换机和网关被视为网络的一部分，但也可以归类为物。设备必须能够适应所处的环境条件，并通过电源、传感器和通信来完成这些任务。

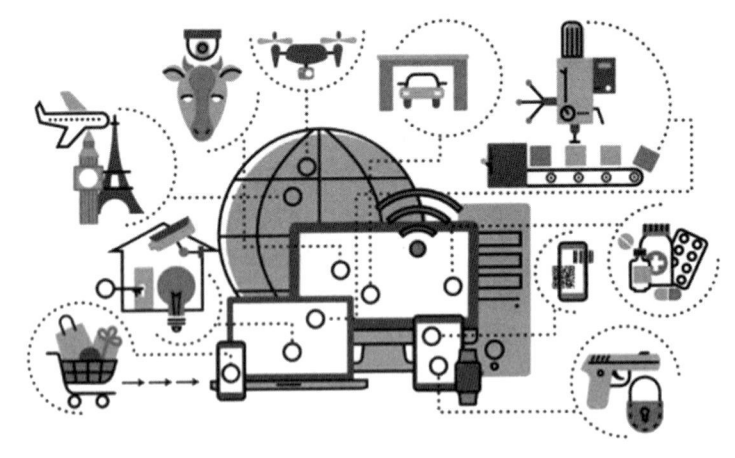

图 1.1 物联网在生活中的应用场景

**2. 数据**

因为传感器数据是从物发出以及向物发送的，大量设备如此频繁地产生数据，导致数据本身的规模是巨大的。必须清理原始数据，即检查错误和格式化，然后存储以供分析。此任务可以在网络边缘、靠近设备的地方完成，或者可以将数据传送到更集中的收集点（例如"云"）进行分析。成本、时间与所需操作的相关性以及沟通障碍是决定数据处理配置的因素。从多个物联网设备收集的大数据最常在云中存储和处理。

**3. 人**

人们至少在两个方面受到物联网的影响：一方面，作为技术的推动者，人们必须致力于发挥物联网的潜能；另一方面，作为结果的受益者，人们从物联网中获益。在物联网的框架下，不同功能之间的互联更加广泛，促使人们与其他业务部门的同事进行更多的交流。这种交流有时是在履行相似职能或级别等同的同事之间进行的，称其为横向互动。但有时，它涉及更垂直的层面，可能是在更高或更低的级别上。人们需要相互作用，以确保对收集的数据有准确的理解，并对数据分析结果进行正确的解释。总之，人们不仅创造和维护物联网，还从中获得最大的利益。对于消费者而言，物联网的影响表现在企业能够做出更明智的决策，提供更有针对性的服务。同时，消费者也需要了解自己的个人数据如何被收集以及这些数据的使用情况。

**4. 流程**

物联网生态系统的最后一个组成部分是流程，这是实现智能自动化、知情决策、控制以及高效程序的关键所在。当前在垂直行业（例如制造、物流）中使用的所有方法、技术和流程可以在正确的时间使用正确的信息来提高效率。分析从传感器收集的数据并将这些信息提供给适当的利益相关者是物联网流程的主要思想。

## 1.1.2 智能物联网的基本概念

智能物联网（AIoT）是人工智能与物联网的协同应用，是于2018年兴起的概念。智能物联网技术融合人工智能（AI）技术和物联网（IoT）技术，通过物联网产生、收集海量的数据并存储于云端、边缘端，再通过大数据分析，以及更高形式的人工智能，实现万物数据化、万物智联化[4]。智能物联网是指系统通过各种信息传感器实时采集各类信息（一般在监控、互动、连接情境中）后，在终端设备、边缘域或云中心通过机器学习对数据进行智能化分析，包括定位、比对、预测、调度等。

物联网技术与人工智能技术追求的是一个智能化生态体系，除技术上需要不断更新，技术的落地与应用更是现阶段物联网与人工智能领域亟待突破的核心问题[5]。一方面，通过物联网万物互联的超大规模数据可以为人工智能的深度洞察奠定基础，另一方面具备了深度学习（Deep Learning, DL）能力的人工智能又可以通过精确算法加速物联网行业应用落地。当物联网技术与人工智能技术融合后，物联网的潜力将得到更进一步释放，进而改变现有产业生态和经济格局，甚至是人类的生活模式。智能物联网将真正实现智能物联，也将促进人工智能向应用智能趋势发展。近几年国家加大对"智慧城市""智慧医疗"（见图1.2）、"智慧社区"等智慧物联网应用落地项目的重视，与此同时安防市场对智能物联网技术的需求也在大量增加，相信智慧物联网技术将迎来一波新的热潮[6]。

图1.2 智能物联网应用落地——智慧城市与智慧医疗

### 1.1.3 智能物联网的体系结构

从硬件/软件的角度来看，智能物联网由以下 7 层组成[7]。

**1. 硬件层**

硬件层包括物联网事物的各种组件的物理实现，例如处理单元、传感器、电源系统以及将设备连接到外部世界的通信接口。需要各种技术才能使物联网的硬件实现成为可能。低功耗且通常具有高性能的互补金属氧化物半导体（Complementary Metal-Oxide-Semiconductor, CMOS）设备通常用于构建处理单元。对于依赖易失性和非易失性存储器的典型物联网，可能需要各种存储器类型。供配电网络专门为物联网设计和优化，以更好地服务于用户应用。传感器和通信设备是可能包含在物联网中的模块化组件。更高级别的软件可以通过设备驱动程序访问和控制这些设备，实现对硬件功能的充分利用。

**2. 设备驱动程序层**

通过硬件接口控制硬件的软件允许操作系统和其他程序访问硬件功能，而无须了解底层硬件细节。

**3. 硬件抽象层**（Hardware Abstraction Layer，HAL）

HAL 是位于设备驱动程序层之上的软件层，用于定义与硬件交互所需的协议、工具和例程。HAL 涉及创建使硬件能够正常运行所需的高级函数。开发人员无须广泛了解硬件的工作原理。这对于使用许多需要端口应用程序连接平台的微控制器硬件的开发人员来说很重要。HAL 能够帮助对底层硬件了解较少的工程师，在不了解细节的情况下创建应用程序代码。驱动程序层和 HAL 之间的主要区别在于，HAL 构建在设备驱动程序之上，并且能够对更高的软件层隐藏硬件差异。例如，USB 鼠标驱动程序和 PS2 鼠标驱动程序是非常不同的，但是在 HAL 的帮助下，它们是可替换的。

**4. 实时操作系统**（Real Time Operating System，RTOS）

通常，操作系统的多个进程可以使多个程序同时执行，调度程序确定应该运行哪个程序，以什么顺序运行，然后调度程序在程序之间快速切换，使其看起来所有程序都在同时执行，例如 Windows 等桌面操作系统包含一个确保用户响应的调度程序。相比之下，RTOS 中的调度程序旨在创建更可预测的执行模式，其中每个任务必须在给定的时间预算内完成。特别是此功能对于物联网系统很重要，因为物联网系统包括具有严格响应时间要求的实时应用程序。

**5. 中间件**

物联网设备通常是为一类目标应用程序设计和优化的，这些目标应用程序使用具有不同 IP 核的异构片上系统进行处理、传感和通信。中间件通过支持组成物联网设备的各种应用程序和服务之间的互操作性，简化了此类系统的开发过程。沿着这些思路，已经开发了许多操作系统来支持物联网中间件的开发。中间件与 HAL 和设备驱动程序层相结合，提供了启用服务部署所需的功能。物联网系统多样化应用领域的示例服务包括无线传感器网络、射频识别（Radio Frequency Identification，RFID）、机器间通信以及监控和数据采集。中间件负责管理应用层与系统中各种设备的交互，通常会考虑使用各种功能组件来管理这种交互。

### 6. 应用程序接口（Application Programming Interface，API）

API 定义创建应用程序所需的工具、协议和例程。API 被设计为通用且独立于特定实现，以便 API 可以跨多个应用程序使用，只需对实现进行轻微更改。虽然 HAL 和 API 很相似，但它们在软件开发中有两个不同的用途。HAL 位于低级驱动程序之间，为软件堆栈或中间件组件（即以太网、USB、文件系统）创建通用接口空间，还可以用作驱动程序接口，或者用作更高级别代码和当前驱动程序的包装器或通用接口。API 作为一种工具，通过提供管理实时系统行为所需的接口代码并允许访问文件或串行通信等常见组件，来帮助高级开发人员快速编写应用程序代码。

### 7. 应用层

应用层负责生产服务并定义一套协议，用于不同物联网应用之间的通信，例如物流、零售和医疗保健。应用协议有可扩展通信和表示协议（Extensible Messaging and Presence Protocol，XMPP）、消息队列遥测传输（Message Queuing Telemetry Transport，MQTT）、受限应用协议（Constrained Application Protocol，CoAP）和表征状态传输等。XMPP 主要用于即时通信、多方聊天和音频通话。MQTT 是一种机器到机器架构，可实现轻量级连接，支持通过 TCP 发布和订阅。CoAP 使用请求和响应协议来启用资源受限环境中的通信。为物联网系统选择应用协议时，需要考虑带宽要求、数据延迟、可靠性和内存占用等重要参数。

## 1.2 智能物联网的起源与国内外发展现状

### 1.2.1 智能物联网的起源

物联网的概念可以追溯到 1832 年，第一台电磁电报机的产生。电报通过电信号传输实现了两台机器之间的直接通信。然而，真正的物联网历史始于 20 世纪 60 年代后期，然后在接下来的几十年中迅速发展[8]。

#### 1. 20 世纪 80 年代

这可能令人难以置信，但第一个联网设备是位于卡内基梅隆大学的可口可乐自动售货机，由当地程序员操作。他们将微型开关集成到机器中，并使用早期的互联网形式来查看冷却装置是否使饮料保持足够冷，以及是否有可用的可乐罐。这项发明促进了该领域的进一步研究和全世界互联机器的发展。

#### 2. 20 世纪 90 年代

1990 年，John Romkey 首次使用 TCP/IP 将烤面包机连接到互联网，如图 1.3 所示。一年后，剑桥大学的科学家提出了使用第一个网络摄像头原型来监控当地计算机实验室咖啡壶中可用咖啡量的想法。他们将网络摄像头编程为每分钟拍摄 3 次咖啡壶的照

图 1.3　John Romkey 和他的"网络烤面包机"

片，然后将图像发送到本地计算机，从而让每个人都可以查看是否还有咖啡。

1999 年很可能是物联网历史上最重要的一年，因为 Kevin Ashton 创造了"物联网"一词。作为一位有远见的技术专家，Ashton 在 Procter & Gamble 公司的演讲中将物联网描述为一种借助 RFID 标签连接多个设备以进行供应链管理的技术。他在演讲的标题中特别使用了"物联网"一词，以吸引观众的注意力，因为当时物联网刚刚成为一个大话题。虽然他对基于 RFID 的设备连接的想法不同于当今基于 IP 的物联网，但 Ashton 的突破在物联网历史和整体技术发展中发挥了至关重要的作用。

### 3. 21 世纪 00 年代

21 世纪初，"物联网"一词被媒体广泛使用，《卫报》《福布斯》和《波士顿环球报》等媒体都提到了它。人们对物联网技术的兴趣稳步增长，这导致了 2008 年在瑞士举行的首个国际物联网大会，有来自 23 个国家的参会者讨论了 RFID、短程无线通信和传感器网络。

LG 电子于 2000 年推出的连接互联网的冰箱，允许其用户在线购物和进行视频通话。2005 年 Violet 公司开发了名为 Nabaztag 的小型兔子机器人，如图 1.4 所示，它能够播报新闻、预告天气，跟踪股市行情。

图 1.4　Nabaztag 小型兔子机器人

### 4. 21 世纪 10 年代

2011 年 Gartner 新兴技术炒作周期也体现了物联网的繁荣。同年，作为物联网核心的网络层协议 IPv6 公开发布。从那时起，互联设备在我们的日常生活中变得普遍。苹果、三星、谷歌、思科和通用汽车等全球科技巨头正将精力集中在物联网传感器和设备的生产上——从互联恒温器和智能眼镜到自动驾驶汽车。物联网已进入几乎所有行业，如制造业、医疗保健、运输、石油和能源、农业、零售等。这种转变让我们确信物联网革命就在此时此刻。

2023 年，物联网平台在 Gartner 炒作周期中依旧保持着稳固的地位，此外还有虚拟助手、联网家庭和 4 级自动驾驶汽车。物联网平台相关技术预计在 5~10 年内达到其生产力的平台期。

### 5. 未来是智能物联网的时代

物联网技术在飞速发展，据 2024 年的数据预测，全球物联网市场的价值约为 714.48 亿美元，到 2032 年预计将增长至 4062.34 亿美元，年复合增长率达 24.3%。所有可以连接的事物都会被连接起来，从而形成一个全面的数字系统，所有设备都可以与人或另一个设备交流。在不久的将来，物联网制造商将专注于为特定行业和领域设计解决方案，而不是针对一般需求。此外，对有助于解决行业特定挑战的特定用例的需求也在不断增长。例如，用于远程患者监控的物联网解决方案旨在降低成本并提高患者护理质量。根据 Grand View Research 的数据，到 2026 年，全球远程患者监测市场预计将达到 18 亿美元。

物联网技术近些年得到了广泛应用，借助物联网实现"互联网+"，实现人与物的互联互通和资源的共享等。典型案例有滴滴出行借助物联网实现了车与车、车与人之间的连接，除此之外还有各种网络平台，都可以认为是物联网技术的应用代表。但当前的物联网技术还仅仅局限在功能的实现上，需要借助各种技术提升物联网的应用层次，以便更好地服务于生产生活。而人工智能技术作为智能智慧的代表，得到了人们的关注。可以想象，一旦将人工智能技术应用于物联网实现智能物联网，就会进一步推动物联网技术向更高层的应用拓展。

随着投资浪潮、新产品的涌现和企业部署的兴起，人工智能正在物联网领域掀起一股热潮。制定物联网战略、评估潜在物联网新项目或从现有物联网部署中获得更多价值的公司，可能更加希望探索人工智能的角色。

人工智能在物联网应用和部署中扮演着越来越重要的角色，这是在该领域运营的公司行为的明显转变。对使用人工智能的物联网初创企业的风险投资急剧增加。在过去两年中，许多公司已经收购了数十家从事人工智能和物联网交叉领域的公司。物联网平台软件的主要供应商现在也在提供基于机器学习的分析等综合人工智能功能。

除此之外，人工智能对数据具有极高的洞察力。机器学习是一种人工智能技术，具有自动识别模式，并检测智能传感器和设备产生的数据中的异常情况，如温度、压力、湿度、空气质量、振动和声音等信息。企业发现，在分析物联网数据方面，机器学习与传统商业智能工具相比具有显著优势，包括能够比基于阈值的监测系统提前 20 倍做出运营预测，并具有更高的准确性。语音识别和计算机视觉（Computer Vision，CV）等其他人工智能技术可以帮助从过去需要人工审查的数据中提取特征。

在未来，无论物联网本身多么强大，当它与区块链、人工智能、机器学习、大数据、AR/VR、云计算和边缘计算等其他技术相结合时，它会提供更多的机会，同时也将会有更多的混合解决方案。例如，当它与人工智能和机器学习联系到一起时，其应用示例包括互联设备的预测性维护、生产过程的自我优化以及了解用户偏好的智能家居设备。在不久的将来，物联网设备不仅会报告信息，还会通过部署机器学习技术自行做出决策并变得更加智能。

## 1.2.2　国内外发展现状

在国内，智能物联网得到了广泛的应用和研究。以下是一些主要的发展情况：

1）工业领域应用。在工业领域，智能物联网技术被用于设备监控、预测性维护、生产优化等方面。例如，海尔集团利用物联网平台实现了家电产品从生产到售后的全流程管理，提高了生产效率和质量。徐工集团利用物联网和大数据分析技术，实现了工程机械的远程监控和故障预警，减少了设备的非计划性停机时间。

2）智慧城市建设。在智慧城市建设中，物联网技术被广泛应用于交通管理、环境监测、公共安全等领域。例如在北京，利用物联网传感器收集的数据结合人工智能算法，实现了交通信号灯的智能调节，缓解了交通拥堵问题；在深圳，基于物联网的智能环保监管平台，可以实时监测企业的废气排放情况，提高了环境执法效率。

3）农业领域应用。在农业领域，物联网技术被用于农田环境监测、灌溉控制、畜牧养殖管理等。例如，新疆某红枣种植基地利用土壤湿度传感器，结合机器学习算法，实现了农田水分的精准管理，每年可节水 30% 以上。在四川，某养猪场应用物联网技术，实现了猪舍环境的实时监测和自动调节，提高了生猪的成活率和生长速度。

4）科研团队探索。国内众多高校和科研机构也在智能物联网领域开展了研究工作。清华大学物联网研究中心提出了一种面向智能制造的工业互联网架构IIHub，支持海量异构设备接入和工业大数据分析。中国科学院沈阳自动化研究所研发了一套智能养老系统，利用可穿戴设备采集老人的生命体征数据，结合人工智能算法评估老人的健康状态，实现智能化看护。

总地来说，国内在智能物联网领域的应用和研究都取得了长足的进展，但与发达国家相比还有一定差距。未来，随着5G、人工智能等新技术的进一步发展，智能物联网必将迎来更大的发展机遇。我国政府和企业应加大投入，突破核心技术，推动智能物联网在各行业的融合创新，为经济高质量发展提供新动能。

在国外，智能物联网技术正在帮助企业避免昂贵的计划外停机时间，提高操作效率，启用新的和改进的产品和服务，并加强风险管理[9]。

1) 避免昂贵的计划外停机时间。在许多部门，由于设备故障造成的计划外停机可能会造成严重的损失。例如，根据一项研究，海上油气运营商每年平均损失3800万美元。另一个估计，在工业制造中，每年的计划外停机成本为500亿美元，其中42%的停机是设备故障造成的。

预测性维护——使用分析来提前预测设备故障，以便安排有序的维护程序，可以减少计划外停机带来的经济损失。以制造业为例，德勤公司发现预测性维护可以将计划维护所需的时间减少20%~50%，将设备正常运行时间和可用性提高10%~20%，并将整体维护成本降低5%~10%。

因为人工智能技术，尤其是机器学习，可以帮助识别模式和异常，并基于大量数据进行预测，它们被证明在实现预测性维护方面特别有用。例如，韩国领先的炼油商SK Innovation希望通过使用机器学习来预测连接的压缩机故障，从而可以节省数十亿韩元。同样，意大利铁路公司（Trenitalia）希望避免计划外停机，并在其13亿欧元的年度维护成本上节省8%~10%。与此同时，法国电力公司EDF集团已经通过机器学习驱动的设备故障预警系统节省了100多万美元。

2) 提高操作效率。人工智能驱动的物联网不仅能帮助避免计划外的停机，还能通过机器学习提供的快速、准确的预测和深入见解，以及人工智能技术在日益增多的任务中实施自动化，从而显著提高操作效率。

例如，对好时食品公司来说，在生产过程中管理产品的重量是至关重要的。对于像Twizzlers（一种糖果）这样的产品来说，重量精度每提高1%，就可以节省约50万美元。公司使用物联网和机器学习技术来显著降低生产过程中的重量变化。数据被实时捕获和分析，重量变化可以通过机器学习模型进行预测，每天可以进行240次工艺调整，而在采用基于深度学习的物联网解决方案之前，每天只能进行12次工艺调整。

基于人工智能的预测也帮助谷歌公司降低了40%的数据中心冷却成本。该解决方案根据设备内传感器的数据进行培训，预测未来一小时内的温度和压力，以指导限制电力消耗的行动。

机器学习说服了一个航运船队运营商采取了一个反直觉的行动，为他们省了一大笔钱。从舰载传感器收集的数据被用来确定用于清洁船体的资金与燃料效率之间的关系。分析表明，通过每年两次而不是每两年一次清洗船体，清洗预算翻了4倍，由于燃料效率的提高，他们最终将节省40万美元。

3) 启用新的和改进的产品和服务。物联网技术与人工智能相结合，也可以改进并形成全新的产品和服务。例如，在通用电气公司的无人机和基于机器人的工业检测服务中，该公司希望通过人工智能实现检测设备导航和缺陷识别的自动化。这将使客户的检查更安全、更精确，并且可以在医疗保健领域节省高达25%的费用。在医疗保健领域，费城托马斯杰斐逊大学医院（Thomas Jefferson University Hospital）寻求通过自然语言处理（Natural Language Processing，NLP）改善患者体验，患者能够控制房间环境，并通过语音命令执行各种请求。

与此同时，罗尔斯·罗伊斯计划很快推出一项新的服务：以物联网技术为特色的飞机引擎维修服务。此外，汽车制造商Navistar也希望通过机器学习分析实时联网车辆数据，在车辆健康诊断和预测性维修服务领域开辟新的收入来源。据Navistar技术合作伙伴Cloudera介绍，这些服务已帮助将近30万辆汽车的停机时间减少了40%。

4）加强风险管理。许多将物联网与人工智能配对的应用程序正在帮助企业更好地理解和预测各种风险，并实现快速响应的自动化，使它们能够更好地管理工人安全、经济损失和网络威胁。

例如，富士通（Fujitsu）公司已经尝试使用机器学习分析来自可穿戴设备的数据，通过实时监控数据来保障工厂工人的安全。印度和北美的银行已经开始评估人工智能技术，通过连接在ATM上的监控摄像头实时识别可疑活动。汽车保险公司Progressive正在使用机器学习分析来自联网汽车的数据，以准确定价其基于使用的保险费，从而更好地管理承保风险。拉斯维加斯市已经转向机器学习解决方案，以确保其智能城市计划的安全，旨在自动检测并实时响应威胁。

在国外，一些科研团队为了实现让物联网更加智能化，将物联网与人工智能、机器学习、云计算相结合，开展了一系列研究工作[10]。

A. H. Celdran等人旨在为开发上下文感知智能应用程序提供一个解决方案，实现在物联网模式中保护用户的隐私。他们提出一组预定义查询的框架，为应用程序提供有关用户室内位置、对象和上下文感知服务的信息。该系统通过使用面向语义的物联网版本，对事物描述进行建模，对数据进行推理以推断新知识，并定义上下文感知策略。此外，该系统定义了一个分层架构，包括与用户隐私管理相关的功能，以适应物联网要求的方式，既不影响系统性能，也不引入过多的开销。

C. Zhu等人利用无线传感器网络（Wireless Sensor Networks，WSN）的数据采集能力以及移动云计算（Mobile Cloud Computing，MCC）的数据存储和数据处理能力，着眼于传感数据的数据处理，研究了有关WSN和MCC集成的关键问题，然后提出了一种新颖的传感数据处理框架，将所需的传感数据以一种快速、可靠的方式传输给移动用户。所提出的框架可以延长传感器网络的生命周期，简化传感器和传感器网关的存储，降低传感数据传输带宽要求和流量，预测传感数据的未来趋势，监控传感数据流量并提高传输数据的安全性。此外，它还能够减少云端的存储和处理量，有利于移动用户安全地获取他们想要的传感数据。

由P. Jiang等人开发的可穿戴传感器系统，能够对老年人进行持续监测，根据老年人的身体状况和需求智能地提醒相关护理人员。系统仅将感兴趣的信息转发到大数据系统进行分析，以避免通信负载和数据存储量大的问题。在这种解决方案中存在一个挑战——如何通过多维、动态和非线性的传感器读数来准确感知上下文。这些读数与可观察到的人类行为和健康状况的相关性往往很弱，这增加了实现精确感知的难度。

F. Ganz等人提出了从传感器数据中自动获取语义知识，使用语义增强来构建和组织数据，并使其可被机器处理和互操作。他们介绍了一种知识获取方法,通过基于从外部自动提取的规则自动创建和演化主题本体来处理真实世界的数据。他们使用扩展的 $k$ 均值聚类方法,应用统计模型从原始传感器数据中提取和链接相关概念,并以主题本体的形式表示它们。基于规则的系统用于标记概念,并使其为人类用户或语义分析和推理工具所理解。评估表明,从原始传感器数据构建拓扑本体是可行的,只需很小的构建误差。

## 1.3 智能物联网的应用前景及发展趋势

物联网作为新一代信息技术的代表,正在引领新一轮科技革命和产业变革。随着人工智能、大数据、云计算、边缘计算等技术的快速发展,以及 5G、Wi-Fi6 等新一代通信网络的部署应用,物联网正在向智能化方向演进,智慧物联网也应运而生。智能物联网融合多种前沿技术,通过海量智能设备的互联互通,以及对物理世界的全面感知和深度理解,实现万物互联、人机交互、数据驱动的智慧应用和服务,将对工业生产、经济发展、社会生活产生深远影响。本节将系统阐述智能物联网的应用前景及发展趋势。

### 1.3.1 智能物联网的应用前景

#### 1. 智慧城市

智慧城市是智能物联网的重要应用领域之一。通过在城市的各个角落部署大量智能传感设备,并基于云计算和大数据平台对海量数据进行分析挖掘,可实现城市的智慧化管理与服务。

在交通领域,智能物联网技术可用于实时采集道路交通流量、通行状态等数据,优化交通信号配时,引导车辆合理出行,缓解交通拥堵;通过车联网技术,实现车辆的信息交互和协同控制,提高交通安全性和通行效率;自动驾驶技术的发展,将极大改变未来交通出行模式。

在能源领域,传统电网正在向智能电网升级演进。海量的智能电表、传感器、控制设备接入并构成庞大的能源物联网,能够实现发用电设施的实时监测、智能调度,促进清洁能源并网消纳,引导用户合理用电,大幅提升电网运行效率和可靠性。

在建筑领域,楼宇自动化系统通过各类传感器实现对楼宇内环境的智能感知,并通过智能控制实现采光、照明、温湿度、空气质量等的自适应调节,既能改善室内环境舒适度,又能实现节能降耗。人脸识别、视频监控、电子巡更等智能安防系统,可强化楼宇安全防范能力。

在政务领域,各种物联网感知设备的普及应用,让城市管理部门能够全面获取城市运行各项数据。通过数据分析、数字孪生、辅助决策等手段提升管理效能。市民可通过线上平台享受更加便捷高效的政务服务,切实提升获得感和满意度。

#### 2. 智能制造

工业互联网是制造业数字化、网络化、智能化的关键基础设施。通过各种智能传感器、控制器、工业机器人等在生产制造各环节的广泛应用,以及工业设备和信息系统的互联互通,可构建起网络物理系统,实现生产过程的实时感知、动态控制和智能优化,全面推进智能制造。

在产品研发环节，可通过数字孪生、VR/AR等技术，在虚拟环境中进行产品设计、仿真验证和优化，大幅提高研发效率和成功率。在生产制造环节，自动化、柔性化生产线和智能工厂可根据市场需求快速切换产品种类，实现多品种小批量的定制化生产。在产品运维环节，通过产品全生命周期管理和远程在线服务，可实现产品状态实时监测、故障预警、预测性维护等。

此外，5G、人工智能、区块链等技术在智能制造中也得到广泛应用。5G可为工业互联网提供高速率、低时延、高可靠的通信保障。人工智能可应用于生产排程优化、质量缺陷识别、供应链管理等。区块链技术在供应链可信追溯、产品防伪溯源等方面大有可为。

### 3. 智慧农业

智慧农业是利用物联网、人工智能等技术，实现农业生产智能化和农业管理精细化的现代农业新模式。通过布设各类农业传感器，可对农田的土壤温湿度、光照强度、pH值等进行实时监测，为农作物的精准种植、施肥、灌溉提供依据。农业无人机、卫星遥感等手段，可以帮助广泛开展农情监测，并利用AI图像识别等技术，实现农作物长势监测、产量预估、病虫害预警等功能[11]。

在农业设施领域，物联网技术在温室大棚、植物工厂中得到广泛应用。通过环境传感器、执行器等，可实现温室内温湿度、二氧化碳浓度、光照等环境要素的精准控制，创造农作物生长的最佳条件，实现农业生产不受自然条件制约，全年均可持续生产。

在畜牧养殖业领域，可利用可穿戴设备实时监测畜禽的体温、脉搏等健康数据，结合饲喂、免疫、疫病等信息进行大数据分析，有效改善动物福利，提高养殖效率。自动饲喂系统还可实现精准投喂，减少饲料浪费。

### 4. 智慧医疗

在互联网、大数据、人工智能、5G等技术的驱动下，传统医疗卫生行业正迎来智能化变革。借助物联网感知设备采集海量生理健康数据，再利用大数据分析、机器学习等技术，可以更好地实现疾病的预防、诊断、治疗和康复管理。

在预防保健方面，包括智能手环、体脂秤等在内的各类设备日益普及，可实时采集个人步数、心率、血压、睡眠等健康数据。基于健康大数据的分析，可形成个性化的健康管理方案，帮助改善生活方式、饮食习惯等，有效预防慢性病。

在疾病诊疗方面，各种智能医疗器械设备的应用，辅助医生更高效、更准确地进行疾病诊断和治疗。医疗机器人可协助完成手术操作。人工智能可广泛应用于医学影像分析、药物研发等。利用VR/AR等技术，可实现医学教学培训、手术规划、疗效评估等。

在健康管理方面，远程医疗打破了时空限制，让偏远地区民众也能享受优质医疗服务。通过居家健康监测、远程会诊、在线复诊等，可有效降低就医成本，改善就医体验。对慢性病患者，还可提供远程用药指导，进行智能干预和健康管理。

### 5. 智慧家居

随着消费需求升级和技术进步，未来家庭正朝着智能化、个性化、健康化方向发展，智能家居应运而生。智能家居通过各种物联网感知设备、家电控制设备、网关等形成家庭物联网系统，再结合人工智能技术，实现家电智能联动、家庭场景智能组合以及人机交互等功能。

传统家用电器正朝着联网化、智能化方向发展。智能电视、冰箱、洗衣机、空调等，不仅可实现远程控制、语音交互等功能，设备之间还可互联互通，共享信息。在智能照明系统中，可根据环境光线自动调节亮度，营造舒适的光环境。

此外，各类家庭安防设备如智能门锁、网络摄像头、烟雾报警器等也融入智能家居，可通过手机等终端实时查看家中状况，及时了解家中异常情况。环境传感器可实时监测室内温湿度、空气质量等，并联动新风系统、空气净化器，改善室内空气环境。

未来，5G、AI等技术必将赋能智慧家居，为用户创造更加智能、健康、个性化的居住空间。智能音箱有望成为家庭物联网的控制中心。通过语音识别，用户可以轻松控制各类智能家居设备。随着技术的不断进步，智慧家居将为人们的生活带来更多便利。

### 1.3.2 智能物联网的发展趋势

**1. 感知设备智能化**

海量的感知设备是智能物联网的重要基础，随着微纳电子、新材料、新能源等技术的进步，感知设备向微型化、低功耗化、集成化方向发展。多种微传感器的尺寸和功耗不断降低，甚至可植入人体和动物体内，用于生理健康监测。同时，各种新型传感器技术层出不穷，如基于纳米材料的气体传感器，可高灵敏度检测空气中的有毒有害物质。

近年来，AI芯片、神经网络处理器等的快速发展，推动了终端设备的智能化。未来，越来越多的感知设备将具备终端智能，在感知数据的基础上，通过嵌入式AI算法，可在设备端完成初步的数据分析处理。边缘计算成为物联网应用的新趋势，可充分利用网络边缘侧的存储和计算资源，减轻云端压力，提高系统实时性和可靠性[12]。

**2. 通信网络泛在化**

高速泛在的通信网络是构建智能物联网不可或缺的基础设施。5G作为新一代移动通信技术，具有高速率、低时延、大连接等特点，能够满足物联网应用的差异化需求。在智慧城市、智能制造等领域，5G专网的建设将持续推进，为垂直行业的物联网应用提供定制化的网络服务质量保障。

此外，NB-IoT、LoRa等低功耗广域网技术的发展，为大规模物联网连接提供了更多选择。LPWAN适合远距离、低功耗、低成本的物联网应用场景，如智慧农业、智慧物流、智慧电表等。未来，多种异构网络融合互补，协同发展，将支撑智能物联网的网络泛在化。

随着星链（Starlink）、鸿雁等卫星互联网项目在全球范围内的部署，天地一体化网络有望成为现实。利用近地轨道卫星构建全球互联网络，可为偏远地区、海洋、极地等地区提供低成本、高速率的互联网接入。卫星物联网也将打破地域限制，助力全球产业链的互联互通。

**3. 平台架构开放化**

目前，各行业领域普遍存在物联网平台割裂的问题。传统的物联网平台普遍采用垂直封闭的架构，系统间缺乏互联互通和数据共享，难以形成合力。未来，物联网平台由封闭独立向开放合作转变将成为主流趋势。开放互联的平台架构有利于实现跨企业、跨行业的数据共享和业务协同。

在开发模式上，平台即服务（Platform-as-a-Service，PaaS）、数据即服务（Data-as-a-Service，DaaS）等新型服务模式方兴未艾。以物联网PaaS为代表，服务商为开发者提供面向物联网的通用中间件服务，包括设备管理、通信连接、数据存储、应用支撑等，开发者可聚焦核心业务，缩短产品开发周期。DaaS 模式强调物联网感知数据的价值，数据不再是企业内部资产，而是面向社会的服务，通过交易可以进行流通变现，释放数据红利。

总之，打破应用领域和产业链条的藩篱，建立开放共享、合作共赢的物联网生态，是大势所趋。开放的物联网平台有望成为创新创业的沃土，不断催生新业态、新模式。

### 4. 数据处理智能化

物联网将产生海量的异构数据，如何充分利用数据，实现数据价值变现，是物联网发展的核心命题之一。随着物联网向感知、网络、应用等环节渗透，云计算、边缘计算、人工智能等新兴技术的发展，数据处理呈现智能化趋势。

云边协同成为物联网数据处理的主流模式。在云端，可借助云计算和大数据平台，对物联网数据进行海量存储和深度分析挖掘。同时，随着 AI 芯片性能的提升，边缘侧的计算能力也大大增强。在边缘侧就近处理实时数据，可减轻网络传输压力，降低时延，提高系统的实时性和可靠性。云边协同可充分发挥二者的计算和存储优势，扬长避短。

机器学习和深度学习是人工智能的核心技术，可广泛应用于物联网数据的特征提取、模式识别、异常检测等。在工业领域，机器学习可用于设备故障诊断、产品质量预测、工艺参数优化等，助力工业大数据分析。在智慧城市中，计算机视觉、自然语言处理等 AI 技术可应用于视频监控、语音交互等场景，让城市更聪明。总之，AI 将为物联网数据赋能，让数据更有价值。

区块链是近年来备受关注的分布式记账技术，为解决物联网数据可信可控提供了新思路。利用区块链的去中心化、防篡改等特征，可实现物联网数据上链存证，保障数据真实性。在产品溯源、供应链管理等场景，区块链有望实现全流程信息化和透明化。联邦学习作为一种隐私保护的机器学习范式，允许多方在不共享原始数据的前提下开展协作学习，可有效缓解数据"孤岛"问题。

### 5. 行业生态融合化

物联网发展离不开技术进步和产业协同。单一技术很难独立发挥效用，需要与云计算、大数据、人工智能、区块链等新兴技术深度融合，协同创新。同时，智能物联网应用的成功落地，需要通信、芯片、软件、平台等上下游企业通力合作。产业链各环节间的融合联动至关重要。

与此同时，物联网正加速与垂直行业深度融合，在智慧城市、智能制造、智慧农业、智慧医疗、智能交通等领域广泛渗透。通过构建行业物联网，深度挖掘和利用行业数据，助推传统行业数字化、网络化、智能化转型。跨界融合、协同创新成为新趋势。例如，车联网融合汽车、电子、通信、交通等多个行业；工业互联网融合制造、信息、通信、软件等产业。

物联网与行业融合，正在催生新产品、新服务、新业态。可穿戴设备、智能家居、无人机等新兴消费产品不断涌现，预测性维护、远程诊疗等创新服务成为可能，产业数字化、网络化转型全面展开，共享单车、无人货架等新模式也脱胎于物联网。未来，智能物联网将进一步重塑产业价值链，带来更多机遇。

总之，智能物联网正处于蓬勃发展期。随着感知设备智能化、通信网络泛在化、平台架构开放化、数据处理智能化、行业生态融合化等趋势持续演进，必将进一步释放物联网红利。站在新一轮科技革命和产业变革的风口，物联网将成为数字经济时代的关键基础设施，成为各行各业实现数字化转型的利器。把握智能物联网发展机遇，推动技术创新和融合应用，将驱动经济社会智慧化发展。

## 本章习题

1. 请简要阐述智能物联网的内涵和特征。
2. 试分析 5G 通信技术对智能物联网发展的重要意义。
3. 请举例说明传感器智能化发展的趋势及其应用。
4. 选择题：以下哪个行业是目前智能物联网的重点应用领域？（　　）
   A. 智慧城市　　　　B. 智能制造　　　　C. 智慧医疗　　　　D. 智慧农业
5. 5G、人工智能、区块链等新技术将给智能物联网带来哪些新的应用场景和商业模式？
6. 开放性探究题：如何看待物联网与行业融合带来的机遇和挑战？请联系实际，谈谈你的看法。

## 参考文献

[1] 孙其博,刘杰,黎羴,等. 物联网：概念、架构与关键技术研究综述[J]. 北京邮电大学学报,2010,33(3)：1-9.

[2] 王保云. 物联网技术研究综述[J]. 电子测量与仪器学报,2009,23(12)：1-7.

[3] ROSE K, ELDRIDGE S, CHAPIN L. The internet of things：an overview[J]. The internet society(ISOC),2015,80：1-50.

[4] FI ROUZI F, CHAKRABARTY K, NASSIF S. Intelligent internet of things：from device to fog and cloud[M]. Cham：Springer International Publishing,2020.

[5] ZIELONKA A, SIKORA A, WOŹNIAK M, et al. Intelligent internet of things system for smart home optimal convection[J]. IEEE Transactions on industrial informatics,2020,17(6)：4308-4317.

[6] AHMED M, CHOUDHURY S, AL-TURJMAN F. Big data analytics for intelligent internet of things[M] //AL-TURJMAN F. Artificial intelligence in IoT. Cham：Springer,2019：107-127.

[7] 蒋颜. 物联网架构和智能信息处理理论与关键技术[J]. 科技创新与应用,2012(23)：68.

[8] 杨旸. 智能物联网技术和应用的发展趋势[J]. 中兴通讯技术,2018(2)：47-50.

[9] 詹剑. 智能物联网技术应用及发展[J]. 电子技术与软件工程,2019(4)：10.

[10] MOISESCU M A, SACALĂ I Ş, STĂNESCU A M. Towards the development of Internet of things oriented intelligent systems[J]. UPB Scientific bulletin(Series C),2010,72(4)：115-124.

[11] 郑宇. 智能物联网技术的应用及发展[J]. 计算机与网络,2021,47(6)：46-47.

[12] 李天慈,赖贞,陈立群,等. 2020 年中国智能物联网（AIoT）白皮书[J]. 互联网经济,2020(3)：90-97.

CHAPTER 2

第 2 章

# 认识深度学习

本章将系统介绍深度学习的基本概念和核心技术。2.1 节将探讨机器学习的基础知识，包括其定义、基本要素和主要特点，这些是理解深度学习的基础。2.2 节将学习机器学习的任务类型，了解机器学习在不同场景下的应用方式。2.3 节将引导读者进入深度学习的研究领域，介绍深度学习的基本原理和特征。

2.4 节将详细探讨人工神经网络这一核心内容。首先将回顾人工神经网络的发展历史，了解其演进过程；然后学习脉冲神经网络的基本概念；接着探讨神经网络的操作模式；最后了解重要的学习规则，理解神经网络如何进行训练和优化。

2.5 节将系统介绍神经网络的各种结构类型，依次学习单层前馈网络、多层前馈网络、循环网络和网状网络，最后探讨训练过程中的学习特性。通过对这些结构的学习，读者将深入理解不同类型神经网络的特点和应用场景。通过本章的学习，读者将全面掌握机器学习和深度学习的基础知识，了解人工神经网络的发展历程、基本原理和典型结构。

## 2.1 机器学习的基本概念

机器学习是人工智能领域的一个主要分支，"机器学习"一词在 1952 年由 Arthur Samuel 创造，他创建了第一个可以玩和学习跳棋游戏的程序。这里的"学习"过程对应于移动棋盘位置，并且根据赢得或输掉游戏的概率来计算它们的分数，最后依据增量更新数据库。计算机玩的次数越多，赢得比赛的能力越高，这就是最早版本的强化学习。

在 20 世纪 60 和 70 年代，许多研究人员被纯逻辑机器的概念所吸引，当时的内存和计算机处理能力相比现在十分有限。更重要的是，人们普遍认为人类智能可以通过逻辑（"计算主义"观点）来表示，这导致了对基于规则的系统的强调，这些系统通过逻辑规则、事实和符号以及自然语言处理来表示知识。

与此同时，其他研究人员认为，应该更多地研究人类大脑的神经生物学并将其进行复制（一种"联结主义"观点），即人工神经网络（Artifical Neural Network，ANN）。第一个著名的例子是感知器，它将阈值规则应用于线性函数以区分二进制输出，如图 2.1 所示。

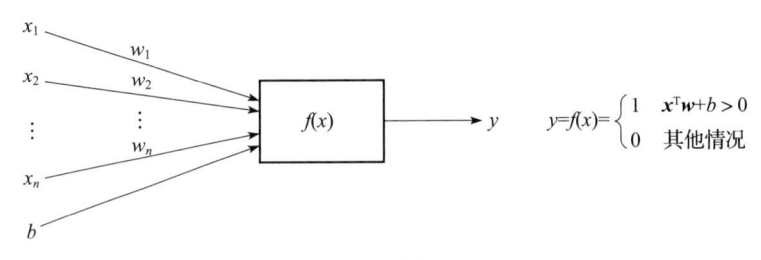

图 2.1 感知器

$$y=f(x)=\begin{cases}1 & x^{\mathrm{T}}w+b>0\\0 & \text{其他情况}\end{cases}$$

机器学习技术为现代社会的许多方面提供了动力，从网络搜索到社交网络上的内容过滤，再到电子商务网站上的推荐，它越来越多地出现在相机和智能手机等消费产品中。机器学习系统被用来识别图像中的对象，将语音转录成文本，将新闻项目、帖子或产品与用户的兴趣相匹配，并选择相关的搜索结果。这些应用程序越来越多地使用了一种被称为深度学习的技术。

传统的机器学习技术在处理原始形式的自然数据方面能力有限。几十年来，构建模式识别或机器学习系统需要仔细的工程设计和相当多的领域专业知识来设计特征提取器，将原始数据（如图像的像素值）转换为合适的内部表示或特征向量，学习子系统（通常是分类器）可以检测输入中的模式或对其进行分类。

表示学习是一组方法，允许向机器提供原始数据，并自动发现检测或分类所需的表示。深度学习方法是具有多个表示级别的表示学习方法，通过组合简单但非线性的模块来实现，每个模块将一个级别的表示（从原始输入开始）转换为更高、更抽象的级别的表示。有了足够多的这种转换的组合，就可以学习非常复杂的函数。对于分类任务，更高的特征层放大了输入的一些方面，这些方面对区分很重要，并抑制了不相关的变化。例如，图像以像素值阵列的形式出现，第一特征层中的学习特征通常表示图像中特定方向和位置处的边缘的存在或不存在。第二特征层通常通过发现边缘的特定排列来检测图案，而不考虑边缘位置的微小变化。第三特征层可以将图案组装成与熟悉对象的部分相对应的较大组合，并且随后的特征层将检测作为这些部分的组合的对象。深度学习的关键方面是，这些特征层不是由工程师设计的，而是使用通用学习程序从数据中学习的。

无论是经典的机器学习算法还是新兴的深度学习模型，其核心都是建立在监督学习的基础上。想象一下，要构建一个系统，可以将图像分类为房屋、汽车、人或宠物。首先收集大量数据集，其中包含房屋、汽车、人和宠物的图像，每个图像都标有其类别。在训练期间，机器会显示一张图像，并以分数向量的形式生成输出，每个类别一个。我们希望目标类别在所有类别中得分最高，但这在训练之前不太可能发生。我们计算一个目标函数，用于测量输出分数与期望分数模式之间的误差（或距离）。然后机器修改其内部可调参数以减少此错误。这些可调参数通常称为权重，是实数，可以看作定义机器输入-输出功能的"旋钮"。在典型的深度学习系统中，可能有数亿个这样的可调整权重，以及数亿个用于训练机器的标记示例。

为了正确调整权重向量，学习算法计算一个梯度向量，这个梯度向量表示每个权重，如果该权重增加很小的量，误差会增加或减少多少，然后在与梯度向量相反的方向上调整权重向量。

对所有训练样例进行平均的目标函数可以看作权值高维空间中的一种丘陵景观。负梯度向量表示该景观中下降最陡的方向，沿此方向调整权重可以使误差更接近最小值，从而使输出误差平均较低。

在实践中，大多数从业者使用随机梯度下降（Stochastic Gradient Descent，SGD）来进行样本训练。这包括显示几个示例的输入向量，计算输出和误差，计算这些示例的平均梯度，并相应地调整权重。对训练集中的许多小样本集重复该过程，直到目标函数的平均值停止减小。它之所以被称为随机，是因为每个小样本集都给出了所有样本的平均梯度的噪声估计。尽管SGD相对简单，但与复杂得多的优化技术相比，这个简单的过程通常会以惊人的速度找到一组好的权重。训练结束后，系统的性能将在另一组称为测试集的示例上进行测量。这是为了测试机器的泛化能力——它对在训练期间从未见过的新输入产生合理答案的能力。

目前机器学习的许多实际应用都是在人工设计特征的基础上使用线性分类器。两类线性分类器计算特征向量分量的加权和。如果加权和高于阈值，则输入被归类为特定类别。

机器学习结合了统计、优化和计算机科学。这里提到的统计数据与已经教授了几个世纪的学科完全相同。在绝大多数情况下，机器学习模型可以定义为

$$y = f(x, \beta) + \varepsilon \tag{2-1}$$

换句话说，我们希望通过函数 $f(x,\beta)$ 估计（或预测）响应变量 $y$ 的值，其中，$x$ 为观察到的（输入）变量，$\beta$ 为模型的参数。由于在实践中，数据（包含在 $x$ 中）并不完美，因此总是存在一些噪声或未观察到的数据，这通常由误差项 $\varepsilon$ 表示。由于无法真正知道 $\varepsilon$ 的真实值，它是一个随机变量，因此 $y$ 也是一个随机变量。

$f$ 的最基本形式，即线性模型表示为

$$f(x, \beta) = \beta_0 + \beta_1 x_1 + \beta_2 x_2 + \cdots + \beta_n x_n \tag{2-2}$$

因此，如果有一个包含 $(x,y)$ 对的数据集，则任务是估计最能重现线性关系的 $\beta$ 值。可以使用优化来做到这一点，这通常被称为"训练"过程，它是最小化 $y$ 的真实值和模型预测之间的差异，也称为损失函数。现在将 $f(x)$ 定义为

$$f(x, \beta) = f_k(f_{k-1}(\cdots(f_1(x, \beta_1)\cdots), \beta_{k-1}), \beta_k) \tag{2-3}$$

其中，每个函数 $f_k$ 的结果提供给下一个。或者在此之前，它以分布式方式处理其数据，例如，$f_{k1}(x_1, \cdots, x_j)$，$f_{k2}(x_{j+1}, \cdots, x_k)$，$\cdots$，$f_{kl}(x_{k+1}, \cdots, x_r)$，现有 $l$ 个子函数，每个子函数处理数据的一个子部分。这就是一个深度神经网络（Deep Neural Network，DNN）的组成结构。当然，它可能变得更复杂，但原理完全相同。存在一系列函数，每个函数都有自己的一组参数（有时在不同函数之间共享），其中一个的输出是另一个的输入。由于数量众多，这些参数的估计可能需要大量的数据和计算，这就是它与经典统计数据不同的地方。

事实上，有几种方法可以对机器学习任务进行分类。最常见的方法取决于目标变量（$y$）是否存在于问题本身中，从而导致有监督和无监督的学习范式。监督学习意味着要预测的目标变量的存在，因此模型从"老师"那里接收到其预测如何接近基本事实的反馈。它还包括半监督学习（当目标值部分缺失时）、主动学习（可能的目标值数量有限，因此模型应决定首先使用哪些数据样本）和强化学习（$y$ 以表格形式给出算法执行的一组动作的奖励）。

根据它们的输出，机器学习模型可以分为回归（目标变量是连续的）、分类（目标变量是分类的）和其他类似聚类（通常是无监督的）、概率密度估计和降维（例如主成分分析算法）。

## 2.2 机器学习任务

机器学习的任务主要有回归、分类、聚类、异常检测、去噪等，这里简单描述4种机器学习任务。

1）回归是一个有监督的函数近似预测问题，旨在将实函数在样本点附近进行近似（从样本点 $n$ 寻求近似函数表达式）。为了完成这个任务，学习算法需要输出函数：$f:R^n \to R$，当 $y=f(x)$ 时，模型将 $x$ 所代表的输入回归到函数值 $y$。如图 2.2 所示，利用统计分析工具进行回归分析，可以自动计算出线性或非线性模型，并检验模型中各个参数的显著性。

2）分类是将样本点对指定类别进行识别与分类的有监督的模式识别问题，考虑到已指定模式其实也是一种样本点，因此分类也可被看作回归（函数近似预测）问题，除了返回结果的形式不同外，学习算法需要输出函数，当 $y=f(x)$ 时，模型将向量 $x$ 所代表的输入分类到 $y$ 所代表的类别。图 2.3 所示为用 Python 语言实现的基于反向传播（Back Propagation，BP）神经网络的数据集分类结果及误差结果。

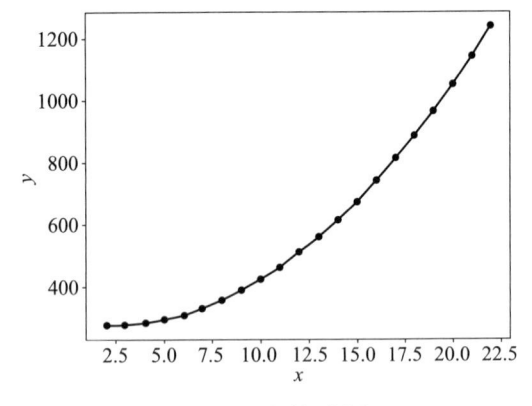

图 2.2 预测拟合图

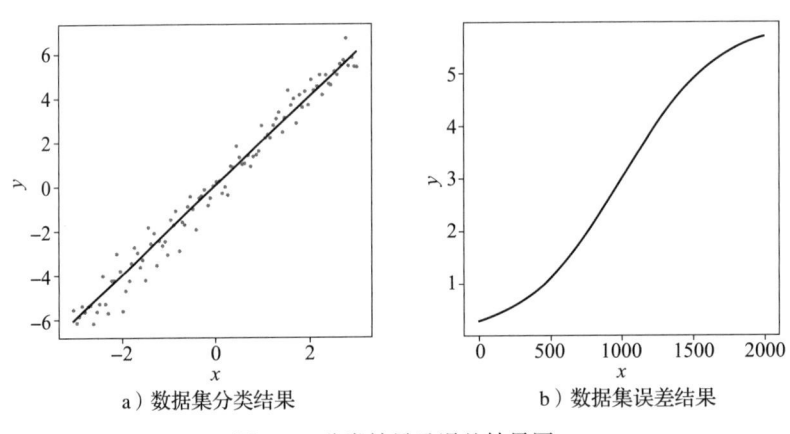

a) 数据集分类结果　　b) 数据集误差结果

图 2.3 分类结果及误差结果图

3）聚类是在不给出指定类别的情况下，将样本点进行识别与分类（自我产生模式，再将样本点按模式分类）的无监督的模式识别问题，准确计算样本点的相似度是聚类问题中的重要课题。

4）异常检测是寻找样本中所包含异常数据的问题，计算机程序在一组事件或对象中筛选，并标记不正常或非典型的个体。若已知正常和异常标准，则是有监督的分类问题；若未知正常和异常标准，则可采用无监督的密度估计方法。异常检测任务的一个典型案例是信用卡欺诈检测，通过对购买习惯建模，信用卡公司可以检测你的卡是否被滥用，如果有人窃取了你的信用卡并发生不正常的购买行为，那么信用卡公司会发现该信用卡相对应的数据分布发生异常，从而尽快采取冻结措施以防欺诈。

## 2.3 深入研究深度学习

DNN 是具有多层人工神经元的多层感知器（Multilayer Perceptron，MLP）的直接扩展（见图 2.4）。

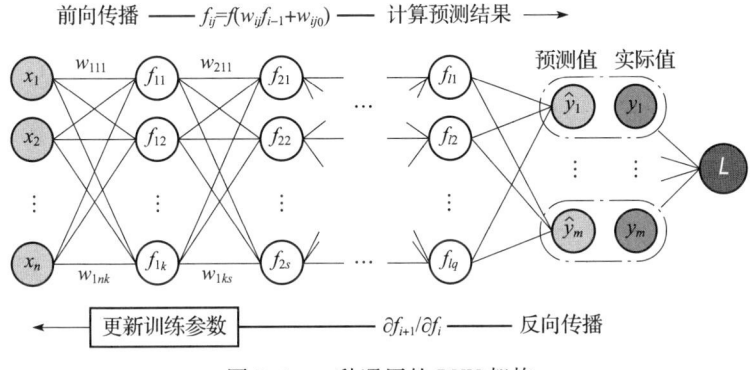

图 2.4 一种通用的 DNN 架构

它的损失函数 $L$ 衡量模型的预测与基本事实之间的差异。例如，它可以是连续输出（回归）的均方误差（Mean Square Error，MSE）或分类输出（分类）的熵损失。由于它是参数（权重和偏差）的函数，为了将它最小化，通常应用梯度下降（Gradient Descent，GD）算法。我们所需要的只是计算损失函数相对于参数的梯度，并在损失函数最小值的方向上更新它们：

$$w_{ijk}^{\text{new}} = w_{ijk}^{\text{old}} - \eta \frac{\partial L}{\partial w_{ijk}} \tag{2-4}$$

式中，$\eta$ 为学习率，定义了步长；$w_{ijk}$ 为神经网络中第 $i$ 层、第 $j$ 个神经元与第 $k$ 个神经元之间的权重参数；$w_{ijk}^{\text{new}}$ 为通过梯度下降法更新后的新权重值；$w_{ijk}^{\text{old}}$ 为当前迭代中的旧权重值；$L$ 为损失函数。权重参数决定了输入信号在神经网络中传播时的强度和方向。著名的反向传播算法基本上是应用于损失函数微分以计算所需梯度的链式法则。简单来说，网络中每个神经元对总损失函数的贡献，取决于该神经元与后续神经元之间连接权重的大小，以及激活函数在当前输入值处的导数值。可以从输出层开始，利用这一原理，逐层向后计算每个神经元对损失函数的贡献（也称为误差项），并据此更新该神经元的权重和偏置，使损失函数值不断减小。这种自后向前、逐层传播误差项的过程，就是反向传播算法的工作原理。

这其中存在的问题是普通梯度下降会陷入局部最小值或鞍点。目前已经制定了许多不同的优化技术来解决这个问题。最简单和最流行的一种技术是随机梯度下降，其中误差的梯度是在数据的小子集上计算的，称为小批量。事实上，它在估计的梯度中引入了一些噪声，因此参数有机会从损失函数不需要的区域中逃离。它还提出了对参数更新规则的许多修改，如动量、Nesterov、Adagard、Adadelta、RMSprop、Adam、AdaMax 等。这些修改通常将来自先前学习步骤的梯度合并到更新规则中。

DNN 非常通用和灵活，已成为一种非常流行且功能强大的模型，具有广泛的应用。其主要优势之一是以分层方式处理信息的能力，自动捕获数据中新的抽象级别，有效地处理维度灾难。之所以出现维度问题，是因为随着数据维度（即特征数量）的增长，该空间中单位球体的体积呈指数增长。因此，为了探索这一数量并提供合理的统计估计，模型需要成倍增加的数据样本。解决这个问题的已知方法之一是降维，它假设只有很少的重要维度可以表示为初始维度（通常是非线性的）的组合。DNN 被认为是自动完成降维，其中每个后续层都学习数据的新低维表示。

例如，考虑一个给定扫描的手写文本作为输入的文档主题分类问题。直接对原始像素强度进行这种语义分析几乎是不可能的。相反，DNN 首先检测笔画和曲线，然后尝试识别字母，这些字母又构成单词。这要归功于理论上可以学习任何复杂映射的分层结构。这里强调"理论上"这个词，因为在实践中这样做似乎并不那么简单。主要挑战是 DNN 的训练：拟合其参数本质上归结为在高（千甚至百万）维空间中找到最小的非凸函数。因此，普通的全连接 DNN 很少单独使用。

卷积神经网络（Convolutional Neural Network，CNN）架构被认为类似于大脑的视觉系统。它由几个卷积层对和一个全连接网络组成（见图 2.5）。卷积层中的神经元共享它们的权重，扫描输入并产生与输入大小相同的多个输出，也称为特征图。该层之所以被称为卷积层，因为它使用由神经网络表示的自适应内核对输入进行卷积。池化层对这些特征图进行下采样，例如，在小的连续区域上使用 max 函数，有效地降低了它们的维数。这些层保留了空间相关性，并能够捕获前面提到的层次特征如笔画、基本几何形状等。紧随其后的是具有少量隐藏层的全连接神经网络，它现在能够解决最初的复杂任务（例如，猫与非猫的分类）。最初，CNN 旨在处理图像[1]，但原则上它可以应用于任何固定长度的相关数据，例如文本或时间序列。对于与图像相关的任务，可以在大量图像上对 CNN 进行预训练以供进一步重用，然后替换全连接层并从头开始训练手头的任务，称为迁移学习的方法。

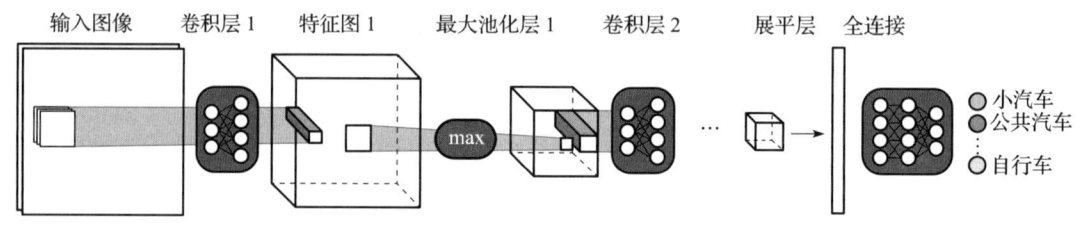

图 2.5 CNN 的一个例子

递归神经网络（Recursive Neural Network，RNN）有一个非常简单的基本思想，它能够存储网络的状态，因此它具有一些内存概念（见图 2.6）。RNN 的输出不仅取决于当前输入，还取决于先前所有的输入。RNN 用于处理可变长度的序列，特别强调自然语言处理应用。然而，事实证明，由于长时间保持其记忆的能力有限，普通的 RNN 实现并不实用。

为了解决简单递归神经网络难以捕捉长期依赖关系的问题，研究人员提出了多种改进型的循环神经元结构。其中广为人知和使用的是长短期记忆（Long Short-Term Memory，LSTM）细胞[2] 和门控循环单元（Gated Recurrent Unit，GRU）[3]。这些改进型神经元在内部设计中引入了专门的门控机制，能够更好地控制和调节隐藏状态的传递和更新，从而增强捕获长期依赖关系的能力。类似的改进思路也被应用于常规前馈神经网络，从而产生各种网络架构如深度残差网络和高速公路网络，这些架构能够通过数百层传播信息（向前和向后），使信息能够更深层次地传递。这些网络对于图像处理任务变得非常高效。

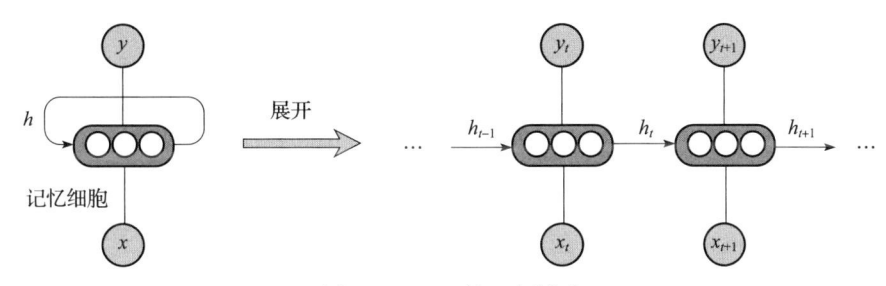

图 2.6 RNN 的一个例子

由于 DNN 的模块化结构配备了通过反向传播的端到端训练，因此有无数种方法可以修改和组合各种 DNN 架构。例如，对于视频帧预测任务，CNN 可用于将每个帧编码为低维向量（嵌入），如使用其全连接部分的顶部隐藏层的输出，而 RNN 应用于这些向量的顺序预测，最后可以使用反卷积神经网络将这些表示解码回图像。另一个例子是字幕生成任务，其中 RNN 用于处理文本输入，而 CNN 用于处理图像。有趣的是，一个同时考虑 CNN 和 RNN 的联合损失函数可以以无监督的方式用于在相同的低维向量空间中对图像和文本进行编码。在这种情况下，一张猫的图片和"猫"这个词最终会在这个嵌入空间中非常接近。

有人会说，深度学习已经变得如此突出，以至于几乎让一切都黯然失色。虽然它一直是人工智能作为热门话题重生的幕后推手，并得到谷歌、Facebook 或亚马逊的巨大团队的支持，但还是建议读者们在这种解读中保持谨慎。深度学习在图像和声音方面显示出令人难以置信的结果，但在交通等涉及人类行为建模和模拟的领域还有很长的路要走。主要原因是 DNN 的可解释性较低（难以纳入先验知识和领域知识），稳定性问题，以及为估计提供统计特性的能力较差。

## 2.4 人工神经网络

由相互连接的神经元组成的计算系统被称为人工神经网络（ANN）。这些神经元的特性类似于生物神经元的特性。它们可以表现出复杂的全局行为，这取决于神经元的互连方式、它们的内部参数和功能。这些人工神经元通过不同的结构连接在一起。通过这些连接实现信号从一个神经元到另一个神经元的无缝传输。

ANN 用于不同的现实生活应用，例如函数逼近、时间序列预测和分类、序列识别、数据处理、过滤和聚类、盲信号分离和压缩、系统识别和控制、模式识别、医学诊断、金融应用、数据挖掘、可视化和垃圾邮件过滤。

### 2.4.1 人工神经网络的历史

第一代 ANN 是基于阈值神经元，它产生二进制输出。如果输入的加权和高于阈值，则将该神经元视为"开"；否则，将其视为"关"。输入的性质是十进制数或浮点数。这些神经元的输出只是数字的，但它们已经成功地应用于 ANN。第二代神经元利用连续的激活函数来计算其输出，这使得它们适合于模拟输入和输出。常用的激活函数有 Sigmoid 和双曲正切。第二代神经元被认为比第一代神经元更强。如果第二代的输出层使用第一代二进制单元，则与仅由第一代单元组成的网络相比，它们可以用于具有较少神经元的数字计算，还可以用来逼近任何模拟函数，从而使这些网络普遍用于模拟计算。第二代 ANN 单元的连续输出值可以用发火率模型来解释。该输出值表示神经元在响应特定输入模式时的归一化活跃程度。这就是为什么第二代神经元模型被认为是生物神经元的近似值，而且比第一代神经元模型更强大。

第三代 ANN 产生单独的输出脉冲，因此它们更接近生物神经元，可以使用脉冲编码机制来解释输出。神经元发送和接收单独的脉冲。第三代 ANN 有时被称为脉冲神经网络（Spiking Neural Network，SNN），如 2.4.2 节所述。它考虑了更广泛的神经编码机制，例如脉冲编码、速率编码以及两者的混合。

最近的实验结果表明，大脑皮层神经元可以以非常高的速度进行模拟计算。它还表明，人类对视觉输入的分析和分类发生在 100ms 以下。从视网膜到颞叶至少需要 10 个突触步骤，因此每个神经元的处理时间为 10ms。对于处理信息的速率编码等平均机制来说，这个时间太短。因此，当速度成为问题时，脉冲编码方案被认为是最好的。

### 2.4.2 脉冲神经网络

生物神经元之间的相互作用通过称为动作电位或棘波的短脉冲发生。最近，研究人员表明，神经元可以编码这些脉冲的时间信息，而不是平均放电频率。这些 SNN 模型的实现就是在这一原则上进行的。在传统的 ANN 和 SNN 中，信息通常分布在权重矩阵中。利用突触后神经元和突触前神经元的脉冲时间间隔来调整 SNN 中的权值。只有通过突触的可塑性，才有可能处理快速的时间变化的刺激，这种处理方式是无法通过增加更多的神经元或连接来复制的。

### 2.4.3 操作模式

ANN 可以在学习（训练）或测试模式下运行。一旦学习开始，网络从一组随机参数开始，不断更新权重和阈值，直到获得所需的解；然后参数被冻结并在测试过程中保持固定。在学习的自适应过程中，所有相互连接的神经元之间的权重都会更新，直到达到最佳点。网络的权重可以是浮点数或参数相关函数。

### 2.4.4 学习规则

用于调整负责学习信息的某些量的方法，通常是权重，称为学习规则。监督学习和无监督学习是学习的两种主要机制。当期望的输出结果用于指导神经参数的更新时，称为监督学习。而在无监督学习中，网络的训练完全依赖于输入数据，并且没有提供用于更新网络参数的目标结果，这些参数可用于从输入数据中提取特征。

反向传播和进化方法是两种传统的学习方法。在反向传播中，将输出和期望的结果进行比较，并将误差向后反映，以相应地更新 ANN 的权重。在进化方法中，性能最好的 ANN 的权重会稍微改变（通过变异或交叉）以产生下一组权重。以这种方式，获得了最佳性能权重。反向传播也用于具有输入层、隐藏层和输出层的多层感知器。成本函数是预定义的误差函数，可以通过将输出与反向传播中的目标进行比较来计算。成本函数由下式给出：

$$e=f(d_i-y_i)$$

式中，$d_i$ 为期望值；$y_i$ 为系统输出；$e$ 为误差。

为了最小化误差，成本函数值被反馈，从而对神经网络中每个连接的权重进行调整，使整体误差不断减小。

梯度下降是一种优化方法，用减小净误差的方式调整权重。误差函数相对网络权重进行区分。根据判别的结果，调整权重以减小误差。正因为如此，反向传播被应用于具有可微激活函数的网络。

前馈神经网络的中间层单元可以通过反向传播算法进行训练。这些单元表示用于预测期望输出的输入向量的特征。该训练可以通过提供关于网络的实际输出和期望输出之间的差异的信息来执行，以便定制连接权重以减少差异。

## 2.5 神经网络架构

一般来说，一个 ANN 可以分为 3 个部分：

1）输入层：该层负责从外部环境接收信息（数据）、信号、特征或测量值。这些输入（样本或模式）通常在激活函数产生的极限值内进行归一化。这种归一化可以为网络执行的数学运算带来更好的数值精度。

2）隐藏层、中间层或不可见层：这些层由负责提取与被分析的过程或系统相关的模式的神经元组成。这些层从网络执行大部分内部处理。

3）输出层：该层也由神经元组成，因此负责产生和呈现最终的网络输出，这是由前几层中的神经元执行的处理产生的。

考虑到神经元的分布，神经元如何相互连接以及它的层的组成，人工神经网络的主要架构可以分为单层前馈网络、多层前馈网络、循环网络和网状网络。

### 2.5.1 单层前馈网络

这个 ANN 只有一个输入层和一个神经层，它也是输出层。图 2.7 展示了一个由 $n$ 个输入和 $m$ 个输出组成的单层前馈网络。

信息总是沿单一方向流动（单向），即从输入层到输出层。从图 2.7 可以看出，在这种架构的网络中，网络输出的数量总是与其神经元的数量一致。这些网络通常用于模式分类和线性过滤问题。

使用前馈架构的主要网络类型有感知器和 ADALINE，它们在训练过程中使用的学习算法分别基于 Hebb 规则和 Delta 规则。

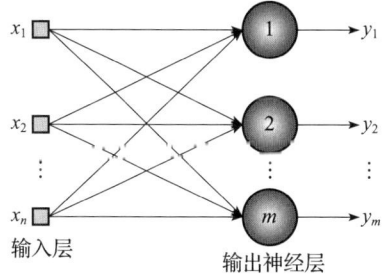

图 2.7 单层前馈网络示例

### 2.5.2 多层前馈网络

与单层前馈网络不同，多层前馈网络由一个或多个隐藏神经层组成（见图 2.8）。它们被用于解决与函数逼近、模式分类、系统识别、过程控制、优化、机器人技术等相关的问题。

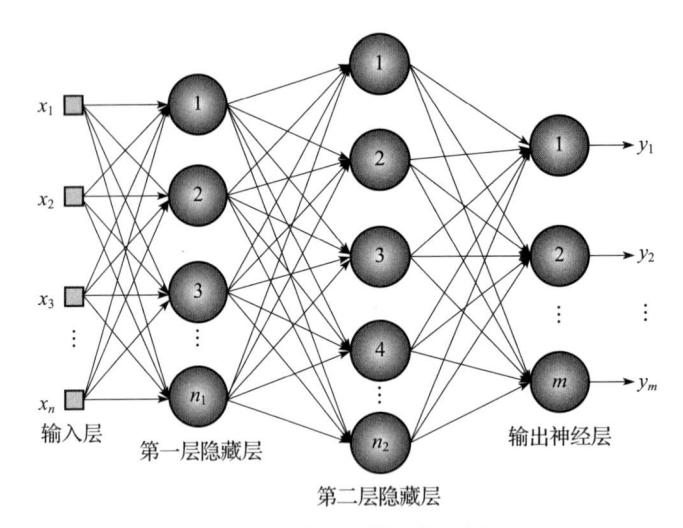

图 2.8 多层前馈网络示例

图 2.8 中，一个输入层具有 $n$ 个样本信号，两个隐藏神经层分别由 $n_1$ 和 $n_2$ 个神经元组成，最后一个输出神经层由 $m$ 个神经元组成，代表各自的输出值正在分析的问题。

使用多层前馈架构的主要网络有多层感知器（MLP）和径向基函数（Radial Basis Function，RBF），它们在训练过程中使用的学习算法分别基于广义 delta 规则和竞争 delta 规则。

从图 2.8 可以看出，构成第一个隐藏层的神经元数量通常与构成网络输入层的信号数量不同。事实上，隐藏层的数量和它们各自的神经元数量取决于网络映射问题的性质和复杂性，以及有关问题的可用数据的数量和质量。尽管如此，同样对于单层前馈网络，输出信号的数量将始终与相应层的神经元数量一致。

## 2.5.3 循环网络

在循环网络中，神经元的输出被用作其他神经元的反馈输入。反馈特性使这些网络有资格进行动态信息处理，这意味着它们可以用于时变系统，例如时间序列预测、系统识别和优化、过程控制等。

主要的反馈网络是 Hopfield 神经网络和感知器，它们在来自不同层的神经元之间进行反馈。它们在训练过程中使用的学习算法分别基于能量函数最小化和广义 delta 规则。

图 2.9 展示了一个带有反馈的感知器网络，其中一个输出信号被反馈到中

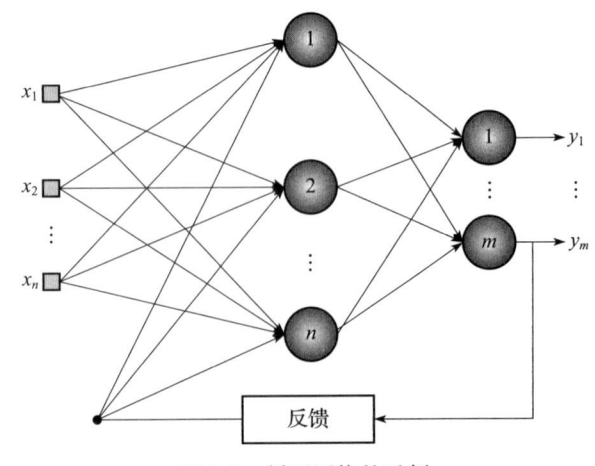

图 2.9 循环网络的示例

间层。因此，使用反馈过程的网络产生的当前输出还考虑了先前的输出值。

### 2.5.4 网状网络

网状网络的主要特征为，为了模式提取的目的而考虑神经元的空间排列，即神经元的空间局部化直接关系到其突触权重和阈值的调整过程。这些网络广泛应用于数据聚类、模式识别、系统优化、图表等问题。

Kohonen 网络是网状体系结构的主要代表，其训练是通过竞争过程进行的。图 2.10 展示了 Kohonen 网络的一个例子，其中它的神经元排列在一个二维空间内。

从图 2.10 可以验证在该网络类别中，网络内所有神经元都读取了几个输入信号。

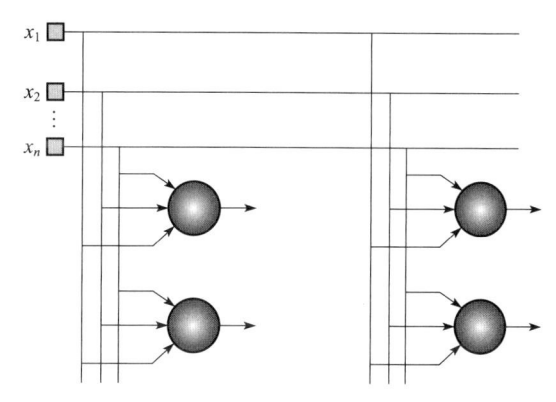

图 2.10 Kohonen 网络的结构

### 2.5.5 训练过程和学习特性

人工神经网络最显著的一个特征是，它能够从表示系统行为的样本数据（模式）中自主学习，捕捉输入与输出之间的映射关系。因此，在神经网络完成学习训练后，它可以对新的输入数据进行推广，生成与期望输出值接近的预测输出，而不仅限于训练数据本身。

神经网络通过一系列有序的计算步骤（也被称为学习算法），从训练数据样本中提取出被映射系统的判别特征模式。在学习算法的执行过程中，神经网络会逐步优化自身的参数，使其能够从输入数据到期望输出的映射中学习相关的判别知识。

通常，包含系统行为的所有可用样本的完整集被分为两个子集，称为训练子集和测试子集。训练子集由来自完整集合的 60%～90% 的随机样本组成，主要用于学习过程。测试子集（由完整样本集中的 10%～40% 组成）用于验证概括解决方案的网络能力是否在可接受的水平内，从而允许验证给定的拓扑。尽管如此，在确定这些子集的维度时，还必须考虑数据的统计特征。

在 ANN 的训练过程中，为了调整突触权值和阈值，训练集内所有样本的每一次完整呈现被称为训练纪元。

#### 1. 监督学习

在监督学习策略中，需要为给定的一组输入信号提供其对应的期望输出，也就是说，每个训练样本都由输入信号及其目标输出值组成。此后，它需要一个包含输入/输出数据的表，也称为属性表，表示过程及其行为。正是从这些信息中，神经结构将形成关于正在学习的系统的"假设"。

在这种情况下，监督学习的应用仅取决于该属性的可用性，并且它的行为就像是一位"教练"在教网络对于其输入提供的每个样本的正确响应是什么。

通过应用由学习算法本身执行的比较动作来持续调整网络的突触权重和阈值，所述比较动作监督所产生的输出相对于期望输出之间的差异，在调整过程中使用该差异。考虑到推广解决方案的目的，当这种差异在可接受的值范围内时，网络被认为是"训练完成"的。

事实上，监督学习是一种典型的纯归纳推理，网络的自由变量通过先验地知道被研究系统的期望输出来调整。

受神经生理学观察的启发，Donald Hebb 于 1949 年提出了第一个有监督的学习策略[4]。

### 2. 无监督学习

与监督学习不同，基于无监督学习的算法无须任何已知的期望输出标签。它仅依赖于输入数据本身的模式和内在结构，旨在自主发现数据中隐藏的规律性。

因此，当给定一组样本数据时，无监督学习算法的目标是让神经网络自发地探索和组织这些数据，识别出彼此相似的子集簇或者隐含类别。学习算法会自适应地调整神经网络中神经元之间的连接权重和激活阈值，使网络内部能够有效地对应和反映出这些天然存在的数据簇。

如果网络设计者基于先验知识或假设，能够预先估计出可能的最大簇类数量，也可以相应地设置神经网络的初始结构，辅助无监督学习的聚类过程。

无监督学习的一大优势在于，在没有标签数据的情况下也能够自主发掘数据中潜在的模式，这种探索性极强的特点使其能够应用于数据挖掘、异常检测、压缩和特征提取等领域。与监督学习相比，无监督学习通常难以获得确定、直接的输出预测，但能为后续的监督学习提供数据理解和特征表示的基础。

### 3. 强化学习

基于强化学习的方法被认为是监督学习技术的一种变体，因为它们不断分析网络产生的响应与相应的期望输出之间的差异[5]。用于强化学习的学习算法依赖于通过与被映射的系统（环境）的交互获得的任何定性或定量信息来调整内部神经参数，并使用这些信息来评估学习性能。

网络学习过程通常通过反复试验来完成，因为对于给定输入的唯一可用响应是它是否令人满意。如果令人满意，突触权重和阈值会逐渐增加，以加强（奖励）与系统相关的这种行为条件。

强化学习使用的几种学习算法是基于概率选择调整动作的随机方法，如果它们有机会产生令人满意的结果，则可以得到奖励。在训练过程中，与动作调整相关的概率被修改以提高网络性能[6]。

这种调整策略与一些动态规划技术有一些相似之处[7-8]。

### 4. 离线学习

离线学习也称为批处理学习，在呈现所有训练集之后调整网络的权重向量和阈值，每个调整步骤都考虑了相对于其输出的期望值在训练样本内观察到的误差的数量，则使用离线学习的网络需要至少一个训练时期来执行对其权重和阈值的一个调整步骤。在整个学习过程中，所有训练样本必须是可用的。

### 5. 在线学习

与离线学习相反，在在线学习中，网络的权重和阈值的调整在呈现每个训练样本之后执行。在执行调整步骤之后，可以丢弃各个样本。

当被映射系统的行为快速变化时，采用离线学习是不切实际的，通常使用在线学习，因为在给定时刻使用的样本可能不再代表系统在后验时刻的行为。

然而，由于每次呈现一个模式，权重和阈值调整动作定位准确且准时，并且反映了系统的给定行为环境。因此，在提供了大量样本之后，该网络将开始生成准确的答复[9]。

## 本章习题

1. 写出线上和线下学习的优点和缺点。
2. 考虑一个具有四个输入和两个输出的应用程序。该应用程序的设计者指出，要开发的前馈网络必须在第一个隐藏层中恰好呈现四个神经元。讨论一下这个信息的针对性。
3. 结合第2题，列举一些影响多层前馈网络隐藏层数确定的因素。
4. 在循环网络和前馈网络之间观察到的最终结构差异是什么？
5. 在哪些应用类别中必须使用循环神经网络？
6. 画一个框图来说明监督训练的工作原理。
7. 简述训练方法和学习算法的概念，进一步解释训练纪元的概念。
8. 有监督和无监督训练方法之间的主要区别是什么？
9. 监督学习方法和强化学习方法之间的主要区别是什么？
10. 考虑一个特定的应用，解释什么性能标准可用于使用强化学习方法来调整网络的权重和阈值。

## 参考文献

[1] LECUN Y, BOTTOU L, BENGIO Y, et al. Gradient-based learning applied to document recognition [J]. Proceedings of the IEEE, 1998, 86 (11): 2278-2324.

[2] HOCHREITER S, SCHMIDHUBER J. Long short-term memory [J]. Neural computation, 1997, 9 (8): 1735-1780.

[3] CHO K, VAN MERRIËNBOER B, GULCEHRE C, et al. Learning phrase representations using RNN encoder-decoder for statistical machine translation [C] //Proceeding of the 2014 Conference on Empirical Methods in Natual Language Processing. Rockville: ACL 2014: 1724-1734.

[4] HEBB D O. The first stage of perception: growth of the assembly [J]. The organization of behavior, 1949, 4: 60-78.

[5] DING Z, HUANG Y, YUAN H, et al. Introduction to reinforcement learning [J]. Deep reinforcement learning: fundamentals, research and application, 2020: 47-123.

[6] HINES J W, TSOUKALAS L H, UHRIG R E. MATLAB supplement to fuzzy and neural approaches in engineering [M]. New York: John Wiley & Sons, 1997.

[7] SUTTON R S, MCALLESTER D, SINGH S, et al. Policy gradient methods for reinforcement learning with function approximation [C] //Proceeding of the 12th International Conference on Neural Information Processing Systems. [S.l.]: NIPS, 1999, 1057-1063.

[8] WATKINS C J C H. Learning from delayed rewards [D]. Cambridge: University of Cambridge, 1989.

[9] ABRAHART R J. Neural network rainfall-runoff forecasting based on continuous resampling [J]. Journal of hydroinformatics, 2003, 5 (1): 51-61.

PART 2

第二篇

# 智能感知

- 第3章 视觉智能感知
- 第4章 听觉智能感知
- 第5章 智能无源感知
- 第6章 多传感器数据融合
- 第7章 网络化智能协作感知

CHAPTER 3

# 第 3 章

# 视觉智能感知

本章将深入探讨机器智能感知的基础理论和关键技术。3.1节将介绍机器视觉的基本概念，理解其核心特性，这些是机器智能感知的基础。通过学习机器视觉的基本概念和特性，读者将掌握机器视觉系统的基本原理。

3.2节将详细讲解机器视觉感知技术。首先探讨机器视觉系统中的图像传感技术；然后学习用于移动机器人的仿生实时视觉感知方法；最后介绍用于机器人的多传感器融合感知技术。通过这些内容的学习，读者将了解机器视觉感知的核心技术和实现方法。

3.3节将探讨视觉智能感知的应用。通过具体的应用实例，读者将了解机器视觉技术在实际场景中的运用，加深对机器智能感知系统的理解。

通过本章的学习，读者将系统掌握机器智能感知的基础理论和核心技术，了解从基本概念到具体应用的完整知识体系。

## 3.1 机器视觉的基本概念和特性

### 3.1.1 机器视觉的基本概念

机器视觉是一种或多种传感技术和计算机技术相结合的术语。从根本上说，传感器（通常是遥视型摄像机）从场景中获取电磁能量（通常是可见光谱，即光），并将能量转换为计算机可以使用的图像。计算机从图像中提取数据（通常首先增强或处理数据），将数据与先前制定的标准进行比较，并通常以相应的形式输出结果[1]。

机器视觉，即基于计算机的图像分析和解释的应用，是一种已经被证明可以显著提高生产效率和制造质量的技术，包括图像处理、机械工程技术、控制、电光源照明、光学成像、传感器、模拟与数字视频技术、计算机软硬件技术（图像增强和分析算法、图像卡、I/O卡等）。在某些行业（半导体、电子、汽车），许多产品的生产离不开机器视觉，因为机器视觉是生产线上不可或缺的技术。一个典型的机器视觉应用系统包括图像捕捉模块、光源系统、图像数字化模块、数字图像处理模块、智能判断决策模块和机械控制执行模块[2]。

根据自动化成像协会（Automated Imaging Association，AIA）的说法，机器视觉应用包括工业和非工业两种，在这些应用中，硬件和软件的组合为基于图像捕获和处理的设备执行其功能提供操作指导。尽管工业机器视觉使用了许多与学术/教育、政府/军事机器视觉应用相同的算法和方法，但约束是不同的。与学术/教育视觉系统相比，工业视觉系统需要更强的鲁棒性、可靠性和稳定性，而且成本通常比政府/军事应用的视觉系统要低得多。因此，工业机器视觉意味着低成本、可接受的精度、高鲁棒性、高可靠性、高机械稳定性和温度稳定性[3]。

机器视觉系统（Machine Vision System，MVS）依靠工业相机内的数字传感器来获取图像，从而使计算机硬件和软件能够处理、分析和检测各种特征，以便做出决策[4]。例如，考虑一个啤酒厂的灌装水平检测系统，每一瓶啤酒都经过一个检测传感器，它触发一个视觉系统闪光灯，并为瓶子拍照。在获取图像并将其存储在内存中后，视觉软件对其进行处理或分析，根据瓶子的灌装水平发出通过/失败响应。如果系统检测到一个灌装不当的瓶子，它会发出信号，通知转喷器拒绝这个瓶子，操作员可以在显示器上查看被拒绝的瓶子和正在进行的工艺统计数据。机器视觉系统还可以进行客观测量，如确定火花塞间隙或提供位置信息，以指导机器人在制造过程中对齐目标。

了解机器视觉所处的创新周期阶段尤为重要。机器视觉的发展通常可分为研究、早期商业化、特定生态位产品、广泛扩散四个阶段[5]。

在研究阶段，该领域的专家向该领域提供新的知识。在早期商业化阶段，研究人员开发的产品更像是"寻找问题的解决方案"，使用这些产品需要大量的专业知识。应用第二阶段（早期商业化）技术的个人通常是靠开拓创新而茁壮成长的技术人员。第三阶段（特定生态位产品）出现了特定的产品，有人认为这是机器视觉现在所处的阶段。嵌入生产设备的机器视觉系统通常对设备操作员完全透明：特定应用程序的机器视觉系统通常有一个图形用户界面，便于操作员使用。第四阶段（广泛扩散）的特点是技术透明——用户除了知道它有用之外，对它一无所知。大多数汽车驾驶员对汽车的操作原理了解甚少，除了你转动钥匙时它会做什么。有趣的是，当汽车采用"第二阶段"技术时，由于经常发生故障，驾驶员还必须能够对其进行维修。从那时起，服务站和高速公路的基础设施已经出现，以支持这项技术。随着行业中的机器视觉从第二阶段进入第四阶段，行业得到了整合。

当前，机器视觉技术是否会无形地融入人们的日常生活还有待观察。但可以预见的是，作为支撑机器视觉的底层核心技术，很快将进入第四阶段——发展阶段，成为普遍应用的关键技术。

特别是在生物识别领域，由于广泛采用了与机器视觉相同的计算机视觉技术，它在不久的将来很可能成为人们访问自动柜员机、兑现支票、登录计算机系统等场景中的主要认证手段，为人们的日常生活带来全新的体验。毫无疑问，潜在技术将在其他市场普及，例如计算机视觉的应用使汽车自动驾驶成为可能。

## 3.1.2 机器视觉的特性

机器视觉技术如同历史上出现的各类技术方法一样，有其优势，也有其劣势，只有充分地了解它、掌握它，才能恰当地运用它，快速方便地解决存在的技术问题，为国家和社会所用，降低成本，提高效率，从而使人们的生活变得更安全、更舒适、更快捷。

人类视觉最适合对复杂、非结构化场景进行定性解释，而机器视觉则擅长于对结构化场景进行定量测量，这是由于它具有高速性、准确性和可重复性[6]。例如在生产线上，机器视觉系统每分钟可以检查数百甚至数千个目标。一个建立在正确的相机分辨率和光学周围的机器视觉系统可以很容易地检查出肉眼无法看到的物体细节。通过消除测试系统和被测试部件之间的物理接触，机器视觉可以防止部件损坏，并消除与机械部件磨损相关的维护时间和成本。机器视觉通过减少人类在制造过程中的参与，带来了额外的安全和操作效益。此外，它防止了无菌环境下的人类污染，保护工人免受危险环境的影响。机器视觉技术的特性主要表现在以下方面[7]：

### 1. 非接触性

最传统的检测方法是"眼看、手摸脚行"。"眼看"就是使用非接触的方法，"手摸脚行"使用的是接触法，必须与被检测物直接或间接接触才能检测。机器视觉技术就是典型的非接触检测，通过机器用"看"的方法检测。

### 2. 高敏感性

（1）更加宽阔的光谱范围　眼睛只能看见可见光，其波长在 400~760nm，其他波长下的光肉眼无法直接观察。而机器视觉借助光电等方法可以看见可见光、紫外线（100~400nm）、红外线（760nm~0.3mm）、X 射线（0.001~100nm）等，拓宽了可视范围。例如，电荷耦合器件（Charge Couple Device，CCD）相机的光谱响应范围为 400~1100nm。

（2）更加深入的分辨力　黑白相机的像素深度有 8bit、10bit 和 12bit。8bit 像素深度对应于 0~255 级，肉眼最多只能分辨 40 级左右（不同性别、年龄、肤色等略有不同），可识别约 0.1mm 宽度以上的裂痕缺陷，而机器视觉技术则可提高分辨力 10~100 倍以上。机器视觉技术具有更深入的分辨力，能够观察更加微小的细节。

（3）更快捷的响应速度　眼睛内部的神经传导响应时间约为 40ms，使眼睛可观察移动速度为 1m/s 以下的物体细节，移动速度超过 1m/s 的物体眼睛无法观察其细节。而线阵工业相机的行频通常为几千赫兹，最快可达数十万赫兹，因此可以观测到速度更快的物体。

### 3. 高适应性

机器视觉就像一台机器，可以根据不同的工况环境条件做不同的设计，高度适应工况，如高温、高湿、压力、粉尘、振动、电磁、易燃易爆、高危、高强度、高重复性等较为恶劣的工况。

### 4. 一定的鲁棒性

机器视觉具有一定的鲁棒性，能够满足不同类别的使用。从另一角度来讲，当你越过技术门槛之后，机器视觉系统的基本原理都是相通的，系统构成大同小异，从这个角度来讲其鲁棒性很强。

### 5. 快速发展的智能性

随着计算性能的提高，光电技术、图像算法、控制机制、大数据存储与传输及仿生学、神经学、心理学、工程数学等科学技术的快速发展，机器视觉越来越具备人类的智慧，更加有效、智能地服务于人类客户。

### 6. 易集成性

机器视觉系统易实现信息如设计信息、制造信息和检测信息等的集成及管理，为工厂信息集成系统提供技术保证和支撑。

### 7. 高精度

选用高精度的图像传感器，匹配高精度的图像算法，对机器视觉系统进行优化设计，从而实现更高精度的测量、识别和定位。

### 8. 经济性

虽然机器视觉经过国内外众多研究人员的总结，但至今为止仍未形成一套完整的技术理论和技术体系，因此构造一套机器视觉系统需要多专业综合技术与实际应用充分地结合。对于大型工程项目来说，机器视觉系统周期更长、投入更多，见效也较慢。

## 3.2 机器视觉感知技术

### 3.2.1 机器视觉系统中的图像传感

与传统的照相技术相比，数码相机具有许多优势，包括无须处理胶片、易于编辑和经济实惠等。其所采用的数字成像技术也扩展到手机、笔记本计算机、安防监控、汽车、医疗和娱乐行业等。数码相机还广泛用于机器视觉系统的图像捕获中[8]，它依赖目标识别和图像分析来提取数据，然后用于控制过程或活动。机器视觉系统的应用范围很广，从自动化工业应用（如产品的检测和质量评估），到机器人引导和控制、自动驾驶汽车、精密农业中的葡萄栽培、采摘和分拣、比色分拣系统等。尽管传统的图像传感器通常被认为能够满足消费者数码摄影的需求，但在高精度和快速彩色图像捕获的机器视觉系统应用所需的成像水平时受到限制，通常出现在具有大动态光照范围的不受控制的照明场景中。此外，考虑到诸如自动驾驶汽车、军事应用、机器人中的成像条件，研究人员正在研究寻找具有所需尺寸、亮度、柔性和小型化基板兼容性的光电检测系统，从而降低成本。为了尝试满足这些要求，可以对传感系统进行修改，包括使用不同的光电探测器材料和图像处理技术、更改分色系统的设计和布置、调整图像传感器架构或单个像素传感器布置（通常是被动或主动）或将"智能功能"集成到图像传感器的芯片上。图3.1演示了自动驾驶系统的计算机视觉功能，用于检测和分类驾驶环境中的不同元素，例如车辆、车道标记、障碍物和道路边界。这种视觉感知对于自动驾驶应用中的安全导航、避障和决策至关重要。

图 3.1 自动驾驶汽车采集到的图像

## 3.2.2 用于移动机器人的仿生实时被动视觉

随着机器人不断融入人们的日常生活中，商用移动机器人的数量也在逐渐增加。移动机器人执行诸如监视、清洁或帮助残疾人等任务。然而，要使这些机器人能够可靠地感知其环境中的物体和事件，并具有令人满意的自主性，因此设计适合导航相关任务的传感器变得尤为重要。

如今，相机被认为是机器人技术中最轻便、最实惠的视觉传感器。它能够被动地捕获大量的视觉数据，同时反映所观察场景的光度和几何特性，但其运行需要很强的计算能力，并且受限于所使用传感器的固有限制。单目相机的视野有限，仅提供观察到的特征角度，但没有范围信息。立体相机可以测量未知场景中的深度，但它们的视野也是有限的。

然而，随着物种的进化，自然界已经存在完全适合特定物种需求的视觉感知系统，其中一些令人难以置信，例如飞虫的视觉感知。这些昆虫具有宽阔的视野和复杂的眼睛，使它们能够有效地导航。类似地，一些移动机器人使用全方位摄像头，从单一视图感知整个环境，此类摄像头可确保机器人在合理的时间内收集有关环境的必要信息[9]。遗憾的是，仅使用全方位摄像头的数据来计算机器人或物体的位置并不容易。更复杂的动物通过发展出周边视觉和中央凹视觉，大脑可以利用这两种系统的线索正确解释环境。然而，距离的准确感知需要中心凹分析，需要两个或多个场景视图来生成未知物体的 3D 位置，这在动物中是可以实现的。

遵循最有效的生物视觉示例，研究者在构建的过程中结合全向和中心凹视觉机制，并通过这种方式提供了一个系统，它结合了两种相机类型的优点：360°视野和准确的环境数据（机器人和物体的位置）。如图 3.2 所示，通过将看向曲面镜的相机和安装在该镜子顶部的典型透视相机相结合，创建了具有混合视野的视觉传感器，并在伺服系统上安装了透视相机。通过这种设计，透视相机可以水平旋转，以实现跟踪对象的功能，从而可以主动选择透视相机的视野。

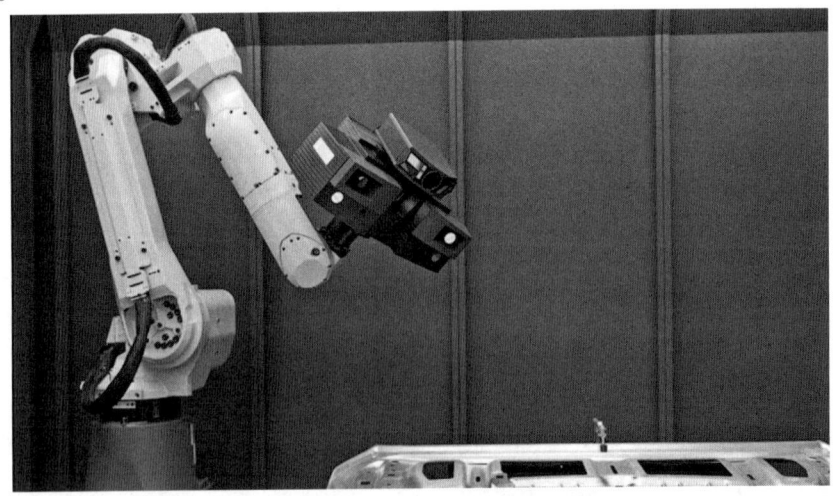

图 3.2 移动机器人的仿生视觉传感

## 3.2.3 用于机器视觉中的颜色和深度传感器技术

传统视觉技术将 3D 世界的信息投影到 2D 平面上，因此缺少场景的深度信息，而获取深度信息对于捕捉真实世界空间至关重要。因此，3D 视觉系统成为机器人和自主系统的重要研究课题[10]。例如，路径规划和避障是实现自动驾驶汽车的核心问题，并且在很大程度上依赖于为系统准确性提供态势感知的传感器。大量关于安全和避障的研究正在进行，3D 视觉技术仍然是机器人系统的一个重要组成部分。毫不奇怪，除了通常的红、绿、蓝（RGB）颜色视觉之外，大多数先进的机器人视觉系统已经使用 RGB-D 视觉技术部署了一种主动或被动深度信息形式，其中 D 代表深度。在机器人技术中，基于飞行时间（Time of Flight，TOF）的传感器与立体视觉系统一起被广泛用于提取深度信息。TOF 传感器特别适用于自动驾驶汽车和自动航空系统或无人机，基于 TOF 的深度传感器是最有前途的远程主动深度传感形式，德州仪器、索尼、松下、意法半导体、AMS 等科技巨头目前正在开发与智能手机等便携式设备兼容的用于距离成像的微深度传感器，如图 3.3 所示，智能手机的摄像头已经普遍采用了 TOF 深度传感器，可以极大提高相机的性能。

图 3.3 智能手机摄像头采用的 TOF 深度传感器

实时物体识别是机器人视觉另一个活跃的研究领域，使用 RGB-D 传感器进行 3D 物体重建很常见。体素中包含的信息用于比较和识别其中包含的不同对象和特征，这种方法的优势在于可以从 3D 空间中提取大量显著特征以提高对象识别性能。目前，市场上存在许多商用 3D 图像传感器，成像系统供应商正在开发新一代 3D 图像传感器。监控系统、车辆识别、交通控制系统、人数统计系统、活动和手势识别等是该类别的子域，其中 3D 信息可提高系统效率。访问深度信息对计算机图形学有很大影响，尤其是在游戏、图像检索以及考古学中。

在医疗机器人中，深度信息对分配感知有很大影响[11]。在计算机辅助手术（Computer Aided Surgery，CAS）或机器人辅助微创手术（Minimally Invasive Surgery，MIS）中，深度信息具有重要作用。在传统的 MIS 中，3D 手术世界被投影到 2D 屏幕上，因此，执行 MIS 的外科医生需要面临更多挑战：外科医生必须在 2D 空间中完成 3D 世界中的操作，并且缺少触觉信息，使 MIS 系统更加复杂。在 MIS 背景下，视力是改善手术结果（安全性和意外伤害）的最关键因素。如果没有深度信息，MIS 就难以在手术空间内跟踪手术工具。最近的研究表明，当 3D 视觉被纳入跟踪系统时，通过呈现 3DMIS 与 2DMIS 的综合结果，MIS 程序有了显著的改进。

根据他们的记录，3D手术与2D手术中MIS的中位误差分别为27和105，报告的中位误差减少了25.72%。另一项研究表明，3DMIS减少了71%的执行时间以及63%的错误率。因此，3D视觉系统在缺乏经验丰富的外科医生的国家中有着巨大的优势。

## 3.3 视觉智能感知应用

在全球范围内，机器视觉已成为制造业自动化视觉检测的流行工具。在印度，由于系统集成专业知识和对技术的理解增强，机器视觉工具的采用率大幅增加。随着人工智能的最新进展、计算能力的增强以及算法开发的进步，机器视觉已经以基于深度学习的检测系统的形式呈现出新的形象。当涉及"教"机器寻找指定目标时，这些系统易于训练，并降低了集成复杂性。

然而，重要的是要从功能上理解这项技术如何应用于制造。有许多不同的应用程序组，重要的是要了解用户的需求属于哪种应用程序，以便决定用户需要投资哪种系统设计和技术。通常，需要根据用户的应用程序制定一个（甚至更多）功能需求，下面列出了4个主要功能需求[12]。

（1）目标检测　这里的目标是定位或检测给定图像中是否存在感兴趣的目标。例如图3.4中通过机器视觉很好地检测出狗、自行车和汽车。视觉系统仅通过预先训练的"黄金图像"或"模式"进行识别，并将其与来自相机的实时图像进行比较。

图3.4　视觉目标检测和识别在生活中的应用

（2）缺陷检测　缺陷检测应用程序检测产品表面上的异常，例如表面缺陷、凹痕和划痕。缺陷检测应用需要精细化和客观化，以确保可以将可接受的缺陷与不可接受的缺陷区分开来。使用基于人工智能的机器视觉非常适合这些应用，因为系统是基于示例而不是"规则"的。

（3）打印缺陷识别　识别印刷异常，如不正确的颜色深浅或部分印刷品缺失或瑕疵，是印刷缺陷识别的目标。在这些应用程序中，系统会训练主图像，以识别与该主图像的任何偏差。

（4）定位　定位物体是机器视觉在机器人引导等应用中的常见用途。这里机器视觉系统的目标是定位感兴趣对象的坐标/位置。该信息可用于拾取对象或执行其他依赖于该位置的过程。这种类型的机器视觉应用，需要将感兴趣的部分传授给机器视觉系统，在生产过程中识别该部分。

通常，在任何机器视觉应用程序中，无论是最简单的装配验证还是复杂的3D机器人拣箱，第一步都是使用模式匹配技术，在相机的视场中找到感兴趣的物体或特征。如果模式匹配软件工具不能精确定位图像中的目标，那么它就不能指导、识别、检查、计数或测量目标。虽然找到一个目标听起来很简单，但在实际生产环境中，其外观的差异可能会使这一步骤极具挑战性。尽管视觉系统经过训练可以根据模式识别目标，但即使是最严格控制的过程也允许目标的外观存在一些变化。

为实现高精度、稳定可靠和结果可重复，机器视觉系统中的目标定位是第一个且关键的环节。它需要拥有足够智能的定位算法，能够快速精准地将预先训练的模板与待检测物体进行匹配对比。

这一点可以从图 3.5 所展示的无人机光学三维动作捕捉系统中得到印证。该系统集成了伺服角、棱镜角和摄像角等多个模块，其核心目标是实时精准获取无人机在三维空间中的运动轨迹数据。要实现这一目标，系统就必须首先快速准确地定位和锁定无人机目标，并基于先进的目标定位和运动捕捉算法持续跟踪无人机的运动状态。这种对目标物体精准定位的高度要求，正印证了文中所阐述的机器视觉目标定位是第一道且关键的环节。只有拥有智能化的高精度目标定位能力，机器视觉系统才能为后续的识别、检测、测量等高级应用奠定坚实的基础。

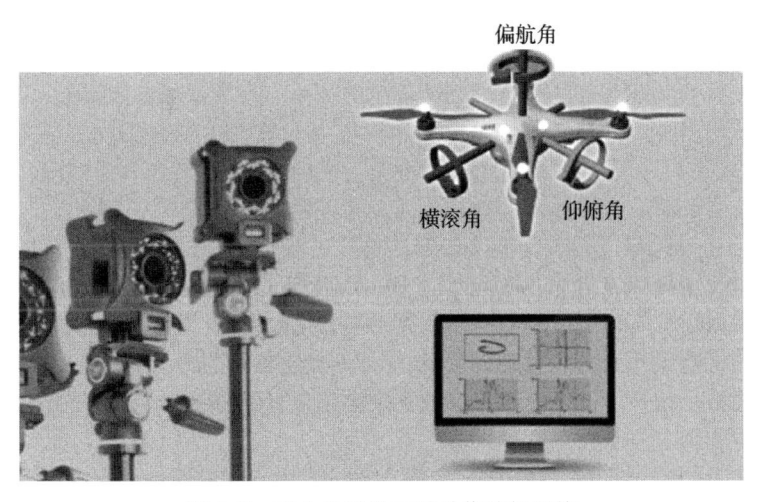

图 3.5　无人机光学三维动作捕捉系统

在工业机器视觉领域，应用任务通常可分为四大类：引导控制、目标识别、尺寸测量和缺陷检测。

(1) 引导控制　首先，机器视觉系统可以定位目标的位置和方向，将其与指定的公差进行比较，并确保其处于正确的角度，以验证正确的装配。接下来，可以使用引导控制的方法将目标在 2D 或 3D 空间中的位置和方向报告给机器人或机器控制器，允许机器人定位目标或机器对目标进行对齐。机器视觉导航在安排托盘上或下的部件、从传送带上包装部件、寻找并对准部件以便与其他部件组装、将部件放置在工作架上或从桶中取出部件等任务中，比人工定位的速度和精度要高得多。

引导控制也可以用于对准其他机器视觉工具，这是机器视觉一个非常强大的功能，因为在生产过程中，部件可能以未知的方向呈现给摄像机。通过定位目标，然后对准其他机器视觉工具，机器视觉可以实现自动工具夹具。这包括定位目标上的关键特征，以精确定位卡尺、斑点、边缘或其他视觉软件工具，以便它们正确地与目标交互。这种方法使制造商能够在同一条生产线上生产多个产品，并减少了在检验过程中维护目标位置所需的昂贵的硬模具。

有时引导控制需要几何模式匹配。模式匹配工具必须能够容忍对比度和光照的巨大变化，以及比例、旋转和其他因素的变化，同时每次都能可靠地找到目标。这是因为通过模式匹配获得的位置信息可以使其他机器视觉软件工具对齐。

(2) 目标识别　使用机器视觉进行识别涉及识别目标或产品，以便在整个制造或物流过程中跟踪该目标或验证是否正在生产正确的目标。识别可以通过光学字符识别（Optical Character Recognition，OCR）或条形码来完成。用于目标识别的机器视觉系统可以读取条形码(1D)、数据矩阵编码（2D）、直接目标标记（Direct Part Marking，DPM）和打印在目标、标签和包装上的字符。光学字符识别系统读取字母数字字符，而光学字符验证（Optical Character Verification，OCV）系统确认字符串的存在。此外，机器视觉系统可以通过定位一个独特的图案来识别目标，或者根据颜色、形状或大小来识别物品。

DPM 应用程序直接在部件上标记代码或字符串。所有行业的制造商普遍使用这种技术来防错、实现有效的遏制策略、监控过程控制和质量控制指标，以及量化工厂中的问题区域（如瓶颈）。直接部件标记提高了资产跟踪和部件真实的可追溯性。它还提供单位级别的数据，通过记录组成成品的装配部件的系谱来驱动卓越的技术支持和保修维修服务。

传统的条形码已被广泛用于零售结账和库存控制。然而，可追溯性信息需要的数据比标准条形码所能容纳的要多。为了增加数据容量，开发了二维代码如数据矩阵，它可以存储更多的信息，包括制造商、产品标识、批号，甚至几乎任何成品的唯一序列号。

(3) 尺寸测量　测量应用涉及准确确定物体尺寸的问题。这是通过定位图像上的某些点并从该图像测量几何尺寸（距离、半径、直径、深度等）来完成的。此类应用的示例有测量发动机气缸孔的内径，测量瓶子内的液体填充水平，可以使用 2D 或 3D 相机进行测量。

用于测量的机器视觉系统计算物体上两个或多个点之间的距离或几何位置，并确定这些测量是否符合规格。如果不符合规格，视觉系统向机器控制器发送失败信号，触发拒绝机制，将物体从线路中弹出。

在实际操作中，固定安装的相机在物体通过相机视野时捕捉图像，系统使用软件计算图像中各个点之间的距离。由于许多机器视觉系统可以测量物体特征到 0.0254mm 以内，它们解决了许多传统上用接触测量处理的应用。

(4) 缺陷检测　用于缺陷检测的机器视觉系统可以检测出厂产品中的缺陷，如污染物、功能缺陷和其他不正常现象。例如检查药片的缺陷，检查显示屏以验证图标或确认像素的存在，检查触摸屏的背光对比度。机器视觉还可以检查产品的完整性，例如在食品和制药行业中，确保产品和包装之间的匹配，检查瓶子上的安全密封、瓶盖和环是否合规。

## 本章习题

1. 简述机器视觉的基本概念。
2. 机器视觉有哪些特性，请简要说明。
3. 机器视觉有哪些感知技术？
4. 通过查阅文献的方法，列举三种视觉智能感知的应用。
5. 在制造业中，机器视觉应用有哪些类别，请简要说明。
6. 在制造业中，四大类机器视觉应用是什么？
7. 谈谈你对机器视觉的理解。

## 参考文献

［1］ JAIN R, KASTURI R, SCHUNCK B G. Machine vision［M］. New York：McGraw-hill, 1995.
［2］ 段峰，王耀南，雷晓峰，等. 机器视觉技术及其应用综述［J］. 自动化博览，2002，19（3）：59-61.
［3］ PATRICK M, 君谦. 关于边缘工业机器视觉应用发展的调研［J］. 单片机与嵌入式系统应用，2020，20（1）：4-6.
［4］ GOLNABI H, ASADPOUR A. Design and application of industrial machine vision systems［J］. Robotics and computer-integrated manufacturing, 2007, 23（6）：630-637.
［5］ SERGIYENKO O, FLORES-FUENTES W, MERCORELLI P. Machine vision and navigation［M］. Berlin：Springer, 2020.
［6］ HORNBERG A. Handbook of machine vision［M］. Hoboken：John Wiley & Sons, 2006.
［7］ DAVIES E R. Machine vision：theory, algorithms, practicalities［M］. San Francisco：Morgan Kaufmann Publishers, 2004.
［8］ BECK J, HOPE B, ROSENFEID A. Human and machine vision［M］. New York：Academic Press, 2014.
［9］ GUO J, CHEN P, JIANG Y, et al. Real-time object detection with deep learning for robot vision on mixed reality device［C］//2021 IEEE 3rd Global Conference on Life Sciences and Technologies（LifeTech）. New York：IEEE, 2021：82-83.
［10］ YANG R, MO Q, LI Y, et al. Application of 3D vision intelligent calibration and imaging technology for industrial robots［J］//Journal of physics：conference series, 2021, 2082（1）：12004.
［11］ LEE Y C, SYAKURA A, KHALIL M A, et al. A real time camera-based adaptive breathing monitoring system［J］. Medical & biological engineering & computing, 2021, 59（6）：1285-1298.
［12］ SOINI A. Machine vision technology take-up in industrial applications［C］// Proceedings of the 2nd International Symposium on Image and Signal Processing and Analysis. Pula：IEEE, 2001：332-338.

CHAPTER 4

# 第 4 章

# 听觉智能感知

理解人类的听觉系统一直被视为设计机器听觉的主要策略。与视觉研究相似，人类对听觉机制的探索也源远流长，可以追溯至 17 世纪，并在过去几个世纪里取得了令人赞叹的进展。制造出兼具视听功能的机器的想法可以追溯到 19 世纪中叶，距今已有超过一个世纪的历史。由于计算能力的限制，直到最近几十年真正实现这一目标才变得可能。正如计算机行业中所说的那样，实现机器听觉目前看似只是一个简单的编程问题。然而，事实并非如此。人们对于耳朵进行声音分析的理解还远远不够深入，在揭示人类大脑庞大的听觉处理能力这一领域，仍有大量工作有待完成。只有对人类听觉机制有了更全面的理解，才能将其抽象概括，为发展机器听觉系统提供更坚实的理论基础。

本章将深入探讨听觉智能感知的基础理论和关键技术。4.1 节将介绍听觉智能感知的基本概念和特性，包括听觉生理学原理、听觉中的关键问题，以及机器听觉的基本原理。通过这些基础内容的学习，读者将理解听觉感知的本质特征。

4.2 节将详细讲解听觉感知的关键技术。首先介绍听觉感知的基本处理系统架构，包括声音信号的采集、处理和分析流程；然后深入探讨语音识别技术的原理和方法。这些内容将帮助读者掌握听觉智能感知的核心技术实现。

4.3 节将探讨听觉智能感知的实际应用。通过具体的应用案例，读者将了解听觉感知技术在各个领域中的实际运用，加深对听觉智能感知系统的整体认识。

通过本章的学习，读者将系统掌握听觉智能感知的基本原理和核心技术，了解从听觉生理到智能识别的完整技术链条。

## 4.1 机器听觉的基本概念和特性

我们所介绍的关于机器听觉的方法是通过机器模型来描述人类的听觉，听觉研究领域的很多人对此采取了不同的方法。听觉心理学家和生理学家积累了大量的实验数据，以及针对这些数据的各种理论、假设、描述和解释。本节试图构建这些知识，总结一些建模和解释的历史，并将其与机器模型联系起来。"关于人类听觉系统的智慧"的真正考验，是在模型复制听觉的重要特征和功能方面，不仅是在受控实验中，而且是在处理真实世界声音混合的成功应用中。Schouten 特别关注音高感知问题，这是听觉中的几个关键问题之一。音高可能是导致机器听觉采用听觉图像方法的一个最重要的问题。本章将介绍人类听觉中的几个关键方面。

### 4.1.1 听觉生理学

关于人类听觉的大部分知识来自心理物理实验和动物生理学实验。猫、沙鼠、豚鼠、雪貂和其他实验动物已经被广泛研究，我们有理由相信，从它们身上学到的知识可以很好地应用于其他哺乳动物。

听觉诱发电位是耳蜗内或耳蜗附近电极、各种神经或大脑结构拾取的电信号，其早期研究在听觉理论中发挥了重要作用[1]。当人们发现听神经附近的诱发电位可以重现可理解的语音时，神经不能携带高于几百赫兹频率的想法必须加以修正。在猫的听觉诱发电位中，高达 4kHz 的音调被复制出来。

在对猫的听觉诱发电位研究中还有一个重大突破，它能够从听神经的单纤维记录动作电位和离散的放电事件，以响应各种水平的刺激。研究人员发现，从耳蜗传递到大脑的不仅是简单的声音信号，其中还包含细微的时间结构细节。这些细节信息可以通过刺激周围时间直方图来可视化展示，直方图反映了神经元放电发生的时间分布，近似展现了神经元对重复声音刺激的响应概率随时间的变化特征。

1971 年，罗德利用松鼠猴开发了一种观察耳蜗基底膜机械反应的新技术。这项技术让他能够观测到耳蜗在很低声压级的声音下的机械反应行为。在这些实验中，首次观察到了健康耳蜗在低强度声刺激下表现出的非线性压缩行为，而早期的力学实验所观察到的通常是受损耳蜗在被动状态下的反应，或者是高强度声刺激下，健康耳蜗的反应呈现出被动线性特征。然而，在罗德对健康耳蜗的大动态范围进行观察后的很长一段时间里，机械调谐的锐度（似乎很宽）和神经调谐的锐度（似乎更尖锐）之间仍然存在着脱节。在接下来的几十年里，机械实验得到了改进，并用新的技术进行了复制，脱节的问题得到了解决：当以相同的方式绘制等响应曲线或频率-阈值曲线时，通过机械测量和神经测量所得到的曲线呈现出陡峭的谐振峰，它们在响应精度和健康状态上也是基本等同的。用这种方法测量的机械和神经响应，比固定强度下的响应与频率的非锐化图要尖锐得多。在线性系统中，这样的测量是等效的，它们的曲线同样陡峭。因此，神经频率-阈值曲线的锐度在很大程度上被理解为耳蜗非线性和调谐曲线测量方式的副产品，并且与以不同方式测量的不太尖锐的曲线没有冲突。

对动物听觉神经系统众多不同结构中的单个单位和诱发电位记录的研究增加了大量数据，但得到的并不都是清晰的整体图像。一些清晰的结果来自于特殊的动物，而且不一定是哺乳动物。例如，谷仓猫头鹰可以在完全黑暗的环境中从空中俯冲下来捕捉奔跑的老鼠，它仅通过聆听就可以在视顶盖中记录听觉/视觉空间相关的神经活动图，这些活动模式是由早于视顶盖的听觉加工通路解码双耳时间和强度差信号后，投射到视顶盖并形成的。

近几十年来，研究耳蜗产生的耳声发射和从耳朵发出的实际声音也很有价值，它可以评估人类耳蜗的功能和模型的合理性，如图 4.1 所示，耳蜗位于内耳的最内侧，其蜗旋管状结构中包含着基底膜和有机鞘等关键的听觉感受器。当声波通过外耳、中耳的传递而达到内耳时，会激发基底膜及其上的耳毛细胞产生机械振动。这种微小的机械振动不仅会引起听觉神经纤维放电，传递声音信息到大脑，同时也会在一定程度上引起耳蜗内部液体的反向波动，从而使整个耳蜗结构发出极细微的声辐射，被称为"耳声发射"。

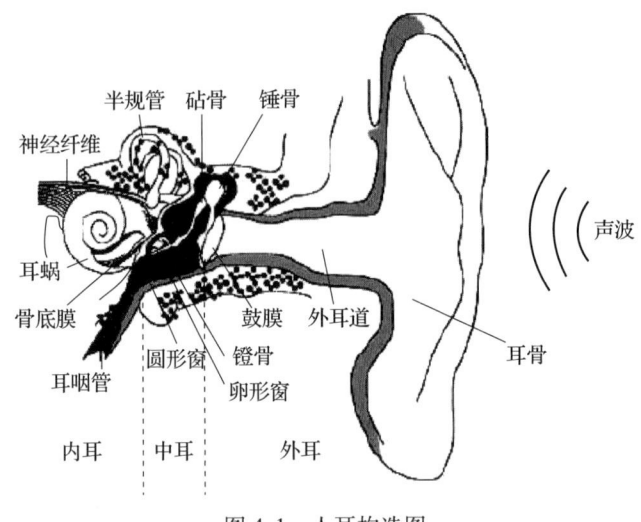

图 4.1　人耳构造图

研究人员可以利用高灵敏度的声学测量设备，从外耳道捕捉和分析这些极微弱的耳声发射信号，从而评估内耳特别是耳蜗的功能状态，检验相关听觉理论模型的合理性和准确性。耳声发射测试已成为了一种重要的临床听力检查手段，在听力医学及相关基础研究领域具有广泛的应用价值。

### 4.1.2　听觉中的关键问题

许多关于声音和听觉的介绍会讲述声音，或者音调、音高、响度、音色或其他属性。很多时候，声音可以简单理解为正弦波，在这种情况下，可以说感知的音高是由频率决定的，而对于任何固定频率，响度是由幅度或功率构成的[2]。这些关系看起来很简单，但对于不是正弦波的声音（这意味着基本上所有的声音）情况要复杂得多。

为什么不同频率的声音有不同的响度与声功率的关系曲线？为什么对于大带宽，噪声频带的响度如此依赖于带宽，而在带宽较小时，则相对独立于带宽？为了回答这些问题，心理和物理学实验提供了多样而复杂的数据，如何解释感知响度与物理刺激参数之间的关系一直是听觉科学中一个长期存在的重要问题。

对于周期性的人声和音乐声，感知的音调通常与压力波形的重复频率相对应；100Hz 正弦波的螺距几乎与任何波形每秒重复 100 次的螺距相同。然而，对于某些波形，即使没有 200Hz 的周期性，螺距也将接近 200Hz。例如，与 100Hz 的奇数谐波之和相对应的交替正脉冲和负脉冲，通常会由受试者与接近 200Hz 的脉冲序列相匹配，尤其是在最低频率被滤除或被噪声掩盖的情况下。在过去的几个世纪里，试图描述这些奇怪刺激的物理声学属性和感知音高之间的微妙联系推动了听力方面的许多进步。

音色通常被定义为在相同响度、音调和持续时间的声音下，人耳感知到的声音特征或质感上的差异。音量除了作为响度的同义词，其他旧维度没有保存下来。

音乐和谐与不和谐的研究也是一个激发听觉研究和进步的关键问题。古希腊人早已认识到，弦长或管长的比例关系与产生辅音的频率有着密切联系。随着时间的推移，这些观察和理论在音乐理论的发展中得到了进一步的阐述和深化。与此同时，听力科学领域一直在努力探索这些现象背后的解释。如今，借助于能够生成听觉图像的现代听觉模型，得以洞察和谐与不和谐如何在大脑中得以体现。这些发现不仅将这一问题从生理学领域扩展到了模式识别领域，还为我们提供了更深层次的理解。

言语交流可能是人类正常生活中最重要的一种声音。对语音感知的描述和理解是工业界和学术界一百多年来的一个关键问题，最初是由电话业务的需求驱动的。

人类听觉的一个最重要的用途是了解周围发生的事情。正如 Wenzel 所说，"耳朵的功能是指向眼睛"。这一概念与在谷仓猫头鹰顶盖中发现已登记的听觉和视觉空间图有关，并得到听觉定位灵敏度和最佳视觉区域宽度之间的多物种相关性的支持。因此，对双耳听觉的研究是理解听觉工作原理的一个重要部分。

人类将声音解析为听觉流的自然倾向是一种更高层次的功能，它是音乐感知和在干扰声音中跟踪语音的能力的基础。"鸡尾酒会问题"指的是一个人从混合的语音和音乐源中提取有用声音的能力，有时甚至一次处理多个声音流。与分析复杂视觉场景的能力类似，这种能力也被称为听觉场景分析。

除了人类听觉的这些心理声学方面，听觉的研究和进展也受到听觉神经生理学发现的推动，尤其是在哺乳动物中，但也在鸟类、爬行动物、鱼类和昆虫中。例如，猫听神经中单个神经元的动作电位记录提供了对耳朵功能的早期关键洞察，并提供了数据来限制关于如何解释听觉的许多特性理论。

大脑处理声音的区域被认为是有组织的，就像视觉区域一样，分为一个 what 路径和一个 where 路径。what 路径处理声音的分类，例如不同元音或乐器的分类，而 where 路径处理空间中的位置和方向。这些路径的相互作用是复杂的，因为它们在更高的皮层水平上并不完全分开。从这种生理组织的角度理解心身效应是听觉研究的一个关键问题。

线性和非线性的概念出现在许多领域。神经元的行为很容易被认为是非线性的。非线性在听觉过程中的机械部分也很重要，这一观点很令人惊讶，尽管它在一个多世纪以来一直是讨论的焦点。

以上主题都需要一定程度的熟悉和理解，以了解它们如何激励和约束机器听觉系统的设计。面向该领域提出简单的机器模型，从中产生符合人类和动物听觉的所有复杂实验细节的行为。

### 4.1.3 机器听觉

我们已经拥有可以像人类一样听到声音的机器，我们希望这些机器能够轻松区分语音、音乐和背景噪声，提取语音和音乐部分进行特殊处理，知道声音来自哪个方向，学习哪些噪声是典型的，哪些是值得注意的。无论是在工厂、音乐表演还是电话交谈中，这些机器应该能够实时聆听并做出反应，在听到值得注意的事件时采取适当的行动，参与正在进行的活动。

虽然大多数的声音分析工作都应用于语音和音乐中，但更普遍的现场机器听觉值得关注。与机器视觉的多样性和活跃性相比，机器听觉领域仍处于初级阶段，尽管已掌握了多样性听觉应用所需的大部分技术。

在机器听觉中，我们关注实用的系统结构和真实环境中真实声音混合的实际应用[3]。希望避免多年来视觉领域在工业界的"机器视觉"和学术界的"计算机视觉"之间出现的分裂，而通过专注于更一般的声音处理，将语音、音乐和听觉研究人员更紧密地联系在一起，这为合作提供了明确的机会。

在实用性方面，假设机器听觉系统在像人类一样听到声音时工作得最好，因为它们模拟了人类的听觉装置，并且它们根据事物"听起来像什么"创建内部表示，而不是直接分析发声结构（如声带）的表示。假设输入的声音是杂乱无章的，因此避免使用针对一种声音类型或一个声源进行优化的表示。人们希望机器听觉能像机器视觉和机器学习一样成为一流的学术和工业领域。

图 4.2 展示了意大利理工学院（IIT）开发的双耳人形机器人 iCub。该机器人头部装有两个类似于人类外耳的语音传感器，用于模拟人类双耳听觉系统。

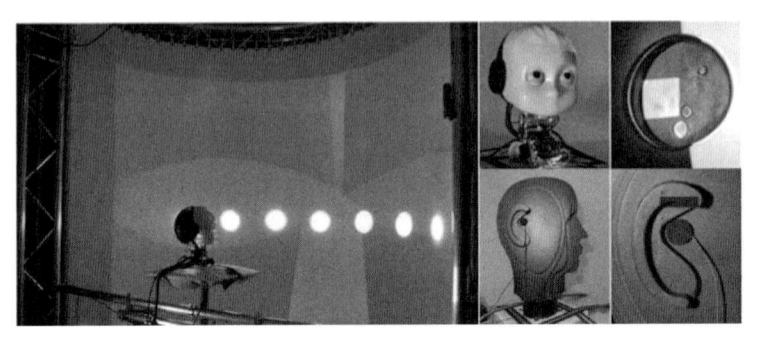

图 4.2　意大利 IIT 开发的双耳人形机器人 iCub

iCub 机器人的双耳传感器能够借助时间差和强度差原理，精确定位声源方位并分离出不同声源，实现对复杂声场环境中的目标声音的分离和跟踪。此外，其语音处理系统还具备语音识别和理解能力，能够根据语义内容与人类进行交互对话。

作为一个人形机器人平台，iCub 不仅在听觉上追求对人类的模拟，在视觉、运动控制等多个感知系统上也力求最大限度地模拟人类。通过将先进的计算机视觉、语音识别、运动规划等技术与人性化设计相结合，iCub 展现了机器视听觉系统向真正的人工智能系统迈进的雄心和潜力。

## 4.2　机器听觉感知技术

### 4.2.1　机器听觉感知体系结构

作为基线方法使用的机器听觉系统结构在一些成功的机器视觉应用程序上应用，并且已经在一些声音分析应用程序中运行良好。这样一个系统由 4 个主要模块组成[4]：

**1. 外围分析仪**

所有机器应用中常见的是声音分析前端，它模拟了耳蜗，将声音分离为一组重叠带通通道，压缩声音动态范围，并产生半波整流表示，其在所有信道波形中保持功率和精细时间结构。

### 2. 一个或多个听觉图像发生器

这一阶段，系统将精细的时间结构解调成更缓慢变化的表示形式，即在听觉中脑中发现并投射到听觉皮层的二维（2D）运动图像图。例如，它生成一个稳定的听觉图像或相关图，根据利克利德的音高感知双重理论体现联合频谱和时间细节，或根据杰弗里斯的双耳定位位置理论体现双耳相关图。

### 3. 特征提取模块

在机器视觉系统中，该阶段获取运动（听觉）图像作为输入，并提取各种局部和全局（或多尺度）特征，这些特征将与以下可训练分类器配合使用。

### 4. 一个可训练的分类器或决策模块

对于所选择的应用程序，应用适当的机器学习技术来学习从先前阶段提取的特征到应用程序所需决策类型的映射。该模块可以像单层感知器一样在一个步骤中操作，也可以使用或学习多层内部结构。

前两个模块旨在尊重人类的听觉本质，其目标是产生对声音流"听起来是什么"的表示形式，同时将机器听觉问题转化为可供机器处理的计算形式，类似于机器视觉将视觉问题转化为可解决的计算问题一样。无论这种转化是否能够完全解决问题，都可以有效借鉴和利用后两个模块中行之有效的技术成果，并为各阶段留有充分的改进空间。

声音和图像技术之间可以共享的重要概念包括稀疏表示、压缩、多尺度分析、三维（3D）图像空间运动分析和关键点检测等。例如，该表示可能早在第一模块的输出时就被稀疏化，其中带通滤波声音的每个半波波形驼峰可以由指示驼峰的时间和大小的离散事件代替。

## 4.2.2 语音识别技术

2008 年，电影《钢铁侠》中托尼·斯塔克有一个虚拟管家 JARVIS，JARVIS 最初是一个计算机界面，最终升级为运行业务并提供全球安全性的人工智能系统。JARVIS 让人类眼睛和耳朵看到和听到了语音识别技术固有的可能性，虽然我们可能还没有完全做到这一点，但各种设备正在以多种方式进步。语音识别技术允许以多种语言免提控制智能手机、扬声器甚至车辆。这是一项几十年来一直梦想努力达到的进步，目标是让人们的生活更简单、更安全。本小节将简要介绍语音识别技术的历史、工作原理、一些使用它的设备，以及对未来发展的展望。

### 1. 语音识别技术发展史

语音识别技术很有价值，因为它可以节省消费者和公司的时间和金钱。台式计算机的平均打字速度约为 40 字/min，而在智能手机和移动设备上打字时，速度还会有所下降，但通过语言输入，每分钟可以说 125~150 个字。因此，语音识别可以帮助人们更快地完成所有事情如创建文档，与自动化客户服务代理交谈。语音识别技术的实质是使用自然语言来触发动作。现代语音技术始于 20 世纪 50 年代，并在几十年间迅猛发展[5]：

20 世纪 50 年代，贝尔实验室开发了"Audrey"，这是一个能够识别通过单个声音说出数字 1~9 的系统；20 世纪 60 年代，IBM 公司推出了一款名为"Shoebox"的设备，可以识别和区分 16 个英语口语单词；20 世纪 70 年代，卡内基梅隆大学的"Harpy"系统可以理解超过

1000个单词；20世纪90年代，个人计算机的出现带来了更快的处理器，并为听写技术打开了大门，贝尔再次使用拨入式交互式语音识别系统；21世纪初，语音识别的准确率接近80%，Google Voice的出现让数百万用户可以使用该技术，并允许谷歌公司收集有价值的数据；21世纪10年代，苹果公司推出Siri，亚马逊公司推出Alexa与谷歌公司竞争。

随着技术的不断演进，开发人员已经朝着使机器能够理解和响应人们越来越多口头命令的目标迈进。如果没有早期开拓者铺平道路，如今领先的语音识别系统（谷歌助手、Alexa和Siri）不会有如此伟大的成就。

得益于云处理等新技术的集成以及语音数据收集带来的持续改进，这些语音系统不断提高其"听"和理解更广泛的词语、语言和口音的能力。

### 2. 语音识别技术工作原理

随着物联网技术的不断发展，智能汽车、智能家电和语音助手等新兴技术已经出现在人们的日常生活中，那么语音识别技术是如何工作的呢？

即使是现在，语音识别技术也非常复杂。以孩子学习语言为例，从第一天起，他们就会听到周围都在使用的词语。孩子会吸收各种语言提示：语调、句法和发音。他们大脑的任务是根据周围人使用语言的方式识别复杂的模式和联系。语音识别开发人员必须自己构建类似的，语言学习机制，因为有成千上万种语言、口音和方言需要考虑。

但这并没有阻止语音识别技术的发展。在2020年初，谷歌公司的研究人员终于能够在广泛的语言理解任务上击败人类，他们的更新模型现在在标记句子和找到问题的正确答案方面比人类表现得更好。语音识别技术工作的基本步骤如下[6]：

1）传声器将人声的振动传输成波状电信号。

2）该信号依次由系统硬件（例如计算机的声卡）转换为数字信号。

3）语音识别软件分析数字信号以记录音素，音素是区分特定语言中一个词与另一个词的声音单位。

4）将其重构为词语。

程序要选择正确的词语，必须依赖上下文提示，通过三元组分析完成。该方法依赖于频繁三词集群的数据库，其中分配了任意两个词后跟给定第三个词的概率。

例如手机输入键盘上的预测文本，当你输入"How are"时，你的手机会提示"you?"，而且使用它的次数越多，它就越了解你的倾向并会给出常用短语。

语音识别软件的工作原理是将语音记录的音频分解成单独的声音，分析每个声音，使用算法找到最适合该语音的词语，然后将这些声音转录成文本。

### 3. 语音识别技术应用场景

语音识别技术在21世纪初取得了突飞猛进的发展，并且已经真正开始立足于人们的生活中，下面列举了一些语音识别技术的应用场景[7]。

（1）苹果公司的Siri 苹果公司的Siri于2011年首次亮相后成为第一个流行的语音助手，如图4.3所示。从那时起，它已集成在所有iPhone、iPad、Apple Watch、HomePod、Mac计算机和Apple TV上。Siri甚至被用作CarPlay信息娱乐系统、无线AirPod耳塞和HomePod Mini的关键用户界面。尽管苹果在Siri方面取得了很大的领先优势，但许多用户对其无法正确理解和解释语音命令表示失望。如果要求Siri代替自己发送短信或拨打电话，它可以轻松完成，然而在与第三方应用程序交互方面,与竞争对手相比,Siri 的功能稍逊一筹。但现在,iPhone 用户可以说"嘿 Siri,我想打车去机场"或"嘿 Siri,给我订一辆车",Siri 会打开手机上的任何乘车服务应用程序并预订旅行。

图 4.3 苹果 Siri 语音助手

专注于系统处理后续问题、语言翻译以及将 Siri 的声音改造成更人性化声音的能力,有助于改善语音助手的用户体验。截至 2021 年,苹果公司在按国家/地区划分的可用性方面强于其竞争对手,Siri 可在 30 多个国家/地区和 21 种语言中使用,在某些情况下,还可以使用多种不同的方言。

(2)亚马逊公司的 Alexa　亚马逊公司于 2014 年向全球发布了 Alexa(见图 4.4)和 Echo,开启了智能扬声器的时代。Alexa 现在安装在 Echo、Echo Show(语音控制平板电脑)、Echo Spot(语音控制闹钟)和 Echo Buds 耳机(亚马逊版的 AirPods)中。

图 4.4 亚马逊 Alexa 语音助手

与苹果公司相比,亚马逊公司一直认为拥有最多"技能"的语音助手(在其 Echo 助手设备上的语音应用程序)将获得忠实的追随者,即使它有时会犯错误并需要花费更多精力去使用。尽管一些用户认为 Alexa 的单词识别率落后于其他语音平台,但 Alexa 会随着时间的推移适应用户的声音，解决它与用户的特定口音或方言有关的很多问题。在技能方面，亚马逊的 Alexa Skills Kit（ASK）可能是推动 Alexa 成为真正平台的原因。ASK 允许第三方开发人员创建应用程序并利用 Alexa 的强大功能，而无须原生支持。

Alexa 在与智能家居设备（如摄像头、门锁、娱乐系统、照明和恒温器）的集成方面处于领先地位，无论是坐在沙发上还是在旅途中，用户都可以完全控制自己的家。借助亚马逊公司的 Smart Home Skill API，用户可以从数以千万计的支持 Alexa 的端点控制他们连接的设备。

当要求 Siri 将某样物品添加到购物车时，它会照做。然而，Alexa 则会更加人性化，用户可以毫不费力地从亚马逊订购数百万种产品，这也是 Alexa 超越其竞争对手的一种自然而独特的能力。

（3）车载语音识别　声控设备和数字语音助手不仅仅是为了让事情变得更简单，在车载语音识别等方面也涉及安全问题。

苹果、谷歌和 Nuance 等公司已经彻底重塑了驾驶员的车辆体验——旨在消除开车时低头看手机的干扰，让驾驶员能够将注意力集中在道路上。用户可以告诉汽车需要给谁打电话或导航到哪家餐厅，而不是在开车时发短信；无须滚动 Apple Music，只须让 Siri 为查找并播放自己喜欢的音乐即可；如果车内燃油不足，车载语音系统不仅可以提醒你需要加油，还可以指出最近的加油站并询问你是否对特定品牌有偏好，它也可能会警告你想去的加油站太远，剩余燃料无法到达。

在安全方面，有一个重要的警告需要注意。英国交通研究实验室（Transport Research Laboratory，TRL）发布的一份报告显示，与触摸屏系统相比，使用语音激活系统技术时驾驶员的分心程度要低得多。但是，它建议要进行进一步的研究，使语音指令成为未来车内控制最安全的方法，因为最有效的安全预防措施是完全消除干扰，这就需要现场数据收集的作用。公司需要在车辆中进行交流的术语和短语的精确和全面的数据。现场数据收集在特定选择的物理位置或环境中进行，而不是远程进行。这些数据是通过结构松散的场景收集的，其中包括文化、教育、方言和社会环境等元素，这些元素可能会影响用户表达请求的方式。

（4）声控视频游戏　语音识别技术也在游戏行业取得长足进步。声控视频游戏已经开始从经典的主机和计算机扩展到声控手机游戏和应用程序。

创建视频游戏非常困难，需要发展多年才能充实情节、游戏玩法、角色发展、可定制的装备、世界等，游戏还必须能够根据每个玩家的行为进行更改和调整。现在，想象一下通过语音识别技术为游戏添加另一个玩法，许多支持这一想法的公司目的是让视觉或身体受损的玩家更容易玩游戏，并允许玩家通过另一种方式来进一步沉浸在游戏中。

语音控制也可能会缩短初学者的学习曲线。玩家可以立即开始交谈，展望未来。文本转语音（Text to Speech，TTS）、合成语音和生成神经网络将帮助开发人员创建口语和动态对话。

**4. 语音识别技术发展前景**

语音识别的未来会怎样？以下是可以期待的几个重要领域。

（1）移动应用语音集成　将语音技术集成到移动应用程序中已成为一种热门趋势，该趋势还将继续延续，因为语音是一种自然用户界面（Natural User Interface，NUI）[8]。语音驱动的应用程序增加了功能并使用户免于复杂的导航，用户可以更轻松地浏览应用程序——即使不知道要查找项目的确切名称或在应用程序菜单中的何处找到它。语音集成将很快成为用户期望的标准。

（2）个性化体验　语音助手也将继续提供更加个性化的体验，因为它们能够更好地区分不同的声音。例如，Google Home 不仅可以支持多达 6 个用户账户，还可以检测独特的声音，从而允许用户自定义许多功能。用户可以询问"今天我的行程有哪些"或"我今天都需要做什么"，助手将口述通勤时间、天气和量身定制的新闻信息。它还包括昵称、工作地点、付款信息和关联账户（如 Google Play、Spotify 和 Netflix）等功能。

同样，对于使用 Alexa 的人，说"学习我的声音"将允许您创建单独的语音配置文件，以便它可以检测谁在说话。

（3）智能显示器　虽然智能音箱很受大众欢迎，但人们现在真正追求的是智能显示器，本质上是一个带有触摸屏的智能音箱。与 2023 年相比，智能显示器的销量增至 950 万台，增长了 21%而同期基础智能音箱的销量下降了 3%，而且这种趋势很可能会持续下去。例如，俄罗斯 Sber 门户或中国智能屏幕小度等智能显示器已经配备了多种人工智能功能，包括远场语音交互、面部识别、手势控制和眼睛手势检测。

## 4.3　听觉智能感知应用

John Treichler 的"探索性数字信号处理器（Digital Signal Processor，DSP）"专栏提到了许多处于长期发展轨迹中的信号处理领域，与声音相关的包括超声、地震勘探、电话、音乐记录和压缩、装有计算机的汽车、远程呈现、语音合成和识别，以及声呐目标检测和分类[9]。设想将 Treichler 提到的远程呈现、装有计算机的汽车、语音和音乐领域整合到一个可以与其居住者交谈的"智能环境"系统中，由于此时设计和构建如此全面的系统对于任何人来说都可能是一项艰巨的任务，因此通过扩散原始助听器来处理它可能是有意义的，这些助听器可以安装在汽车、家庭、会议室和便携式计算机中，允许添加应用程序以利用这些听力前端，而无须重新发明或重新部署它们。显然，这样的前端需要能够很好地处理语音、音乐和各种混合环境声音，因此需要采用基于听觉的方法。在一些领域中，基于听觉模型的前端已被利用，并有望取得进一步进展。

除了这些实时和交互式的应用之外，在分析存储的声音媒体方面还有很多应用。现有计算机目前几乎不知道它们存储和服务的声音代表什么，虽然存储了很多声音，包括一些语音数据库，但大部分是未经分析的视频音轨。近年来，基于内容的图像和视频分析领域稳步发展，但基于内容的音轨分析却有些滞后。基于视频内容进行分析的系统对于机器听觉来说是一个很容易实现的目标，因为视频不仅包含音频信息，还有与之相关的视觉信息，这些相互补充的多模态信息有助于提高声音理解和分析的准确性。

通过融合音视频的多模态信息，机器听觉系统能更好地从视频中提取语义上的上下文线索，结合画面场景、人物动作等视觉线索，对音频内容进行更精准的理解和分析，例如语音识别、音乐流派识别、环境音识别等。

因此，基于视频内容的声音分析是机器听觉一个重要且相对容易实现的应用场景，足以展现多模态感知融合的优势所在。当前这一领域的研究和应用都有了长足的进步。

**1. 语音检索**

机器听觉领域首次报道的大规模应用是一个基于 Grangier 和 Bengio 描述的帕米尔图像搜

索系统的声音搜索系统[10]。这是一种"文本查询中的文档排序和检索"形式,用于图像和声音文档。

虽然目前人们在语音和音乐识别与索引方面付出了相当大的努力,但对于人和机器在日常生活中可能遇到的各种声音的研究却很少。这些声音涵盖了各种物体、动作、事件和通信:从自然环境中动物和人类的发声,到现代环境中丰富的人工声音。

建立一个处理和分类多种声音的人工系统存在两大挑战。首先,需要开发高效的算法,可以学习对大量不同的声音进行分类或排序,机器学习为这项任务提供了几种有效的算法。其次,更具挑战性的是,需要开发一种声音表示法,以捕获人类用来辨别和识别不同声音的全部听觉特征,使机器也有机会做到这一点。但是,目前对如何表达大量自然声音的理解仍然非常有限。

为了评估和比较听觉表征,在给定文本查询的情况下,使用基于内容的声音文档排序和检索真实任务测试。在这个应用程序中,用户输入一个文本进行查询,作为响应,一个有序的声音文档列表将显示出来,按照与查询的相关性排序。例如,用户键入"dog"将收到一组有序的文件,其中最上面的文件应该包含狗吠声。重要的是,声音文档的排序完全基于声音内容,而非文本注释或其他元数据。相反,在训练时,使用一组带注释的声音文档(带有文本标记的声音文件),允许系统学习将狗吠声的声学特征与文本标记"dog"匹配,也可以用于大量与声音相关的文本查询。通过这种方式,可以使用一个小的标记集从一个更大的、未标记的集进行基于内容的检索。

以往研究已经解决了基于内容的声音检索问题,主要集中在该任务的机器学习和信息检索方面,使用标准声学表示法。在这里,我们关注互补问题,即使用给定的学习算法寻找声音的良好表示。

**2. 音乐旋律匹配**

机器听觉还可以应用于音乐旋律匹配系统[11],该系统使用一种新的基于色度的表示法(称为"间隔图")来表示短段音频的旋律内容,该表示法是对音乐片段中音乐间隔的局部模式的总结。间隔图是基于从俯仰图或稳定听觉图像的时间剖面图导出的色度表示。通过对局部参考的"软"基音变换,使每个间隔帧具有局部关键点不变性。间隔图是使用多个重叠窗口为一段音乐生成的。这些间隔图集被用作在音乐数据库中检测相同旋律的系统基础。使用类似于动态规划的方法比较参考和歌曲数据库,在数据集上评估性能。基于该数据集的间隔图系统的第一次测试产生了53.8%的最高精度,精度-召回曲线显示了非常高的精度和中等召回率,这表明间隔图擅长识别数据集中更容易匹配的封面歌曲,且具有很高的稳健性。间隔图被设计为支持对位置敏感的散列,使得从每个间隔图特征中进行索引查找具有中等的检索匹配的概率,而错误匹配相对较少。使用这种索引方法,可以像以前的内容识别系统一样,在进行更详细的匹配之前快速修剪大型参考数据库。

## 本章习题

1. 请简述机器听觉的基本概念。
2. 机器听觉有哪些特性?
3. 听觉中的关键问题有哪些?

4. 用机器去模仿人耳可以为人们提供哪些服务？
5. 什么是机器听觉感知技术？
6. 请简述机器听觉感知的体系结构。
7. 语音识别技术的工作原理是什么？
8. 语音识别技术有哪些应用？
9. 听觉智能感知的应用有哪些？
10. 谈一谈你对机器听觉的理解。

# 参考文献

[1] LAMONT L A, TRANQUILLI W J, GRIMM K A. Physiology of pain [J]. Veterinary clinics: small animal practice, 2000, 30 (4): 703-728.

[2] KEMP, D. T. Stimulated acoustic emissions from within the human auditory system [J]. Journal of the acoustical society of america, 1998, 64 (5): 1386-1391.

[3] LYON R F. Human and machine hearing: extracting meaning from sound [M]. Cambridge: Combridge University Press, 2017.

[4] LYON R F. Machine hearing: an emerging field [Exploratory DSP] [J]. IEEE Signal processing magazine, 2010, 27 (5): 131-139.

[5] OWNER D. Speech recognition technology [J]. Handbook of brain theory & neural networks, 2006.

[6] Johnson M, Lapkin S, Long V, et al. A systematic review of speech recognition technology in health care [J]. BMC Medical informatics and decision making, 2014, 14: 1-14.

[7] KITA K, ASHIBE K, YANO Y, et al. Voicedic: a practical application of speech recognition technology [J]. Advances in human factors/ergonomics, 1995, 20: 535-540.

[8] BHATT S, JAIN A, DEV A. Continuous speech recognition technologies—a review [C] //Recent Developments in Acoustics: Select Proceedings of the 46th National Symposium on Acoustics. Berlin: Springer Singapore, 2021: 85-94.

[9] TREICHLER J. Digital signal processing and control and estimation theory [J]. IEEE Transactions on acoustics speech and signal processing, 1980, 28 (5): 602-603.

[10] MANDAL A, KUMAR K, MITRA P. Recent developments in spoken term detection: a survey [J]. International journal of speech technology, 2013, 17 (2): 183-198.

[11] SUN J, WANG H. A cognitive method for musicology based melody transcription [J]. International journal of computational intelligence systems, 2015, 8 (6): 1165-1177.

CHAPTER 5

# 第 5 章

# 智能无源感知

本章将系统学习智能无源感知技术的基础理论和应用。5.1 节将探讨智能无源感知的基本概念和特性，从智能无源感器的基本原理入手，深入了解电子信息感知结构，掌握智能无源传感器的工作机制，并认识其典型应用场景。这些基础知识将帮助读者建立对智能无源感知系统的整体认识。

5.2 节将详细介绍无源感知信号的主要分类和特点，依次学习 RFID、Wi-Fi、LoRa、Radar+LTE 以及毫米波和太赫兹等不同类型的无源感知技术，了解它们各自的工作原理、特点及应用场景。通过对这些技术的系统学习，读者将掌握无源感知领域的核心技术体系。

5.3 节将重点探讨智能无源感知在物联网中的具体应用，分别介绍基于 RFID、蓝牙、Wi-Fi、LoRa 以及 5G 的无源物联网实现方案。通过这些实际应用案例的学习，读者将深入理解无源感知技术在物联网领域的实践应用。

通过本章的学习，读者将系统掌握智能无源感知的基础理论、关键技术和应用实践，形成对无源感知领域的完整认识。

## 5.1 智能无源感知的基本概念和特性

技术进步使得不同类型的设备实现相互连接成为可能。从智能手机的互联开始，物联网已经发展成为一个由恒温器、电器、车辆和其他设备连接组成的庞大网络。物联网由众多设备组成，这些设备通过各种接口传输数据，其中无线云接口是最常见的接口。随着连接设备数量的不断增长，对数据的需求也在增长。

数据通过多个来源生成，电子传感器通常用于从连接的设备中收集数据。传感器是将物理或环境特性（如温度）转换为电信号的设备。

对数据的需求推动了多种类型传感器市场需求的增长，例如温度、湿度、压力和接近传感器，能为系统提供所需的数据输入。由于物联网带来了前所未有的计算处理能力，可处理多种渠道收集的海量数据，因此电子传感器将变得更加普遍且不可或缺。根据最新的市场研究报告，到 2025 年，全球传感器市场预计将超过 600 亿美元。希望从更多位置捕获更多传感器数据也将推动新型传感器的开发,这些传感器更小,功耗、成本更低,并且易于在狭小空间中大量部署。

设备发射无线信号(例如 Wi-Fi、声波、RFID、光以及毫米波等),无线信号被待检测对象反射,特定路径的信号返回到接收设备,通过对获取的无线信号进行信号处理等流程获取待检测对象的信息。

近几年,物联网发展迅速,"从环境中获取能量"这一理念引起了人们的广泛关注。这一点像最近比较流行的"众包"。能量众包的概念就是"不生产能量,只是能量的搬运工"。对于物联网设备而言,利用光能、机械能、风能、热能等能源可以为节点提供能量,为解决能量供应障碍问题带来了曙光。目前的研究表明,人们能够获取和利用环境中广泛存在的能量,将其提供给物联网的节点。因此,在未来物联网中,网络节点可以是无源(Battery Free)的,即节点自身不配备或不主要依赖电池等电源设备,而是从环境中获取能量,支撑数据的感知、传输和分布式计算。这种节点构成的新型网络称为无源传输网络。

## 5.1.1 无源传输网络

在无源传输网络中,节点能量不一定是其自身固有的,而是通过无线方式进行能量交换。由于目前技术的局限,无源节点能量获取时间长,能量积蓄小,导致无源传输网络的核心任务(数据感知、无线传输和分布式计算)皆被能量所限。节点在传输与计算过程中如何节省能量、提高效率不再是第一核心任务,如何利用节点当前的能量完成尽可能多的传输与计算任务成为首要目标。因此,无源传输网络是以能量为中心、以数据为核心的无线网络,具有如下特性。

**1. 能量振荡性**

由于节点能够从周围环境获取能量,因此节点的能量不再是单一的由高到低的静态变化趋势,而是呈现时高时低的动态变化状态。当节点在执行传输或计算任务时,其能量积蓄会降低;当节点开始从环境中获取能量时,其能量积蓄会上升。因此,无源传输网络节点的能量积蓄高低振荡。

**2. 能量失恒性**

无源传输网络节点能量的获取存在随机性和不稳定性,导致整个网络能量分布不均衡,差异很大,无源节点的协同工作能力差。

**3. 能量受限性**

利用微型芯片所采集的环境能量的功率非常小,一般在纳瓦(nW)到微瓦($\mu$W)数量级,而且传感器受限于外形尺寸,节点蓄电的能力有限。

**4. 连通脆弱性**

网络的连通性直接受各节点能量的影响。当某些节点的能量低于一定程度时,这些节点成为孤立节点,导致网络不连通。由于能量的振荡性,网络的连通性是脆弱的,时断时续,难以保持恒定连通。

**5. 占空比超低**

驱动微型感知节点所需的平均工作功率要比采集功率高 3~6 个数量级,节点需要较长时间蓄能才能满足其工作所需要的能量,而且蓄能时节点无法工作。所以,节点呈间断性工作方式,使网络大部分时间处于非工作状态,占空比超低。

### 5.1.2 电子传感器架构

传统的电子传感器架构包括相同的功能块,而没有传感器的具体设计。传感器的核心模块是实际的传感元件。感元件是传感器中响应传感器环境并将环境条件转换为电气参数的部分。除传感元件外,传感器还需要为传感器和电路中的电子元件供电,以进行数据处理和连接。

大多数电子传感器在每个传感节点中由传感元件、电源块和数据处理模块组成。随着对额外检测数据需求的增加,扩展到多个检测节点的成本成为某些应用程序的成本障碍。传感器电源和通信模块所需的组件的物理尺寸限制了传感器的选择,与电池功率传感器相关的维护和环境问题也限制了传感器在某些应用中的部署。传统电子传感器的成本和尺寸阻碍了传感器网络的扩展、多传感器系统或一次性传感器的部署,因此智能传感和物联网还需进一步扩展。

需要一种替代方法,可以理想地消除对笨重且昂贵的电池、微控制单元(Microcontroller Unit,MCU)和相关电路的依赖。许多连接的传感器大部分时间都处于待机或睡眠模式以延长电池寿命,仅在传感器被唤醒以与主机系统交换小数据包的短暂和不频繁的时间内才需要电源和智能。如果传感器可以由外部电源临时供电,大部分数据也在外部处理,那么可以实现传感器网络的经济高效扩展,并使多传感或创新(如一次性传感器)在经济上变得可行。

有一种技术可以提供解决方案:无线无源传感器已经可以加载存储器,使用无线读卡器进行询问或覆盖,并由读卡器传输的射频场中包含的能量激活。传统的 RFID 通信标准经过验证且坚固耐用,为开发新型智能无源传感器提供了强大的平台,该新型传感器可将传感功能与传统电子传感器所需的电源和控制电路分开。

### 5.1.3 智能无源传感器

智能无源传感器可以释放 RFID 技术和标准的更多潜力,以支持方便和节能的无线数据交换。通过将印刷天线和激励检测环路与射频集成电路(Radio Frequency Integrated Circuit,RFID)集成在一起,旨在实现无源传感器标签的功能。图 5.1 所示为智能无源传感器的关键功能元件,包括天线、激励检测器和传感器模块控制 IC。

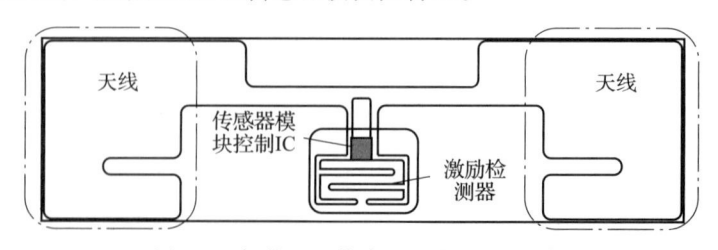

图 5.1 智能无源传感器的关键功能元件

智能无源传感器使用行业标准的 UHF Gen 2 协议进行通信,并且可以使用合适的 RFID 读卡器进行读取。一些固定或手持格式的市售读卡器已经过测试,并验证了标签及其他功能。

安森美半导体公司的智能无源传感器生态系统提供了一个便携式电池供电的读卡器,内置天线,图形用户界面和物联网连接,可用作从传感器标签收集数据的集线器。

当读卡器启动通信时,自调谐传感器 IC 通过测量刺激回路中的阻抗变化来检测水分或压力,并将这些数据以及来自片上温度传感器的数字化温度数据传输到读卡器。传感器监控多个参数,包括接收信号强度指示(Received Signal Strength Indication,RSSI),以检测接近性、运动或存在、温度和湿度。每个传感器还具有可编程的电子产品代码(Electronic Product Code,EPC),用于唯一识别。RFID 前端自动补偿环境变化,以感应水分、压力和其他参数。

## 5.1.4 典型应用

各种重要应用都可以从低成本或一次性无源传感器的可用性中受益。例如,监控数据中心服务器机架内多个位置或工业电源开关设备内高功率断路器连接的温度趋势,并快速找出温度异常升高的原因,这些原因可能表明需要预防性维护或纠正措施。直接连接到金属外壳、组件封装或散热器等部件上的智能无源传感器可以响应位于所有传感器射频范围内的读卡器的定期询问。

图 5.2 展示了基于智能无源传感器和连接到云的 RFID 读卡器的监视策略。与其他方法(如手动温度测量或热成像)相比,这可以提供更直接和更具成本效益的设备保护方法。

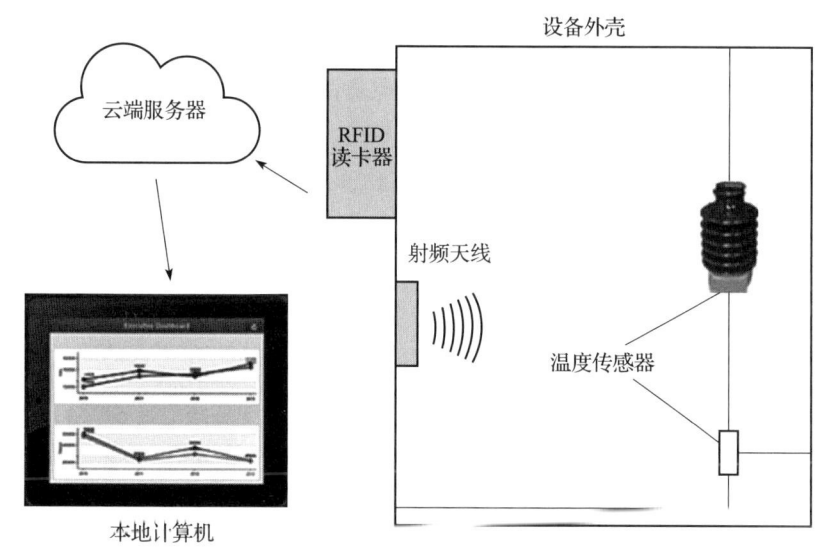

图 5.2 多个智能无源传感器监控多个位置的温度

被动式智能传感器标签也适用于数字农业应用,例如牲畜监测,以检查疾病或验证排卵周期。目前已经成功地将 RFID 标签用于动物识别和跟踪等简单场景,并且注射标签的行业标准已经建立。智能被动传感器现在提供了通过对设备或系统的增量投资来进一步改善动物福祉和提高种畜产量的机会。同样,智能无源传感器的湿度或压力检测在医疗保健、工业测试、汽车舒适性和安全性等场景中也有应用。例如,在医疗保健领域,湿度传感器可以悄悄连接到医院的床品上,以检测患者床位的占用性和舒适性,非侵入式温度传感器可以连接到患者的皮肤上(见图 5.3),并使用附近的读卡器进行无线监控。

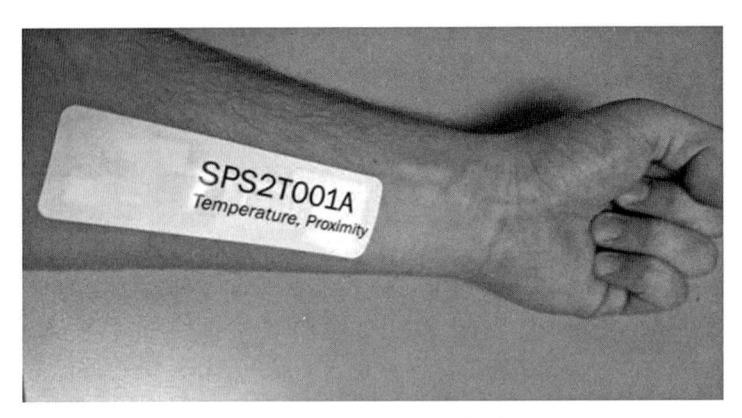

图 5.3　非侵入式温度传感器标签

其他应用还有汽车行业的漏水测试。在泄漏测试开始之前，可以快速有效地将一系列智能被动湿度传感器安装在车辆中，消除劳动密集型的手动探测，同时简化数据收集和分析。此外，湿度和压力传感以及用于检测安全带状态的附加接近感应功能，可以实现比传统座椅内有线或气囊系统更智能的车辆占用检测。智能无源传感器可以区分乘员和简单地放置在座椅上的物体，并且感应可以很容易地以最小的额外能量进行缩放，以覆盖后排乘客座椅和可拆卸座椅。智能无源传感器标签可用于许多其他泄漏检测、占用感应以及温度或湿度水平监测任务，从家庭自动化和联网汽车到工业控制、质量测试、农业、医疗保健、建筑、供应链管理等众多应用。

## 5.2　无源感知信号分类

无线网络基础设施在人类生活中扮演了重要的角色，为日常通信与休闲娱乐提供了极大便利，无线设备的数量也在日益增长。基于射频信号的感知与识别系统被广泛使用，这些无线感知系统可以复用无线通信基础设施，成本低廉并且容易部署，这种感知方式与基于传感器与计算机视觉的人类活动感知方式相比，具有更少的隐私隐患和更低的功耗。在无源感知中常用的无线信号包括 RFID、Wi-Fi、LoRa、长期演进技术（Long Term Evolution，LTE）、雷达（Radar）、毫米波和太赫兹等。

### 5.2.1　RFID

RFID 是一种低成本的无线技术，它使数十亿实物的连接成为可能，使消费者与企业能够参与、识别、定位、交易和验证产品。RFID 通常由读卡器和低成本的标签组成。标签由线圈与芯片组成，当读卡器发出特定频率的信号，并且在标签距离读卡器一定范围内时，标签收到发送的信号后，内部线圈通过电磁感应产生电能，芯片通过天线将存储的信息发送出去。读卡器接收并识别标签发送的信息，将标识结果发送给主机。目前在体系结构、复杂性和系统要求方面提出了不同的 RFID 传感器。传感器集成在芯片内部的基于芯片的设计提供了可靠的配置，因为传感和通信功能是分开的。由于嵌入传感器增加了标签的尺寸和成本，一种解决方案是天线和传感器组件的功能集成，它的挑战是将 RFID 标签天线转变为传感器。在基于天线的 RFID 传感器中，响应更依赖于环境。现在的无源标签能够感知光、湿度和温度等多种环境参数，成为"基于对象"服务的关键技术。由于集成了传感器和微控制器单元，RFID 系统的作用可以扩展，甚至可以通过从简单的无源标签转移到执行不同功能的智能标签来涉及无处不在的计算。无芯片射频传感器的研究也很活跃，这种传感器不使用集成电路，可能会提供更长寿命和更低成本的好处。无芯片 RFID 也被称为无源 RFID 传感器，与平面技术兼容，允许通过加工来生产。RFID 传感器是物联网的新范式，它们的成本有限，维护可以忽略不计，这使得它们在制造、物流、医疗保健、农业和食品等众多应用场景中颇具吸引力。

一个典型的 RFID 系统有几个读卡器包括固定的和移动的，以及许多标签，这些标签附着在货盘、纸箱、瓶子等物体上。读卡器在其无线范围内与标签通信，并收集有关附加标签物体的信息。

### 1. RFID 简史

使用反射无线电能量进行通信的概念相当古老，可以追溯到雷达技术的起源。20 世纪初的许多发展都应用了无线电反向散射。例如，英国开发的敌我识别应答器在二战中被盟军用于识别友军飞机。它依赖于被动雷达反射器，调整到家庭雷达频率，这使得一架友军飞机对家庭雷达来说比敌方飞机更亮。

与 RFID 相关的最早和重要的工作之一是反射信号的连续时间调制，由 Stockman 于 1948 年 10 月发表[1]。他在美国马萨诸塞州的空军装备司令部工作期间，设计了一种可以根据反射光信号调制人声的设备。

20 世纪 60 年代和 70 年代对 RFID 做了很多研究。这一时期的早期突破是理查森于 1963 年 7 月开发并申请专利的无源 RFID 应答器。该设备可以耦合和整流来读卡器电磁场的能量，并以接收频率的谐波传输信号。在 20 世纪末，Vding 开发了一种基于感应耦合的简单且便宜的读卡器-应答器系统，该系统于 1967 年 1 月获得美国专利。应答器以被询问的特定应答器的速率特性对其天线电路进行重复调谐或加载。

Koelle、Depp 和 Freyman 在洛斯阿拉莫斯国家实验室（Los Alamos National Laboratory，LASL）工作期间，于 1975 年 8 月引入了标签天线负载调制的新概念，作为一种简单而有效的后向散射调制方式。

20 世纪 60 年代末，Kongo、Sensormal 和 Checkpoint 等公司开发了第一个 RFID 商业应用——电子物品监控。RFID 的商业化在 20 世纪 80 年代和 90 年代加快，世界不同地区的侧重点各不相同。美国着重于交通和人员准入，而欧洲国家对用于跟踪动物、工业和商业应用以及电子收费的短程系统感兴趣。第一个基于 RFID 的收费系统于 1987 年 10 月在挪威奥勒苏德投入使用。

RFID 商业使用的增加促使相关标准的出现，这导致 20 世纪 90 年代出现许多标准化活动。其中大部分标准化活动是由国际标准化组织（International Organization for Standardization，ISO）和国际电工委员会（International Electro Technical Commission，IEC）进行的。ISO 是 157 个国家和地区所属的全球组织，在多个领域制定行业范围的标准。IEC 也是一个全球性组织，但它专注于电气、电子和相关技术的标准。RFID 相关最初的标准是动物跟踪（ISO-11784 和 ISO-11785）和非接触式接近卡（ISO-14443）应用。

20 世纪 90 年代，RFID 被定义为供应链管理中的重要推动因素，这促使了一系列进一步的标准化活动。一个里程碑出现在 1996 年，物品编号协会（ANA）和欧洲物品编号（EAN）

小组将 RFID 作为数据载体进行标准化。1999 年，EAN International 和美国统一代码委员会（Uniform Code Council，UCC），现在都被称为国际物品编号组织（GS1），为 RFID 采用了特高频（Ultrahigh Frequency，UHF）频段，并在麻省理工学院建立了 Auto-ID 中心。该组织负责开发用于产品标签的全球 RFID 标准，称为电子产品代码（EPC）。

直到最近，硅技术的进步才使 RFID 标签变得便宜和可靠，世界朝着这项技术的广泛和大规模采用的方向发展。一个主要的里程碑是 2003 年 6 月在芝加哥举行的零售系统会议上，美国沃尔玛公司宣布在"不久的将来"为其供应商强制使用 RFID。紧随其后的是 2005 年 1 月发布的第一个 EPC 全球标准。到目前为止，已有 1000 多家沃尔玛门店实施了 EPC RFID 标准。

### 2. 标签的类型

根据标签工作原理，标签分为三类：无源、半无源和有源。

无源标签是最简单的，因此也是最便宜的。它没有内部电源，但使用读卡器传输的电磁场为其内部电路供电。它不依靠发射器，而是依靠"反向散射"将数据传输回读卡器。半无源标签有自己的电源，但没有发射器，也使用反向散射。有源标签同时具有内部电源和标签发射器。

如果没有自己的电源，无源 RFID 标签依赖于读卡器的电磁场。耦合的能量被整流，电压被倍增以给内部电路加电，通常使用多级 Greinacher 半波整流器或导数（见图 5.4）。

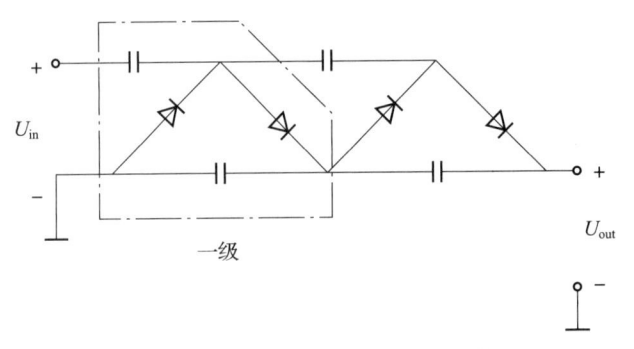

图 5.4　两级 Greinacher 半波整流器

无源 RFID 标签主要有 3 种类型：

（1）电感耦合标签　这是最常见的一种近场无源标签，工作原理是基于法拉第电磁感应定律。读卡器线圈中的电流产生的磁场在附近标签线圈中感应出小电流，从而实现能量传递和通信。它们一般工作在低频（128kHz）或高频（13.56MHz）频段。

（2）电磁耦合标签　这种远场无源标签通过后向散射的方式工作，捕获天线上的电磁场能量并反射改变后的能量，一般工作在超高频（860~960MHz）或微波频段（2.45GHz）。

（3）表面声波（Surface Acoustic Wave，SAW）标签　这种无源标签的工作原理完全不同，它依赖于 SAW 技术。SAW 标签的关键是叉指换能器（Interdigital Transducer，IDT），可将无线电波脉冲转换为表面声波脉冲，并通过反射脉冲的时间延迟对应不同 ID 码。SAW 标签不需要电源也能工作。

### 3. 近场耦合

近场区域的电磁场本质上是反应性的——电场和磁场是正交和准静态的。根据天线的类型，一个场（如偶极子的电场或线圈的磁场）控制另一个场。大多数近场标签通过感应耦合到标签中的线圈依赖于磁场。这一机制是基于法拉第的磁感应定律（见图 5.5）。流经读卡器线圈的电流在其周围产生磁场。这个磁场会导致附近的标签线圈产生小电流。

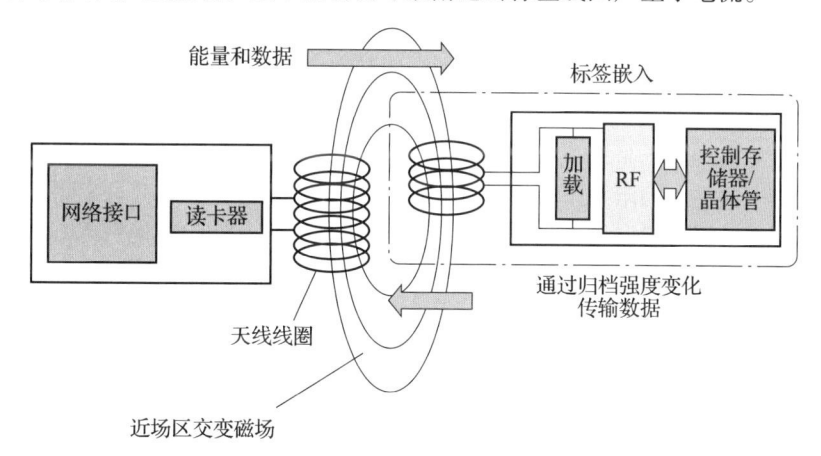

图 5.5 使用电感耦合的近场通信

读卡器和标签之间的通信是通过负载调制机制进行的。由于两者之间的互感，标签线圈中电流的任何变化都会在读卡器的线圈中引起小的电流变化，并且该变化会被读卡器检测到。标签通过改变其天线线圈上的负载来改变电流，因此这种机制被称为负载调制。由于负载调制简单，电感耦合最初被用于无源 RFID 系统。

根据应用的不同，近场标签有多种外形规格，如图 5.6 所示。

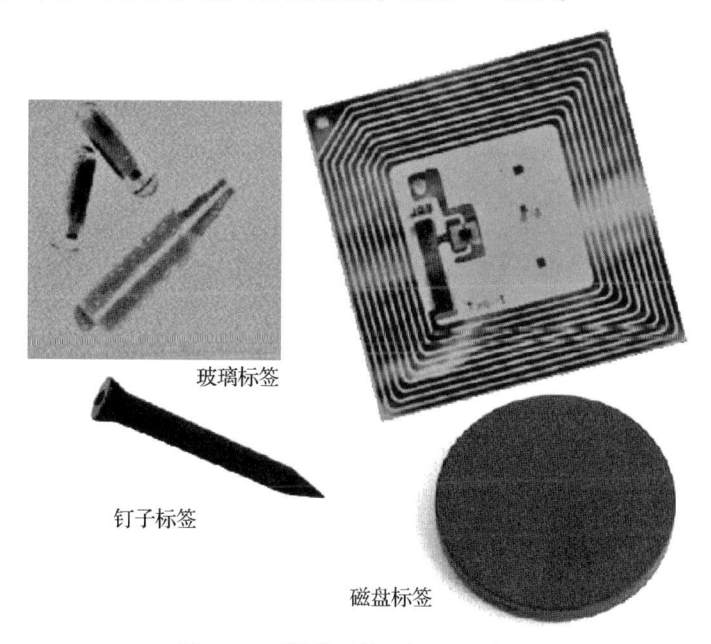

图 5.6 不同类型的近场 RFID 标签

近场和远场之间的边界与频率成反比，约为 $c/2\pi f$，其中 $c$ 是光速[2]。因此，近场耦合标签只使用较低的载频。最常见的两个频率是 128kHz（低频）和 13.56MHz（高频）。例如，128kHz 的边界距离为 372m，13.56MHz 的边界距离为 3.5m。使用低频的一个问题是需要一个大的天线线圈。此外，磁偶极子环路的磁场功率在近场区域下降为 $1/r^6$，其中 $r$ 是读卡器和标签之间的距离。另一个问题是低带宽，带宽低则传输数据速率低。

#### 4. 远场耦合

远场区的电磁场本质上是辐射。这里的耦合捕获标签天线上的电磁场能量作为电势差。由于天线和负载电路之间的阻抗不匹配，入射到标签天线上的部分能量被反射回读卡器。改变天线上的失配或负载可能会改变反射能量的大小，这是技术称为后向散射。图 5.7 所示为该技术的原理。

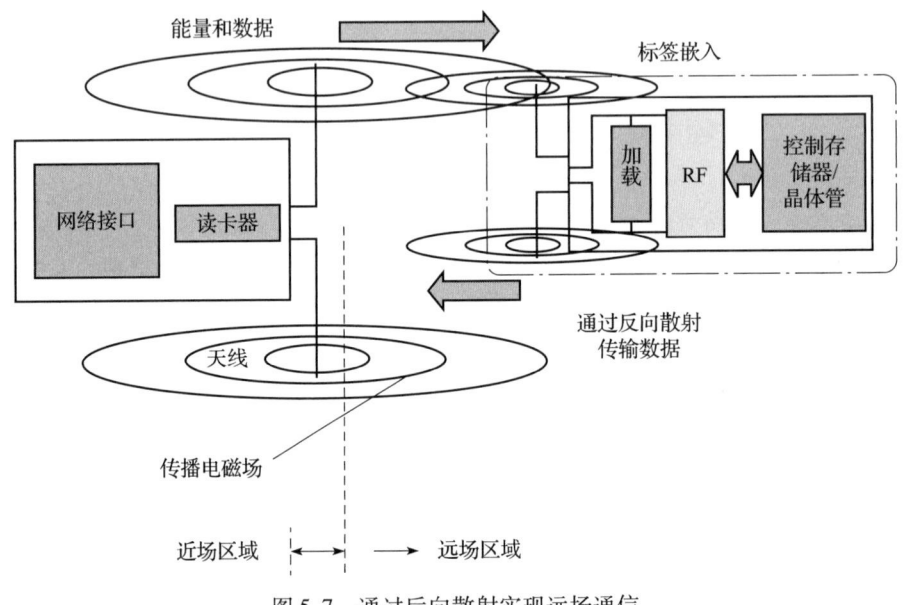

图 5.7　通过后向散射实现远场通信

远距离（5~20m）RFID 通常采用远场耦合方式。与近场方式不同，远场方式对场边界没有限制。电磁场在远场的衰减与 $1/r^2$ 成正比，比近场的衰减（$1/r^6$）小几个数量级。以高频工作的远场标签的优点是天线可以很小，从而达到较低的制造和组装成本。创新的电路设计与硅技术的进步相结合，使只消耗几微瓦的远场无源标签变得实用。

远场标签通常工作在 860~960MHz 特高频频段或 2.45GHz 微波频段。为了满足应用要求，远场标签使用了各种外形因素和天线形状。其中一些形状如图 5.8 所示。

特高频和低频频段的几项新兴技术试图利用近场和远场标签的优势。特高频的支持者正在推广用于标签标记的近场特高频标签，这一直是高频近场标签的唯一领域[3]。在这里使用特高频的优势是标签成本低，因为天线尺寸小。RuBee 是一种相对较新的有源 RFID 技术，工作在低频波段，并采用长波磁信号。长波磁信号有一个很大的优势：它可以抵抗金属物体和水附近的性能退化，这是特高频和微波远场 RFID 存在的问题。

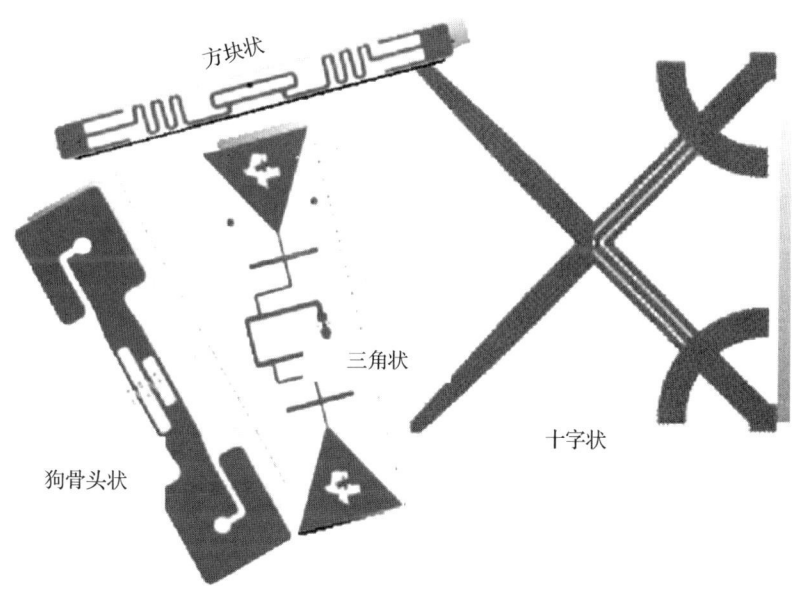

图 5.8　各种特高频标签嵌体

### 5. 表面声波标签

表面声波标签的工作原理完全不同，它依赖于表面声波（Surface Acoustic Wave，SAW）技术。SAW RFID 的关键组件是叉指换能器（Interdigital Transducer，IDT），它在纳米级 SAW 芯片上将无线电波脉冲转换为表面声波。基于压电效应的 IDT 不需要直流（Direct Current，DC）电源即可运行。

在 SAW RFID 系统中，读卡器发射电磁脉冲，该脉冲被 IDT 转换成纳米级的声波脉冲。这些脉冲远离 SAW 芯片表面上的 IDT。芯片上的一组波反射器产生独特的反射声波脉冲序列。这些反射脉冲以相反的方向传播，朝向 IDT，被转换回无线电脉冲，并通过标签的天线传输回来。读卡器接收无线电脉冲，并基于接收到的脉冲序列中的时间间隔识别 SAW 标签的 ID。图 5.9 所示为 SAW 标签的操作。

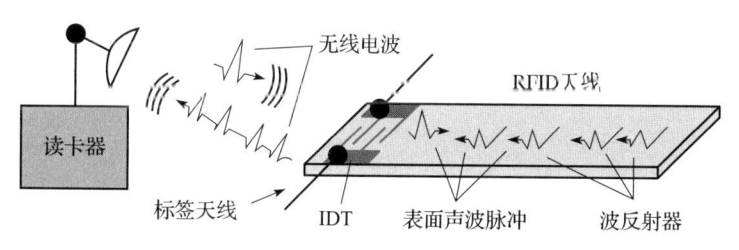

图 5.9　SAW 标签的操作

### 6. 规则和标准

RFID 系统需要遵守一些规则和标准，以确保不同厂商设备的互操作性，并规避潜在的干扰问题。主要规则和标准包括：

(1) 频率分配　不同国家和地区对 RFID 可使用的频率范围有明确划分,制定了频率分配规则。例如低频为 125~134kHz,高频为 13.56MHz,超高频为 860~960MHz 等。

(2) 功率限制　为防止过多辐射对其他无线电系统造成干扰,对 RFID 读写设备的最大辐射功率做出了限制,不同频段的限制值有所不同。

(3) 防干扰要求　RFID 设备需采取一定的防干扰措施如编码、跳频等,以减少对其他系统的潜在干扰,并提高自身的抗干扰能力。

(4) 互操作性协议　为实现不同厂商 RFID 系统之间的互操作,制定了一些统一协议标准,如 EPC Global 的 Gen2 协议被广泛采用。

(5) 认证和监管　RFID 设备出厂前需通过认证测试,并在使用时遵守当地的无线电管理条例,避免未经许可操作。

遵守这些规则和标准,能够保证 RFID 系统的性能、可靠性和安全性,促进 RFID 技术的有序发展。

**7. 与载波频相关参数**

(1) 数据传输速率　更大的可用带宽、更高的载波频率可以实现更高的数据传输速率。较高的数据速率可以在读取尝试期间适应复杂的防冲突算法,从而支持单个读卡器的更大数量的标签。

(2) 反射和干扰　反射和传输的电磁波干扰对于工作在特高频或微波频段的远场 RFID 来说更为严重。相消干扰会导致电磁场的零位,这会给远场 RFID 带来可靠性问题。对于近场 RFID 来说,干扰并不是很明显。

(3) 涡流损耗　导电表面的这种损耗与频率成正比。这意味着,与低频和高频频率相比,特高频和微波 RFID 频率在金属物体附近的性能劣化更为严重。

(4) 非导体吸收　高介电常数的非导体会导致特高频和微波 RFID 的性能严重下降,而对低频 RFID 的影响很小。因此,低频或高频标签是动物标签或涉及人类的标签的首选。

RFID 标签和读卡器属于短距离设备,通常不需要许可证即可操作。然而,它们的频率排放受到多个国家法规的监管。目前,全球只接受 13.56MHz 和 2.45GHz 频段,但 2.45GHz 频段的规定并不像 13.56MHz 频段那样统一。在 RFID 频段中,900MHz 频段的法规变化最大。然而,随着 EPC Class-1 Gen-2 被采纳为供应链管理的全球特高频 RFID 标准,世界各国都在修改其频谱分配和为 RFID 开放特高频频段的部分频谱。

## 5.2.2　Wi-Fi

Wi-Fi 是一种非常具有吸引力和前景的信息传感媒介,在普适计算、人机交互、智能家居和安全领域有着巨大的潜力。分析无线网络信号传播受环境移动物体影响的研究已经成功地应用于许多领域,如手势识别、活动识别、步态识别、人群计数、摔倒检测、击键识别以及定位。基于 Wi-Fi 的感知是一种只需要简单的发射器和接收器,通过计算环境中信号的传播和移动对象之间的关系来实现被动感知的技术,因此易于以低成本部署。与现有的基于可穿戴设备和视觉的传感方法相比,基于 Wi-Fi 的传感方法具有非侵入性和被动性的特点。已有的研究表明,基于 Wi-Fi 的传感技术具有广阔的应用前景和研究价值,但有 4 个缺点大大限制了 Wi-Fi 传感的实施和规模:①识别对象的作用幅度不同,对信号传播的干扰会发生变化,难以检测出完整的信号片段;②感知的难度增加并且随着活动类别数量的增加,识别的准确率也会降低,尽管与RSSI相比,信道状态信息(Channel State Information,CSI)能够捕获更细粒度的目标活动对信号传播的干扰信息,但CSI仍然不能解决任务规模扩大带来的准确率下降问题;③大规模的高效性能实现对现有方法提出了严峻的挑战,当新用户加入原系统中时,原系统很难对其进行有效识别;④Wi-Fi信号在传播过程中的反射和绕射效应很大程度上取决于环境的部署。因此,使用在部署环境中收集的数据训练的模型通常不适合目标环境。

随着通信和网络技术的快速发展,Wi-Fi设备在整个社会的部署已经越来越普遍。采用支持IEEE 802.11n协议的多输入多输出(Multiple-Input Multiple-Output,MIMO)技术的MIMO系统提供了高吞吐量的传输模式,以满足高数据速率的要求。在这样的系统中,物理物体的干扰会使无线信息在不同的子载波上产生不同程度的变化,这为基于Wi-Fi信号的无线传感的推广提供了条件。因此,本节将介绍用于执行Wi-Fi感知的一些主要技术。

**1. 接收信号强度指示器**

RSSI技术已被广泛应用于个体定位。在MIMO系统中,RSSI由所有接收信号强度的叠加来表示。大多数网络设备都可以执行此任务,包括网络接口卡,因为它们易于访问。基于RSSI的检测系统取决于活动引起的RSSI水平的大小变化。然而,由于多径衰落和时间动态的影响,它在复杂条件下的性能受到了显著的影响。早期用于商业本地化的Wi-Fi传感系统主要依赖于RSSI,由于缺乏细粒度的信息,不能用来识别复杂的人类行为[4]。

**2. 信道状态信息**

CSI是无线通信链路的信道属性。它表示发送器和接收器之间每个子载波的信道频率响应(Channel Frequency Response,CFR),描述了信号在每条传输路径上的衰落因子,即信道增益矩阵 $\boldsymbol{H}$(有时称为信道矩阵或信道衰落矩阵)中每个元素的值。在Wi-Fi系统中,CSI信号可以在商用的基于正交频分复用(Orthogonal Frequency Division Multiplexing,OFDM)技术的IEEE 802.11a/g/n无线网卡上的物理层获得。对于每个副载波,Wi-Fi信道由 $y=\boldsymbol{H}x+n$ 建模,其中 $y$ 表示接收信号,$x$ 表示发射信号,$n$ 表示噪声分量。接收端利用预定义的信号 $x$ 和接收信号 $y$ 计算CSI矩阵,但实际上Wi-Fi系统对CSI的估计会受到多径衰落的影响。具有频率 $f$ 和时间 $t$ 的给定子载波的CSI矩阵可以表示为

$$H(f,t)= e^{-j2\pi\Delta ft}\left[H_s(f)+\sum_{i=1}^{N_d} a_i(f,t)e^{-j2\pi d_i(t)\lambda}\right] \quad (5-1)$$

式中,$e^{-j2\pi\Delta ft}$ 是由于Wi-Fi系统的硬件/软件误差引起的随机相移;$H_s$ 是来自所有静态路径的CSI信号(包括视矩(Line of Sight,LOS)区域中的信号和从静止物体反射的信号)。式(5-1)的其余部分是来自所有动态路径的信号(包括从动态对象反射的信号)的总和。$N_d$ 是动态路径的索引;$a_i(f,t)$ 是第 $i$ 条路径的复衰减因子和初始相位;$e^{-j2\pi d_i(t)\lambda}$ 是第 $i$ 条路径的相位变化;$d_i(t)$ 和 $\lambda$ 分别是第 $i$ 条路径的长度和Wi-Fi信号的波长。

CSI值可以使通信系统适应当前的信道条件,保证多天线系统的高可靠性和高速率通信。利用MIMO和OFDM技术,CSI矩阵是由 $N$ 个发射器天线、$M$ 个接收器天线和 $K$ 个子载波组成的三维结构。CSI分组以 $N\times M\times K$ 的形式发送,分组索引为 $t$(见图5.10)。无线信号通过直接路径和多个反射路径的传播性能将显示物理空间环境,包括任何物体和人体。与RSSI值相比,CSI提供了活动的细粒度表示。因此,最近的无设备Wi-Fi传感研究倾向于CSI,而不是RSSI。

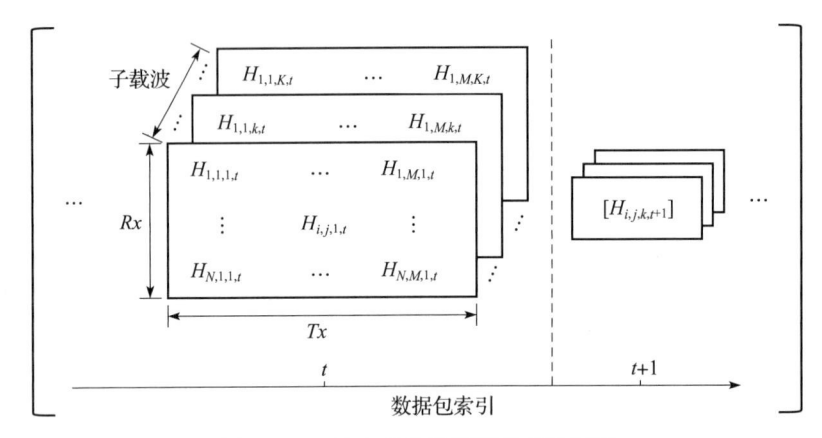

图 5.10　MIMO-OFDM 信道的 CSI 矩阵

### 3. 与非 Wi-Fi 射频传感的比较

在 Wi-Fi 传感技术广泛使用之前，传统雷达系统由于其非接触式和隐私保护的特点，已经进行了大量的目标识别研究。例如，调频连续波（Frequency Modulated Continuous Wave，FMCW）雷达设备在文献 [5-7] 中被应用，而在文献 [8] 中，该雷达系统通过在 5.46～7.25GHz 带宽内 8m 距离的呼吸和心率监测来证明其准确性。

在文献 [9] 中，作者使用 MIMO 超宽带（Ultra Wide-Band，UWB）收发系统来估计人体运动速度，平均准确率为 96.33%。然而，在所有情况下，建立特定的试验台的成本都很高。文献 [10] 中提出了一种使用通用软件无线电外围设备（Universal Software Radio Peripheral，USRP）的基于软件定义的无线电（Software Defination Radio，SDR）的系统。实验模拟了 FMCW 系统，并分析了呼吸引起的相变状态。由于射频信号的相似性，这些非 Wi-Fi 传感系统的成就也在很大程度上得益于 Wi-Fi 传感。然而，这两种方法的关键区别在于，Wi-Fi 通信系统中的 CSI 被设计为恢复传输的信息，而不是探索通信信道的物理特性。例如，FMCW 雷达具有一致和线性调整频率的能力。结合飞行时间（Time-of-Flight，TOF）算法，FMCW 能够准确估计目标的距离信息。Wi-Fi 信号应该只在较低的频率带宽内传输，这仅限于设备，因此它不能被调制来进行扫频操作以获得距离仓。尽管如此，许多研究发现了该技术的潜力，并提出了各种研究来弥补不足，提高在不同任务中的可行性。

### 4. 非接触式 Wi-Fi 传感的主要组成部分

Wi-Fi 传感系统的开发分为两个阶段，第一个阶段是信号处理技术的应用，第二个阶段是算法设计。信号处理阶段包括去噪、信号变换和特征提取 3 个子阶段。算法阶段分别解释基于建模的轨迹和基于学习的轨迹。图 5.11 所示为一个典型的 Wi-Fi 传感系统的总体结构图。首先，接收设备采集原始 Wi-Fi 信号，对其进行去噪、变换和特征提取，以用于 CSI 信号的数据挖掘。其次，应用算法对结果进行分类/识别/估计。

（1）信号处理技术　这一阶段涉及对在受试者运动期间捕获收集的 CSI 信号的处理。CSI 数据通过不同的方法进行处理，以获得系统所需信息的性质。

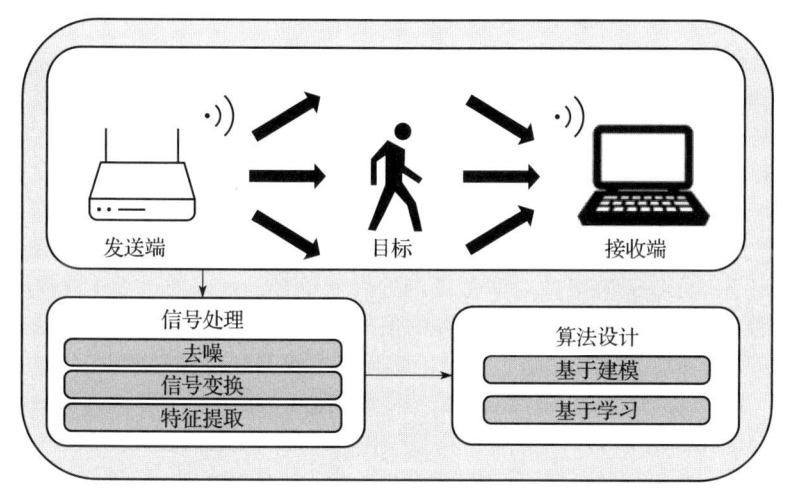

图 5.11　Wi-Fi 传感系统的总体结构图

1) 去噪。CSI 数据等经常存在离群值这样的噪声成分，这会影响信号，并导致整个系统的识别精度显著降低。对原始数据进行去噪处理，可以减少无效信息的冗余计算，提高效率和精度。去噪分两个阶段进行，第一阶段是去除离群点，第二阶段是进行内插处理。离群值是从数据集的其余部分中脱颖而出的数据，导致随机偏差是由完全不同的机制引起的。在 Wi-Fi 系统中，离群值可能由硬件或软件错误引起。移动平均是解决离群点的一种主要方法，它使用统计方法对某一时段的 CSI 值进行平均，并将该时间范围内的平均值连接起来。对于 CSI 数据集的每个样本，计算由该样本和几个周围样本组成的窗口的中值，然后使用该中值的绝对值来估计每个样本对的中值的标准差。与使用平均值和标准差相比，使用中位数代替异常值对噪声的敏感性较低。中值滤波的原理与 Hampel 滤波相同，后者在不检测孤立点的情况下遍历信号。LOF 用于发现异常 CSI 模式，计算点相对于 $k$ 近邻（$k$-Nearest Neighbor，KNN）的局部密度。根据与邻居的可达距离计算出所选点的局部密度，并与其他点进行比较。

内插处理保证了信号在时间上的连续性和实验数据的可靠性，特别是在以更高的频率采集数据分组的情况下。如果在通信过程中丢包，插值法将取最近的两个点的平均值来替换未感知的数据。同时，为了保持信号的连续性，许多已提出的系统都采用了线性内插。

2) 信号变换。信号变换方法针对 CSI 信号的时频域分析。在虚拟环境中，无线信号会受到高频和低频噪声的影响。通过频域滤波处理，可以有效地降低这些噪声信号。同时，通过带通滤波和逆变换可以得到系统所需频段的信号分量。快速傅里叶变换（Fast Fourier Transform，FFT）是一种应用于信道冲激响应的傅里叶变换的标准方法。短时傅里叶变换（Short Time Fourier Transform，STFT）首先对原始信号进行成帧和加窗，然后对每一帧执行 FFT。这些特性有助于研究人员在时间域中找到主导频率的变化，这对于实时检测是有效的。然而，当帧的长度恒定时，STFT 在时间域和频率域上的信号恢复的平衡性很差。FFT 窗口长度（针对时域中的 CSI 信号）变得极短，会导致频率分析不准确，信号信息不足。相反，较长的窗口长度会带来较低的时域信号分辨率。利用离散小波变换（Discrete Wavelet Transformation，DWT）对信号进行不同尺度的分解，与傅里叶变换（Fourier Transform，FT）相比，提高了信号的分解性能。同时，利用离散小波变换进行时频分析，可以判断信号在时间范围内的频率变化、瞬时频率和各个时刻的幅值变化。

3）特征提取。特征提取是从信号中获取信息的过程，这是从 CSI 数据中进行分类和估计的不同算法的基础。利用相位差和相位线性变换，可以找出相位变化与人类活动之间的关系。

对于检测具有恒定频率的行为如心跳和呼吸，滤波是足够的，甚至对于行走的检测，其重点是过滤高频 CSI 信号，以获得更清晰的与人类相关的信号如呼吸和心跳频率。巴特沃斯滤波器因其在通带内的频率响应曲线平坦无起伏，而在阻带内逐渐降至零而被广泛使用。

阈值处理用于区分基于 TOF 的时间范围内的有效信号，可以通过 CSI 数据来估计每条路径的 TOF 值。根据传输线的距离，TOF 值高的信号在环境中的反射次数比其他信号多，这对系统没有意义，可以排除。重要的是，信号压缩利用了通常在特征提取中起作用的降维方法，如主成分分析（Principal Component Analysis，PCA）和独立成分相关算法（Independent Component Correlation Algorithm，ICA）。主成分分析是一种统计方法，通过正交变换将一组潜在相关变量转化为一组线性不相关变量。转换后的这组变量称为主成分。在 Wi-Fi 感知中，主要采用主成分分析对来自不同子载波的信号进行融合，提取方差的主要分量（见图 5.12）。独立成分分析也是一种发现非高斯数据隐藏因素的方法，被认为是盲信号分析的有力方法。从熟悉的样本-特征角度来看，使用独立成分分析的前提是独立的非高斯分布的隐含因素产生样本数据。

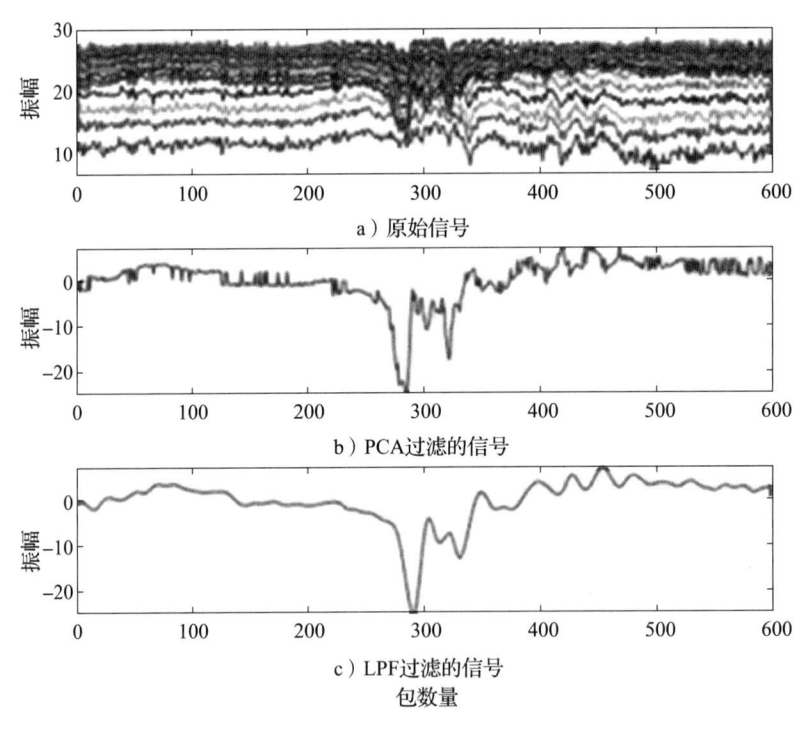

a）原始信号

b）PCA 过滤的信号

c）LPF 过滤的信号
包数量

图 5.12　CSI 幅度信号的 PCA 和低通滤波器（LPF）处理实例

（2）算法设计　用于检测或识别活动的核心方法在于算法，该算法分为基于建模的算法和基于学习的算法。

1）基于建模的算法。基于建模的算法应用统计或数学模型来提取特定的特征，具体取决于任务。与基于学习的算法相比，这些算法对训练集的依赖程度较低，具有更强的鲁棒性。

TOF 和到达角模型（Angle of Arrival，AOA）被频繁地用于室内跟踪和定位。在同一物理路径上接收信号时，延迟应该是一个常数值。然而，由于反映传输信号的多径效应，TOF 值会受到影响。功率延迟分布是通过快速傅里叶逆变换（Inverse Fast Fourier Transform，IFFT）求取 TOF 的常用方法，在跟踪和定位中非常流行。同时，AOA 使不同的天线呈现出不同的相位观测。多信号分类在波达方向估计上有很好的表现，它将相位差与多个天线的距离相关来估计传输方向。

相位差需要与菲涅耳区结合（见图 5.13）。在 Wi-Fi 系统中，菲涅耳区是一个同心椭圆，其焦点位于发射天线和接收天线之间。通过实验，证明发生在菲涅耳区中间的运动比发生在边界上的运动更有效。

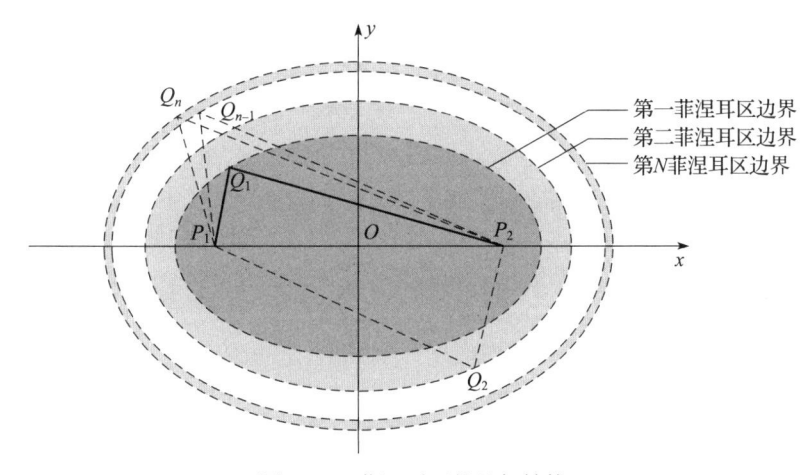

图 5.13　菲涅耳区的几何结构

多普勒频移（Doppler Frequency Shift，DFS）是一种受主动运动影响的频移，可用来提取受试者的运动速度。CSI 本身代表了信道的频率响应，因此可以方便地对 Wi-Fi 信号进行时频分析（见图 5.14）。

文献［11］的作者开发了一种算法，将静态 CSI 值与主动多径梯度相关联，并利用多普勒频率变化来估计人类的速度和位置。此外，文献［12］采用身体速度轮廓（Body Velocity Profile，BVP）算法来应用推土机的距离来综合多个频谱的特征来对手势进行分类（见图 5.15）。在每个 BVP 中，速度分量被投影到物理 Wi-Fi 链路的法线方向上，并且贡献给 DFS 配置文件中对应的径向速度分量的功率。由于多普勒信号的路径长度变化，不同位置的 Wi-Fi 设备采集不同的 CSI 信号。该 Widar3.0 考虑设备的位置，并将 DFS 值映射到 BVP 中。这种方法减少了环境的负面影响，并已在未知位置进行了测试，其中为训练集收集了信号。

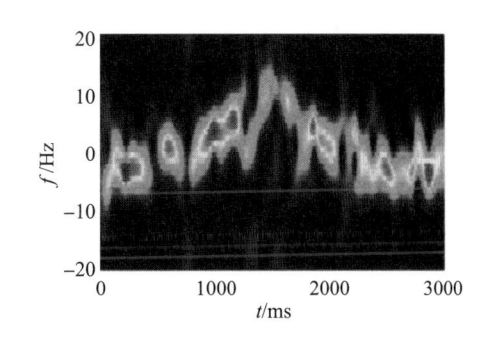

图 5.14　DFS 代表人类向前和向后倾斜的活动

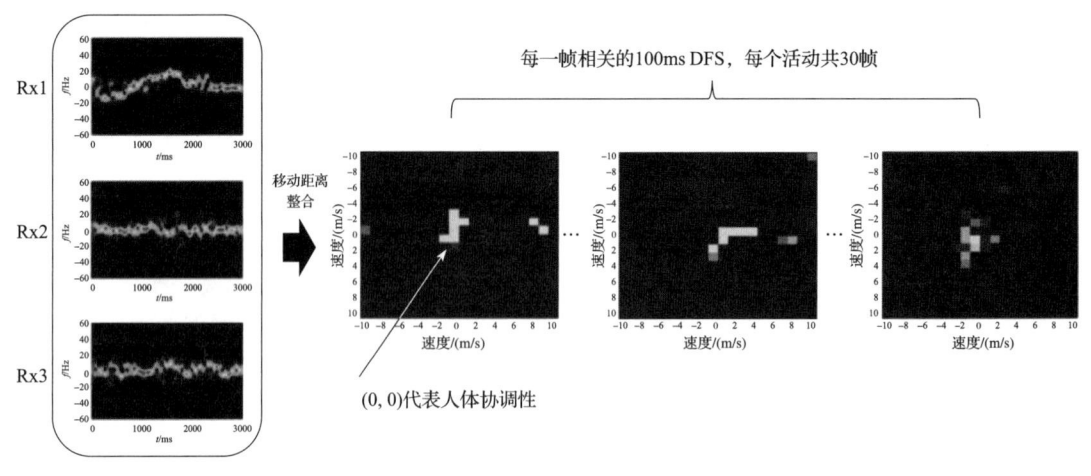

图 5.15 BVP 算法

2）基于学习的算法。基于机器学习的分类算法，如 $k$ 近邻和支持向量机（Support Vector Machines，SVM），被广泛应用于检测和识别任务。WiHear 系统[13] 集合中的多聚类/类特征选择提取最优特征子集，并找到不同子集之间的相关性特征，使用模式匹配算法避免过拟合。另一方面，在固定数据集大小的情况下，测试集上的分类过程需要 5s，远低于支持向量机算法的 3~5min。其中动态时间包装（Dynamic Time Warping，DTW）方法通过扩展和缩短基于指纹的学习方法中广泛使用的序列来计算时间序列数据之间的相似度。

除了机器学习方法，许多深度神经网络（DNN）框架在 Wi-Fi 感知中得到了广泛的应用。随着神经网络近年来在各个领域的迅速发展，不同的 DNN 结构被应用于 Wi-Fi 感知中，如卷积神经网络（CNN）、长短期记忆（LSTM）等。文献［14］中提出了一种新的方法，将 CSI 输入的大小从 30×1×1 扩展到 6×224×224，这为进一步地深入学习提供了一种类似图像的结构。深度学习网络框架证明了 Wi-Fi 下 CSI 序列的人体感知可以完成两个人体特征问题的生物特征估计（包括身体脂肪、肌肉、水分和骨骼比率）和识别，两个活动识别（手势识别和跌倒检测）。对于传统的机器学习和 DNN 方法，性能都受到不同环境/位置引起的分布漂移的影响。为了避免模型的重复训练和适应新的领域，可以用更低的计算资源转移学习方法。此外，度量学习方法还有助于模型推广到手势识别等应用的新环境。虽然这些方法都采用不同的网络结构，但中心任务都是相同的，即采用 DNN 将 CSI 信号与人工标签进行匹配。

### 5.2.3 LoRa

LoRa 扩频通信技术是一种远距离、低功耗、抗干扰能力强的无线传感技术。LoRa 无线传感器网络模型由终端节点和集中器组成。首先，通过 LoRa 无线传感器、多个终端节点组成多跳临时自治的自组织网状网。在 Ad-Hoc 网络中，系统以 LoRa 无线传感器网络为媒介，将终端节点采集到的信息通过多跳或单跳的方式发送到汇聚节点。然后，集中器将聚集的信息发送到外部互联网网络。LoRa 的通信距离极远，可长达数千米，并且可能解码弱至－148dBm 的信号。由于人体的运动可以影响 LoRa 信号的传播，因此 LoRa 被广泛应用于人体感知，并取得了很好的效果。但是，更长的传播范围、更高的信号接收灵敏度意味着能够被干扰的范围也更广,因此在感应过程中无关目标物体的干扰会导致人体运动感应偏差。LTE 作为广泛使用的手机通信信号,几乎实现了世界各地的无缝覆盖,与 LoRa 相似,人体的运动同样会改变 LTE 信号的 CSI,因此可以用作人体感知或者人类定位。但是 LTE 信号基站通常分布较远,信号传播的过程中有较长的延迟,基于 LTE 的感知技术仍有待完善。其他的射频信号例如毫米波技术与雷达技术,虽然能够实现较高的感知精度,但是由于设备成本较高无法商用普及和大规模推广。

下面从网络架构到分层技术和协议来说明 LoRa 背景。

**1. 网络架构**

如图 5.16 所示,典型的 LoRa 网络系统,一般由端节点、网关、网络服务器和应用服务器组成,其中分布式的 LoRa 端节点通过无线信道产生和传输的感知数据由网关转发,然后到达网络和应用服务器。对于 LoRa 包,多个网关可以同时充当网络服务器的标签,这些服务器抑制重复接收、执行安全检查、调度确认、调整终端节点上的网络配置,并在需要时进行网关。最终,将接收到的数据转发到适当的应用服务器以进行进一步处理。

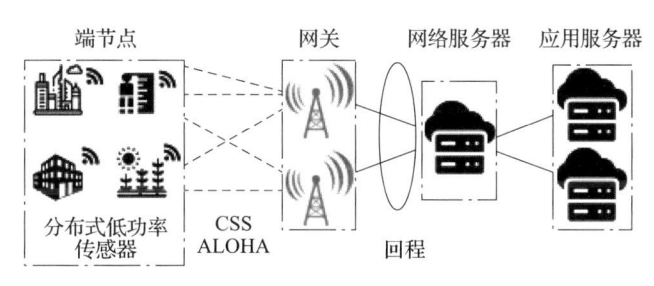

图 5.16 LoRa 网络架构

图 5.17 所示为一个典型的 LoRa 网络堆栈[3],该堆栈从下到上由物理层、链路层、介质访问控制(Medium Access Control,MAC)层和应用层组成。每层的功能如下:

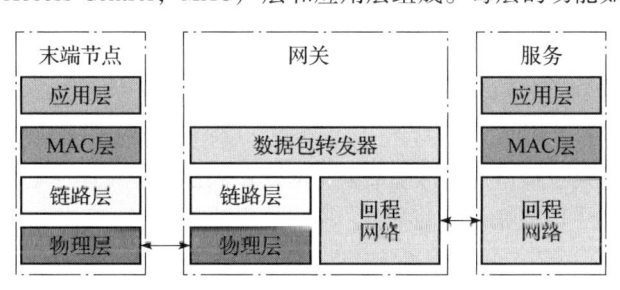

图 5.17 LoRa 网络堆栈

(1)物理层 物理层的功能是符号调制解调。以上行链路(Uplink,UL)数据传输为例,端节点将其数据编码用作基带信号调制的码元。然后,在给定物理信道阴影的接收符号的情况下,网关相应地解调和解码它们。

(2)链路层 链路层也称为硬件抽象层,通常用于具有动态链路的低功率物联网。本书介绍了链路层中的几个通用接口来配置无线电特定的物理层设置(例如,传输功率(Transmission Power,TP)、带宽(Bandwidth,BW)、信道频率),提出了一种高层链路模型,用于在面对低功率链路的动态行为时自适应地调整物理层配置。

（3）MAC 层　在大规模的 LoRa 部署中，大量的端节点必须共享相同的频谱资源。在 MAC 层，本书对每个端节点的传输进行规范，以实现高效的数据传输。对于不同的占空比模式，MAC 层协议的共同目的是功率管理和冲突避免。

（4）应用层　在应用层，本书使用底层传输来实现特定于应用的、安全的端到端数据传输。如图 5.17 所示，终端节点有一个完整的网络堆栈，在网关和服务器上分为两部分。底层（如物理层和链路层）功能在网关上执行，其他层（如 MAC 层和应用层）放在网络服务器端。

### 2. 分层技术和协议

本书自下而上地介绍 LoRa 网络堆栈中的基本 LoRa 技术和协议。

（1）物理层　LoRa 物理层通过使用线性调频信号的 CSS 调制实现双向通信。从 $-BW/2$ ~ $BW/2$ 的时间内，基频上的线性调频脉冲以 $k$ 的速率线性增加，表示为 $C(t)=\mathrm{e}^{\mathrm{j}2\pi\left(-\frac{BW}{2}+\frac{kt}{2}\right)t}$。因此，编码数据位可以通过将向上啁啾的初始频率移动到 $f_0$ 来调制，将编码线性调频脉冲符号定义为 $y_e=C(t)\mathrm{e}^{\mathrm{j}2\pi f_0 t}$，如图 5.18 中粗实线。

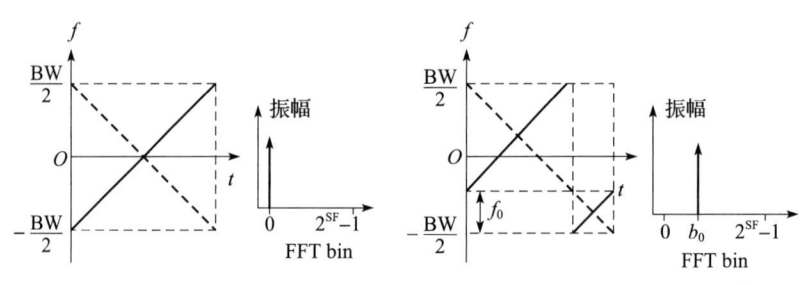

图 5.18　LoRa CSS

标准解调通过获得移位的初始频率 $f_0$ 来提取编码的数据比特。具体地，它将接收到的线性调频码元与基本下向线性调频（如图 5.18 中虚线）相乘，该基本上向线性调频是基本上向线性调频的共轭。然后，利用快速傅里叶变换（FFT）将线性调频频符号的能量集中在频谱中 $f_0$ 处的单个频率（如图 5.18 中的粗箭头）。本节进一步利用 $f_0$、扩散系数 SF 和 BW 的知识对数据比特进行译码。图 5.19 所示为 LoRa 包的结构，它由前导码、开始帧分隔符（Start Frame Delimiter, SFD）和有效载荷组成。准确地说，前同步码由多个基本上行啁啾组成，紧随其后的是具有 2.25 个基本下行线性调频的 SFD，用于分组检测和对齐。有效载荷包含用于编码数据比特的具有不同移位的初始频率的多个调制线性调频信号。

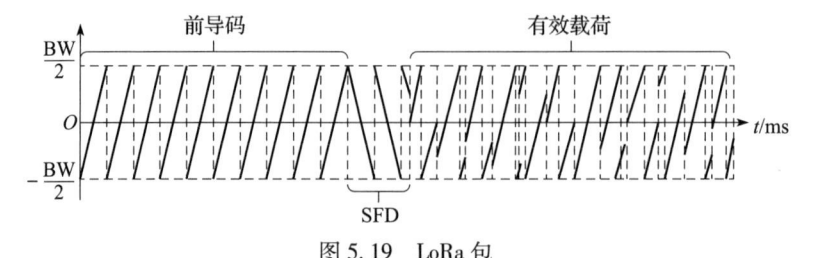

图 5.19　LoRa 包

（2）链路层　在链路层，抽象了 4 个参数来平衡 LoRa 链路的性能（如范围、能量效率、数据速率）。

1）扩散系数 SF。SF 的范围为 7~12，可以被配置为平衡通信范围和能量消耗。以更高的 SF 发送的符号需要更多的广播时间，这虽然降低了数据速率，但提高了对噪声、信号衰落和干扰的恢复能力。

2）带宽 BW。BW 可以从 125kHz、250kHz 和 500kHz 中选择。BW 越小，数据速率越低。但是它对噪声有很强的恢复能力，可以工作在较低的信噪比水平。

3）通道频率。在北美，902~928MHz 的频段被分成 64 个 125kHz 的信道加上 8 个 500kHz 的下行链路（Downlink，DL）信道和 8 个 500kHz 的上行链路信道。在欧洲，10 个 125kHz 信道分布在 867~869MHz 的频带上。由于复杂环境中的多径效应，频率选择性效应通过选择不同的信道而变为不同的通信范围。

在 LoRa WAN 中，默认链路模型是二进制模型，其利用 RSSI 来指示分组是否可以在链路上成功传输。在给定固定的 BW 和 SF 的情况下，RSSI 灵敏度由物理层 CSS 调制来确定，如果观察到的链路的 RSSI 大于灵敏度，则可以在该链路上成功地传输分组，否则无法发送任何数据包。基于二进制链路模型，采用直观的自适应数据速率（Adaptive Data Rate，ADR）策略。对于不同的 SF，在不同的 RSSI 水平上有不同的灵敏度。端节点使用最小的 SF 来保证传输的可靠性，从而尽可能地保持能量效率。具体地，端节点通过在分组中设置请求来请求网络服务器调整其 SF。网络服务器收到请求后，通过查看历史 RSSI 记录返回最优 SF 设置。

（3）MAC 层　对于电源管理，LoRa 网络的网关和网络服务器始终保持畅通。因此，端节点可以随时将其数据发送到网关（即上行链路）。然而，端节点通常工作在占空比模式下以节省能量。因此，网关仅在端节点占空比结束（即下行链路）变为唤醒状态时才能与其通信。3 种占空比模式（例如，A 类、B 类和 C 类）具有不同的功耗和下行链路延迟。具体地说，A 类是事件驱动的占空比。端节点只有在有数据要传输时才会被唤醒。B 类是周期性占空比。所有端节点周期性地向网络服务器发送协调信标。在 C 类中，末端节点的无线电总是打开的。因此，A 类是最节能的，具有最高的下行链路延迟。C 类与 A 类相反，而 B 类是最平衡的。在 3 种占空比模式中，LoRa WAN 采用 ALOHA 作为默认 MAC 协议。利用 ALOHA，终端节点在其分组准备好后立即进行传输，无须同步载波侦听和时隙。由于 ALOHA 在冲突避免方面的性能较差，需要将端节点的占空比调节到 1% 或更低。除了广泛采用的循环冗余校验外，LoRa 还增加了前向纠错来防止传输干扰。在前向纠错中，将码率设置为使用 5~8 位冗余对 4 位数据进行编码，通过检测和纠正 MAC 层中的错误来提高碰撞恢复能力。

（4）应用层　LoRa 的远程通信能力不可避免地使自己容易受到来自偏远和隐蔽站点的无线攻击。对于应用层，通过使用预先安装在端节点上或在空中激活注册机制期间生成的一对安全密钥来实现认证、完整性和加密。

## 5.2.4　Radar 与 LTE

无源雷达系统属于雷达（Redar）系统中的一种特殊形式，通过处理来自非合作照明源的反射信号来探测和跟踪环境中的目标，如商业广播和通信信号等。利用无源雷达探测飞机目标的尝试可以追溯至 1935 年，当时科学家罗伯特·沃森·瓦特在达文特里进行了一项双基地实验。利用 49m 波长的达文特里 BBC 短波发射站播送节目时的无线电照明成功探测到距离

8km 的一架海福德轰炸机。

这一开创性的实验标志着无源雷达技术的萌芽。与主动式雷达相比，无源雷达不需要自身发射无线电信号，而是借助已存在的环境无线电信号作为照明源，从而避免了能量消耗和电磁污染等问题，具有绿色环保的特点。同时，无源雷达具有隐蔽性强、成本低廉、电磁兼容性好等优势，在民用和军用领域均有广阔的应用前景。

长期演进技术（LTE）是目前最先进的无线通信技术，可提供最后 1mile（1mile = 1609.344m）的宽带蜂窝连接。与全球移动通信系统（Global System for Mobile Communications, GSM）和其他现有蜂窝网络信号相比，LTE 信号的带宽范围是 1.4~20MHz，具有高距离和速度分辨率。800~3500MHz 的更宽频带同时支持频分双工和时分双工，以及 LTE 信号的全球覆盖，使得无源雷达配置变得更容易。此外，LTE 利用正交频分多址（Orthogonal Frequency Division Multiple Access，OFDMA），其模糊函数产生较低的旁瓣。因此，这些特性使得 LTE 信号成为无源雷达系统的强力支持。

无源雷达只包括一个接收器，没有成对的发射器。被动雷达虽然没有发射器，但与主动雷达相比有几个优势，因为不需要额外的频率带宽，使得监测接收器无法看见和识别它，也不会增加额外的干扰。此外，由于在无源雷达系统中不需要发射器，因此可以最大限度地降低系统总成本。近年来，在无源雷达系统中部署基站（基站为移动电话/用户和移动网络之间提供连接）引起了国际雷达界的高度关注。像广播和地面系统这样的基站，包括调频无线电台、3G GSM 和数字视频广播，已经被认为是很好的无源应用竞争者，并且已经大规模广泛应用于实际。LTE 拥有定义良好的蜂窝标准，这也扩大了数字波形在雷达中的应用。与 GSM 一样，LTE 允许用户设备（User Equipment，UE）或接收器在处理接收信号的同时与基站同步。除了这些同步信号外，LTE 信号的特征还可以用于创建良好的匹配滤波器，用于距离估计和多普勒成像，这是所有雷达的特征。下面介绍这种雷达的特性及其在 LTE 蜂窝标准中的应用。图 5.20 概述了基于 LTE 的无源雷达应用。

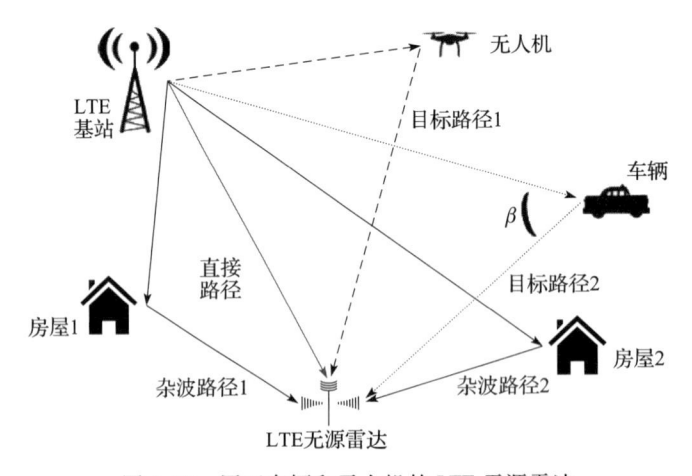

图 5.20 用于车辆和无人机的 LTE 无源雷达

### 1. 使用场景

无源雷达的主要应用领域包括空中、海洋和地面侦察。无源雷达的应用范围取决于基站的性能。用来检测给定信号/波形的雷达性能的最常见和最有用的性能指标方法是距离-多普勒图和模糊函数。模糊函数在广义上被用来研究多普勒和距离分辨率来分析被动雷达使用的波形。

如图 5.20 所示，无源雷达的其他应用包括工业自动化、智慧城市监控、无人机和智能停车。在大多数这些应用中，可以观察到使用 LTE 的无源雷达是一种有利的解决方案。接下来，将概述 LTE 物理下行链路信道，包括其信号结构。

### 2. LTE 信号结构和概述

LTE 可以使用的传输方案有两种：频分双工（Frequency-Division Duplex，FDD）和时分双工（Time-Division Duplex，TDD）。这两种方案都利用了 OFDM/OFDMA 的特性。FDD 具有用于上行链路（UL）和下行链路（DL）传输的不同频带，而 TDD 在相同频带中服务于上行链路和下行链路传输。为了解释信号细节，本节只考虑了 FDD-DL，因为大多数电信服务提供商都使用这种传输方式。然而，类似的分析也适用于基于 TDD 的 LTE。LTE 标准考虑了各种信道带宽，如 1.4MHz、3MHz、10MHz、20MHz。信道带宽由对 LTE 具有 15kHz 或 7.5kHz 间隔频率宽度支持的 $P$ 个子载波组成，具体取决于配置。参数 $P$ 取决于所考虑的 FFT 点的数量。

图 5.21a 显示了 FDD LTE DL 信号。码元是 $N$ 个正交调制子载波的集合，也具有图 5.21b 所示的保护带和直流（DC）子载波。典型的子载波包含用户数据。这些子载波的调制方案有：正交相移键控（Quadrature Phase Shift Keying，QPSK）、16 正交振幅调制（Quadrature Amplitude Modulation，QAM）或 64QAM。然后，子载波被发送到调制信号的离散傅里叶逆变换（Inverse Discrete Fourier Transform，IDFT）或常用的快速傅里叶逆变换（IFFT）。循环前缀（Cyclic Prefix，CP）将被附加到该 IDFT/IFFT 序列以减少多径效应。循环前缀是附加在 IDFT/IFFT 序列开头的 IDFT/IFFT 序列末尾搬移过去的一小部分的副本。这个完整的序列被称为数据码元，这也是 OFDM 码元的基本生成方法。根据标准，LTE 有两种循环前缀配置：普通循环前缀或扩展循环前缀（第三代合作伙伴计划）。当存在低延迟扩展信道时，优先使用正常循环前缀，而当信道具有高延迟扩展时，使用扩展循环前缀。大多数情况下使用正常的循环前缀。对于扩展循环前缀，时隙可以具有 $N_{SYM}=6$ 个码元，对于正常循环前缀，具有 $N_{SYM}=7$ 个码元。FDD LTE DL 数据码元具有 0.5ms 的时隙持续时间、1ms 的子帧和 10ms 的帧，并且该持续时间在整个传输过程中是恒定的。整个下行信号由一帧组成，可以作为雷达脉冲使用。下面介绍可用于相干雷达处理的小区特定参考信号和同步信号。

在 LTE 标准中，下行链路有两种不同的同步信号：主同步信号（Primary Synchronization Signal，PSS）和次同步信号（Sub-Synchronization Signal，SSS），接收器使用它们来获取小区标识（Cell Identity，CID）和帧时序。LTE 基站具有不同小区的唯一 504 物理层 CID，因此接收器或用户设备（UE）可以分离从彼此附近的不同基站接收到的信息。50 个 CID 由 PSS 和 SSS 生成。PSS 由 62 个长度的 Zadoff-Chu 序列组成。然后，这些序列的输出被映射到最后码元的时隙 0 和 10 的子载波。对于携带 PSS 的符号，由序列进行调制，然后对其他子载波进行调制，其中将保护带和 DC 子载波分配为零。使用两个长度为 31 的二进制序列来生成同步信号。这两个序列被加扰，得到总共 62 个长度的同步信号。SSS 的映射类似于 PSS，长度为 62 的 SSS 被映射到位于中心的 DC 子载波附近的 62 个子载波。如果在子帧 1 处注意到第一个 SSS，则可以在子帧 1 中有 SSS 信号的下一帧实现同步。PSS 和 SSS 都可以进行小区搜索。

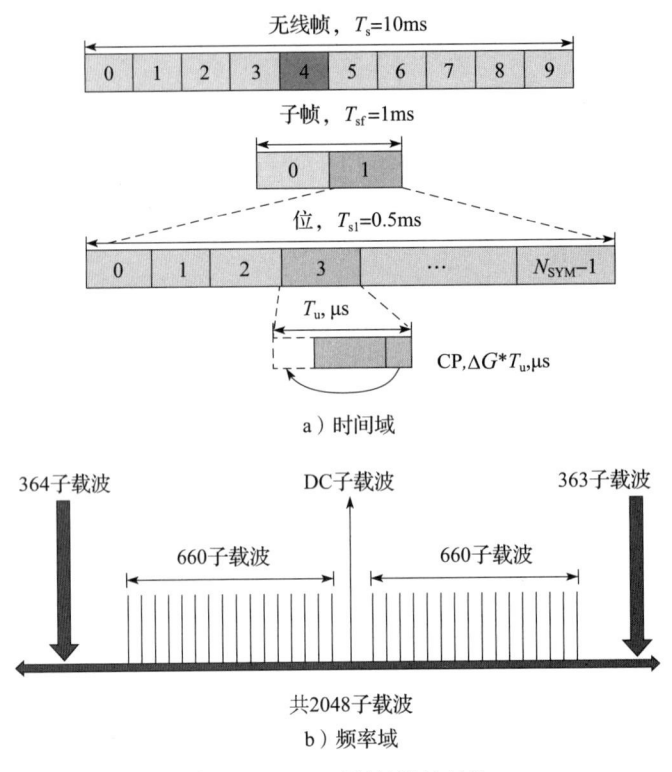

图 5.21 LTE 下行链路帧结构

### 3. 小区特定参考信号

部署小区特定参考信号（Cell-Specific Reference Signal，CRS），可以使用户设备/接收器很容易地识别发射天线。CRS 是由长度为 31 的伪随机 Gold 序列生成的，其表达式可在第三代合作伙伴计划中找到。该 Gold 序列为每个 CRS 产生复调制值，该复调制值由正交相移键控（QPSK）调制。即使 CRS 是复杂和伪随机的，它也可以很容易地通过已知的物理层 CID 来评估。如果物理层 CID 未知，则使用 PSS 和 SSS，它可以容易地执行小区搜索并提取用于 CRS 的 CID。

CRS 子载波的位置由物理层 CID 以及使用的天线数量确定。对于单天线，CRS 在使用正常循环前缀的时隙中占用符号 0 和 3。然而，对于扩展循环前缀，CRS 占用码元 0 和 2（注意，该数字可以随着所使用天线的数量而改变）。此外，CRS 被映射到每 6 个子载波上（见图 5.22），具有最小 3 个子载波的频率偏移的连续 CRS 码元。图 5.23 给出了 CRS 位置的示例图形。

图 5.24 显示了使用 Ettus 的通用软件无线电外围设备（USRP）E312 测量的 LTE 下行链路传输，中心频率为 1.83GHz（Telenor 运营商）。与传统的广播信号不同，LTE 物理下行信号几乎不存在时刻降低（用户设备和基站）的功耗。图 5.22 显示了收集的 LTE 波形的资源网格，还显示了实时 LTE 中的随机和确定性分量。确定性分量是下行链路处理的重要组成部分，包括：PSS、SSS、CRS、物理下行共享信道、物理广播信道和物理下行控制信道。在基站或演进节点基站的空闲状态期间，用户设备仅接收噪声。

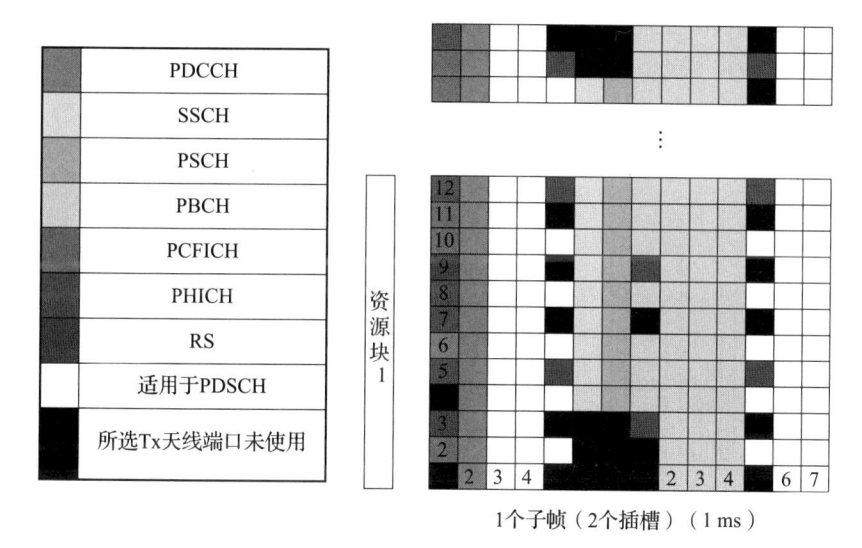

图 5.22　LTE 波形的资源网格

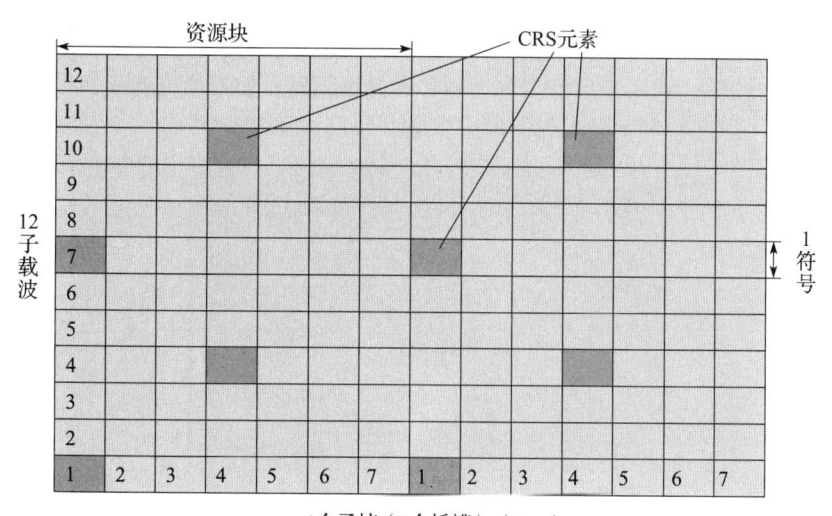

图 5.23　CRS 的位置的示例图形

### 4. 无源雷达参数

（1）模糊函数　模糊函数（Ambiguity Function，AF）通常被称为交叉模糊函数（Chiasma Ambiguity Function，CAF），是在两个不同的信号之间进行的，以显示雷达波形的特性，包括分辨率（距离、角度）、模糊度、多普勒尺寸以及延迟的模糊度。AF 的定义如下：

$$\tilde{X}(\tau,f_D) = \int_{-\infty}^{\infty} x(t)x^*(t-\tau)\exp(j2\pi f_D t)\,dt \tag{5-2}$$

式中，$x(t)$ 是发射的信号或波形；$\tau$ 是延迟；$f_D$ 是多普勒频移。$\tau$ 也可以定义为相对于接收器的径向延迟，∗表示信号的复共轭。双基地雷达是由相隔一定距离的发射器和接收器组成的一种雷达。对于双基地雷达，需要考虑双基地时延，即双基地距离与光速之比。

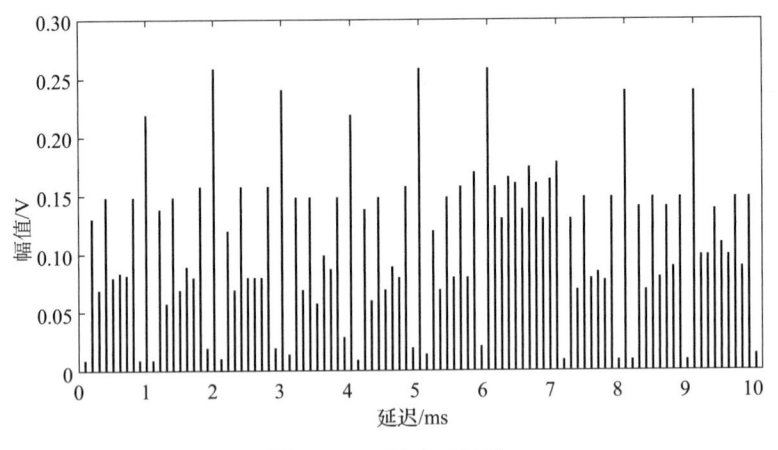

图 5.24 LTE 实时波形

图 5.25 所示为实时 LTE 信号的典型 AF。它实际上显示了延迟、多普勒频移和目标反射强度（与目标横截面成正比）之间的关系。AF 的作用主要是为信号处理提供必要的增益以检测目标（匹配滤波器）。它用于估计多普勒频移和目标距离。如果检测到任何目标，将根据目标的目标横截面（强度）和 $\tau$ 延迟在图形中生成一个点。

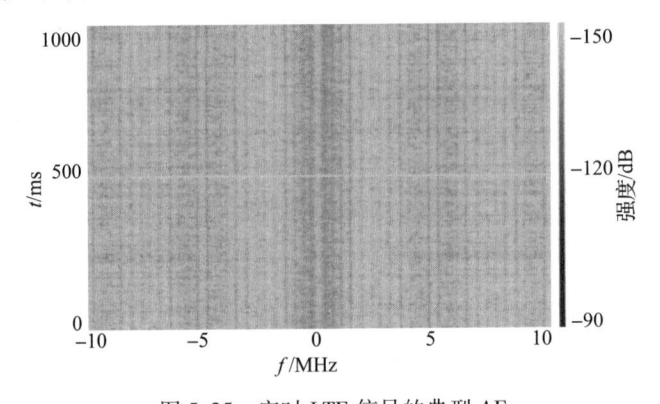

图 5.25 实时 LTE 信号的典型 AF

（2）距离和速度分辨率　距离分辨率是雷达区分两个不同目标所需的最小距离，这两个目标可以以相同或不同的速度移动，并在发射器-目标-接收器之间具有双站平分线。距离分辨率 $\Delta R$ 定义如下：

$$\Delta R = \frac{c}{2 \times \text{BW} \times \cos\left(\dfrac{\beta}{2}\right)} \tag{5-3}$$

式中，BW 是发射信号的带宽；$c$ 是光速，$c = 3 \times 10^8 \text{m/s}$；$\beta$ 是发射器-目标-接收器之间的双站角度。

标准 LTE 信号带宽从 1.4~20MHz 不等，具体取决于位置和电信运营商。因此，距离分辨率可以从 8.66~34.6m 变化，LTE 带宽从 20~5MHz，传统的双基地角度与现有的无源双基地雷达（如 FM/GSM）相比为 $\beta=60°$。

多普勒分辨率用于区分不同速度运动的多个或单个目标。这个多普勒分辨率可以从接收器的相干积分时间（Coherent Integration Time，CIT）计算出来，定义如下：

$$\Delta f_D = \frac{1}{T} \tag{5-4}$$

式中，$T$ 是相干积分时间；$\Delta f_D$ 是多普勒频移/分辨率。速度分辨率可以定义为雷达对同一距离上以不同速度运动的至少两个目标的分辨能力，具体定义如下：

$$\Delta v = \frac{\lambda}{2T\cos\left(\frac{\beta}{2}\right)} \tag{5-5}$$

式中，$\lambda$ 是波长；$\Delta v$ 是速度分辨率。当 $T=0.5$s 时，$\Delta f_D=2$Hz，当 $\lambda=0.16$m，$\beta=60°$时，速度分辨 $\Delta v$ 达到 0.189m/s，因此，LTE 无源雷达可以分辨出两个以 0.189m/s 速度差运动的目标。

（3）距离-多普勒图　从距离-多普勒图上，可以看到目标的距离和它们的运动。它区分不同距离上以不同速度运动的目标。例如，对于固定发射器，距离-多普勒图以零多普勒显示固定目标/对象的输出。如果目标是静止的发射器，则距离-多普勒图将显示非零多普勒值的响应，如图 5.26 所示。还可以以其他方式使用距离-多普勒图的响应，例如提取距离-多普勒图中的峰值信息/检测并将该信息用于分类等。标准信号处理使用与二维 CAF 直接相关的距离-多普勒图。图 5.26 所示为距离-多普勒图的一个例子。此外，对于小目标的检测，需要计算更高阶的 FFT（2D/3D FFT）。

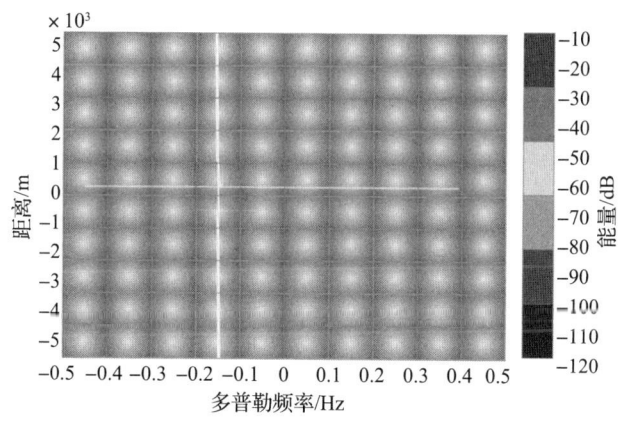

图 5.26　距离-多普勒图的一个例子

### 5.2.5　毫米波和太赫兹

随着 5G 的标准化，商用毫米波（毫米波）通信已经成为现实，但这些高频率的传播特性不尽如人意。尽管 5G 系统在推出，但仍有人认为，其千兆位每秒速率可能无法满足许多新兴应用的需求，如 3D 游戏和扩展现实。此类应用将需要每秒数百兆比特到每秒几兆比特的低延迟和高可靠性的数据速率，这有望成为下一代6G通信系统的设计目标。而太赫兹（THz）通信系统拥有可以在短距离内提供此类数据速率的潜力，它们被广泛认为是无线通信研究的下一个前沿。本节主要介绍毫米波和太赫兹频段的背景知识，使读者能够学习到在当前无线环境中将这些频段用于商业通信的必要性，并对在这些频段中运行的通信系统的关键设计考虑因素进行推理。为了更好地阐述内容，本节对这些频段进行了统一处理，特别强调了它们的传播特性、信道模型、设计和实施注意事项，以及对6G无线的潜在应用。还简要概述了目前与将这些频段用于商业通信应用有关的标准化活动。

5G 新无线电的标准化是由不断发展的应用生态系统的不同吞吐量、可靠性和延迟要求推动的，这些应用需要由现代蜂窝网络作为支持。在5G内，这些应用分为增强型移动宽带（Enhanced Mobile Broad Band, eMBB）、超可靠低延迟通信（Ultra-Reliable and Low-Latency Communications, URLLC）和大规模机器类型通信（massive Machine Type Communications, mMTC）。从一开始就很明显，一刀切的解决方案可能不适用于所有应用，因此最近几代蜂窝系统探索了先进通信和网络技术的使用，例如通过使用小蜂窝进行网络增密、更智能的调度以及用于提高频谱效率的多天线系统。人们认识到，也许5G与前几代蜂窝系统最显著的不同之处在于，传统的亚6GHz频谱将不足以支持新兴应用的要求。毫米波频谱自然成为一种潜在的解决方案。虽然这些频段早先被认为不适合移动操作，因为它们的传播特性不佳，但现代设备和天线技术的发展使得毫米波用于商业无线变得可行。因此，5G标准导致了商用毫米波通信的诞生。

### 1. 毫米波和太赫兹频谱简介

在4G蜂窝标准之前，商业（蜂窝）通信仅限于6GHz以下的常规频段，现在称为亚6GHz蜂窝频段。然而，在6~300GHz范围内的许多频段（具有巨大的带宽）已被用于各种非蜂窝应用，例如卫星通信、射电天文学、遥感、雷达等。由于最近天线技术的进步，现在也可以将该频谱用于移动通信。波长从1~10mm的30~300GHz频段称为毫米波频段，与低于6GHz的频段相比，它提供的带宽高出数百倍。虽然较高的穿透率和阻塞损耗是毫米波通信系统的主要缺点，但研究人员已经证明，这些特性有助于减轻现代蜂窝系统中的干扰，特别是在密集的小蜂窝部署。由于毫米波频率具有更高的方向性要求，这自然会带来更积极的频率重用和更高的数据安全性。从24~100GHz的毫米波频率已经作为5G标准的一部分进行了探索。在本书展望未来的6G及以上系统时，研究人员还开始探索0.1~10THz频段，统称为太赫兹频段（该频谱的较低端显然对通信应用更感兴趣）。

#### 对毫米波和太赫兹频段的需求

过去十多年以来，移动数据流量一直呈指数级增长，预计在未来这一趋势将继续下去。随着无线物联网设备在供应链、医疗、交通和车载通信等新垂直领域的渗透，这一趋势预计将进一步加剧。国际电信联盟（International Telecommunication Union, ITU）进一步估计，到2025年，联网的物联网设备数量将增加到386亿台，到2030年将增加到500亿台。处理这种数据洪流和海量物联网设备是5G网络的两个关键设计目标。满足这些需求的3种可能的解决方案是开发更好的信号处理技术，以提高信道的频谱效率、蜂窝网络的极高密度以及使用额外的频谱。在当前蜂窝网络的背景下，已经探索了各种先进技术，例如载波聚合、协调多点处理、多天线通信以及新颖的调制技术。这些技术的改进空间有限，而网络密集化增强了干扰，这从根本上限制了通过增加更多基站可以实现的性能提升。

与低于6GHz的频率相比，毫米波频率下的可用频谱数量非常大。由于带宽出现在可实现的数据速率的预对数因子中，毫米波通信可能会实现数量级更高的数据速率，这使得它在5G标准中具有吸引力。虽然5G部署仍处于初级阶段，但扩展现实等新兴应用可能需要Tbit/s的链路，而5G系统可能不支持这些链路（因为连续可用带宽不到10GHz）。所以，人们对探索太赫兹频段补充6G及以上系统中低于6GHz和毫米波频段的兴趣日渐浓厚。

毫米波/太赫兹频段下的通信与传统微波频率下的通信有很大不同，这归因于以下因素。

（1）信号阻塞　与频率较低的信号相比，毫米波/太赫兹信号对阻塞的敏感性要高得多。由于非视距（Non-Line-of-Sight，NLOS）链路的传播特性非常差，毫米波/太赫兹通信严重依赖视距（LOS）链路的可用性。例如，这些信号很容易被建筑物、车辆、人类甚至树叶阻挡。一次阻塞可能会导致20~40dB的损失。玻璃对毫米波信号的反射损耗为3~18dB，而砖等建筑材料的反射损耗为40~80dB。对于毫米波信号，即使只有一棵树的存在也会造成17~25dB的损耗。此外，毫米波/太赫兹信号还会受到人类使用者造成的自身阻塞，人体会导致20~35dB的衰减。这些阻塞会极大地降低信号强度，甚至可能导致完全中断。因此，找到有效的解决方案来避免链路阻塞和快速切换是至关重要的。另外，自身的阻塞也可能增强干扰，特别是来自遥远的基站子系统的干扰。因此，在毫米波/太赫兹通信系统的分析和仿真模型中，准确地捕捉阻塞效应是至关重要的。

（2）高指向性　毫米波/太赫兹通信的第二个重要特征是它的高指向性。为了克服高频下的严重路径损耗，常用的解决办法是发射器和/或接收器侧使用大量天线。幸运的是，由于波长较短，这些频率下的天线比传统频率下的天线更小，可以在小尺寸中容纳大量天线。大型天线阵的使用导致了高度定向的通信。具有小波束宽度的高波束成形增益增加了服务链路的信号强度，同时降低了接收器的总体干扰。然而，高指向性也会导致"耳聋"问题，从而产生更高的延迟。这种延迟是由于较长的波束搜索过程而发生的，这是促进定向传输和接收的关键步骤。这个问题在高移动性的情况下变得更加严重，因为用户和基站子系统都遭受过多的波束训练开销。因此，需要新的随机接入协议和自适应阵列处理算法，以便系统能够在由于这些频率的高移动性而发生阻塞和切换的情况下快速适应。

（3）大气吸收　电磁波在大气中传播时，由于被包括氧气和水在内的气体成分的分子吸收而遭受传输损失。这些损失在某些频率下更大，与气体分子的机械共振频率一致。在毫米波和太赫兹频段，大气损耗主要来自大气中的水和氧分子，而在微波频段大气损耗的影响不显著。这些损耗进一步限制了毫米波/太赫兹信号可以传播的距离，并缩小了它们的覆盖区域。因此，在这些频率下运行的系统将需要更密集的基站部署。

**2. 毫米波和太赫兹频段的关键传播特性**

（1）大气衰减　在毫米波和太赫兹频段，大气对电磁波的吸收和衰减是一个至关重要的传播影响因素。这种衰减主要是由大气中的某些气体分子与电磁波的频率和波长相当时，产生共振吸收所导致的。如图5.27所示，在不同频率下，不同气体分子对电磁波的吸收率存在明显的峰值。对于毫米波频段，氧气（$O_2$）和水蒸气（$H_2O$）是两种主要的吸收气体。氧气在60GHz和119GHz处有显著吸收峰，分别造成15dB/km和1.4dB/km的损耗；而水蒸气在23GHz、183GHz和323GHz等频率下的吸收峰值也高达数十分贝每千米。太赫兹频段的大气吸收更为剧烈。在600GHz附近频率，大气吸收可高达100~200dB/km，这意味着即使在100m

的传输距离上，损耗也将达到 10~20dB。高于 600GHz 的频段如 760GHz、850GHz 等，吸收程度将进一步加剧。除氧气和水蒸气外，其他气体如溴氧自由基（BrO）、二氧化碳（$CO_2$）在特定频率下也会产生一定的吸收峰值。同时，大气粒子、雨雪等水平动力过程也会加剧电磁波的衰减。大气吸收值并非固定不变，它还取决于温度、压力、海拔高度等因素的变化。根据 Beer-Lambert 定律，大气对电磁波的透射率可以表示为发射功率与接收功率之比的幂指数函数。

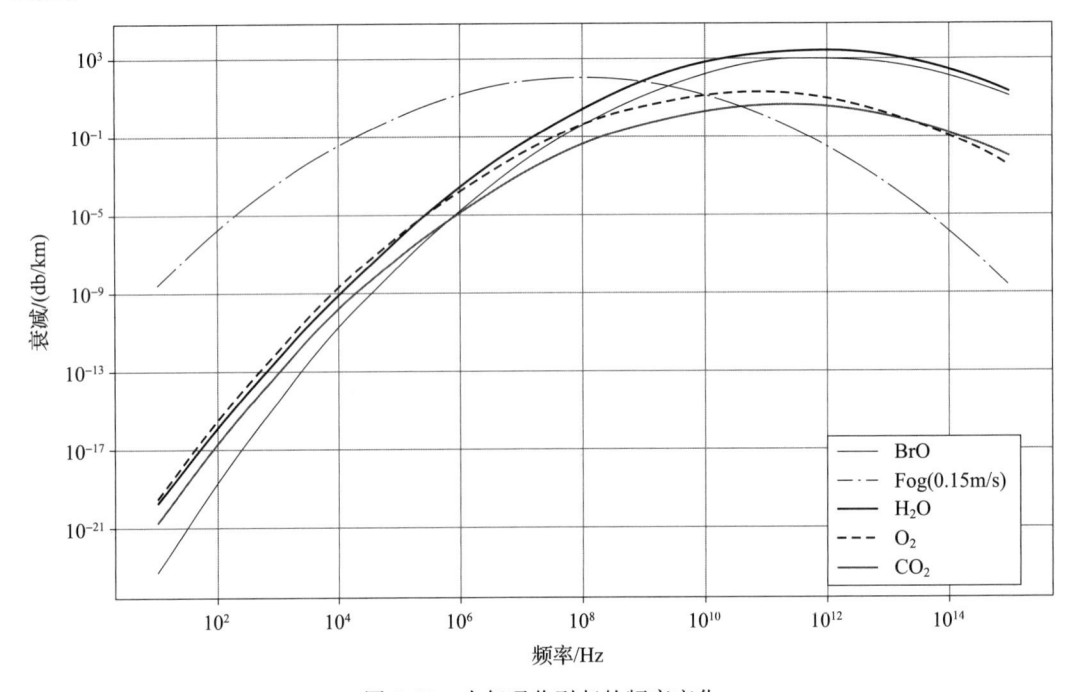

图 5.27　大气吸收引起的频率变化

因此，在毫米波和太赫兹无线传输系统中，大气衰减是一个必须重点考虑的关键因素，需要采取有效的途径如缩短传输距离、选择适当频率等措施来补偿和缓解大气引起的损耗，确保系统的可靠性和传输质量。

吸收过程可以通过 Beer-Lambert 定律来描述，该定律规定能够从发射器通过吸收介质传播到接收器的频率为 $f$ 的辐射量（称为环境的透射率）定义为[15]

$$\tau(r,f) = \frac{P_{Rx}(r,f)}{P_{Tx}(f)} = \exp[-k_a(f)r] \tag{5-6}$$

式中，$P_{Rx}(r,f)$ 和 $P_{Tx}(f)$ 是接收器功率和发射器功率；$r$ 是发射器和接收器之间的距离；$k_a(f)$ 是介质的吸收系数，表示每种气体成分各自的吸收系数之和，取决于其密度和类型。

（2）降雨衰减　毫米波光谱的波长范围在 1~10mm 之间，而典型雨滴的平均尺寸也为几毫米。因此，毫米波信号比传统的微波信号更容易被雨滴阻塞。小雨（如 2mm/h）的最大损耗为 2.55dB/km，而大雨（如 50mm/h）的最大损耗为 20dB/km。在热带地区，一场 150mm/h 的季风倾盆大雨在 60GHz 以上的频率下的最大衰减为 42dB/km。然而在毫米波频谱的较低频段，如 28GHz 和 38GHz 频段，在暴雨期间观察到的衰减较低，约为 7dB/km，在覆盖范围达

200m 时降至 1.4dB。因此，通过考虑短程通信和毫米波频谱的较低频段，降雨衰减的影响可以降至最低。

（3）阻塞

1）辐射衰减。辐射衰减是指毫米波和太赫兹频率信号在传播过程中由于与大气分子相互作用而导致的能量损失。这种衰减在不同频率下有所不同，主要受大气成分（如氧气和水分子）的影响。具体到叶片衰减，它是指植被对毫米波和太赫兹信号的阻挡和损耗。衰减程度会根据信号频率和植被密度的不同而变化。例如，在 28GHz、60GHz 和 90GHz 的频率下，观察到的叶片衰减损失分别为 17dB、22dB 和 25dB。这些数据表明，频率越高，叶片衰减就越严重，这是设计和部署毫米波和太赫兹通信系统时需要考虑的重要因素之一。

2）材料穿透损失。毫米波和更高频率不能通过房间家具、门和墙壁等障碍物进行无损传播。例如，当穿透两面墙和四扇门时，在 28GHz 信号处观察到穿透损耗分别高达 24.4dB 和 45.1dB。较高的穿透损耗限制了毫米波发射器在室内到室外和室外到室内场景中的覆盖范围。

LOS 概率模型可用于合并静态阻塞对信道的影响。该模型假设距离为 $d$，链路将以 $PL^{(d)}$ 概率丢失，否则为 NLOS。对于不同的设置，$PL^{(d)}$ 的表达式通常是根据场景来定义的。例如，对于城市小区场景有

$$PL^{(d)} = \min\left(\frac{d_1}{d}, 1\right)(1-e^{-\frac{d}{d_2}}) + e^{-\frac{d}{d_2}} \tag{5-7}$$

式中，$d$ 是 2D 距离，单位为 m；$d_1$ 和 $d_2$ 是拟合参数，分别为 18m 和 63m。同样的模型也适用于城市微小区场景（$d_2 = 36$m）。在不同的信道测量活动和环境中，LOS 概率表达式存在一些差异。例如，纽约大学[16]开发的 LOS 概率模型为

$$PL^{(d)} = \left[\min\left(\frac{d_1}{d}, 1\right)(1-e^{-\frac{d}{d_2}}) + e^{-\frac{d}{d_2}}\right]^2 \tag{5-8}$$

式中，$d_1 = 20$m；$d_2 = 160$m。

3）人体遮挡和自我阻挡。如前所述，毫米波/太赫兹频率下的传播可能会因人的存在而遭受显著衰减，包括来自用户设备本身的自我阻挡。在文献［17］中，使用布尔模型对人体阻塞进行建模，其中人体被建模为 3D 圆柱体，其中心形成 2D 泊松点过程（Poisson Point Process，PPP）。假设它们的高度是正态分布的。在室内环境中，人为障碍物也被建模为具有固定半径 $r$ 的二维圆，其中心形成一个 PPP（密度为 $\mu$）。

$$PL = 1 - e^{-\mu(rd + \pi r^2)} \tag{5-9}$$

假设落入该锥体的所有基站都被阻挡，用户的自阻塞也可以使用角度为 $\delta$ 的 2D 锥体（由用户设备宽度和用户到设备的距离确定）来建模。

（4）反射和散射　考虑电磁波撞击表面的情况，如果表面光滑且电学上大于电磁波的波长，就会看到在某个方向上的一次反射。在镜面方向反射的入射场的分数由光滑表面的反射系数来表示，称为 $\Gamma_s$，它也考虑了穿透损失。反射的功率定义为

$$\overline{P}_R = P\Gamma_s^2 \tag{5-10}$$

式中，$P$ 是入射波的功率。但如果表面粗糙，除了镜面反射方向上的反射分量外，波还会分散到许多方向，这种现象被称为漫散射，毫米波/太赫兹信号也表现出这种现象。最重要的是，表面是光滑的还是粗糙的取决于入射波的性质。瑞利准则可用于根据与 $H_c$ 波有关的临界高度

来确定表面的光滑度或粗糙度，可参考如下定义：

$$h_c = \frac{\lambda}{8\cos\theta_i} \tag{5-11}$$

式中，$h_c$ 取决于入射角 $\theta_i$ 和波长 $\lambda$。假设给定曲面的最小曲面凸度为 $h_0$，而曲面的均方根高度为 $h_{rms}$。如果 $h_0<h_c$，表面可以被认为是光滑的；如果 $h_0>h_c$，对于波长为 $\lambda$ 的特定波，表面可以被认为是粗糙的。这意味着，随着 $\lambda$ 的减少，在较高 $\lambda$ 时平滑的同一曲面可能会开始变得粗糙。因此在较低的频率下，反射现象很明显，而散射可以忽略不计，因为与波相比，大多数表面都是光滑的。反射在较低的毫米波波段更加突出，而散射是中等的。然而，随着太赫兹频段频率的提高，散射变得非常重要，因为建筑物墙壁和地形表面的粗糙度变得与载波波长相当，与反射路径相比，太赫兹处的散射信号分量更显著。

（5）衍射　由于波长较短，在毫米波/太赫兹频率下，衍射不会像在微波频率上那样显著。在这些频率下，与 LOS 路径相比，NLOS 的功率要小得多，然而在衍射的帮助下，仍然可以在物体的阴影中建立太赫兹链路。

（6）多普勒传播　由于多普勒传播的频率和速度成正比，因此在毫米波频率下它的频率明显高于 6GHz。例如，30GHz 和 60GHz 的多普勒扩展比 3GHz 高 10 倍和 20 倍。

（7）吸收噪声　随着信号功率的衰减，分子吸收会引起分子内部的振动，从而导致发射与引起这种振动的入射波频率相同的电磁辐射。因此，分子吸收引入了一种称为吸收噪声的附加噪声。由于太赫兹频段的吸收很重要，因此吸收噪声作为附加项包含在总噪声中。它通常使用由分子吸收引起的环境等效噪声温度来建模。

（8）闪烁效应　闪烁是指由于波传播的介质的折射率的快速局部变化，而导致波的相位和幅度的快速波动。温度、压力或湿度的局部变化会导致光束波前的小折射率变化，这会破坏相位，并且光束横截面显示为散斑图案，在接收器中具有显著的局部和时间强度变化。红外无线传输距离受到闪烁效应的限制。实际太赫兹通信的闪烁结果小于红外光束。靠近地球表面传播的太赫兹波可能会受到大气湍流的影响。闪烁效应对太赫兹波段的影响程度仍不清楚。

（9）太赫兹波束成形　太赫兹波的有限传输范围可以通过非常密集的超大规模多输入多输出（Ultra-Massive Multiple-Input Multiple-Ouput，UM-MIMO）天线系统来扩展。由于可以容纳在相同占地面积中的天线数量随着波长的平方而增加，因此太赫兹系统可以容纳比毫米波系统更多的天线元件。这种大型紧凑型天线阵列产生高增益的高度聚焦波束（铅笔波束），有助于增加传输距离。

与毫米波通信类似，数字波束成形的高成本和高功耗使其不适用于太赫兹通信。为了应对这一挑战，太赫兹波段采用了模拟波束成形技术，这可以减少所需的射频链路数量。然而，它受到额外的硬件限制，因为模拟移相器是数字控制的，并且只有量化的相位值，这将在实践中显著限制模拟波束成形的性能。另一方面，混合模拟/数字波束形成是模拟和数字方法之间更好的折中。混合波束成形可以比天线具有更少的射频链，并接近稀疏信道中的全数字性能。

可用于太赫兹通信的天线类型有光电导天线、喇叭天线、透镜天线、微带天线和片上天线。最初，太赫兹天线是使用磷化铟（InP）或砷化镓（GaAs）在半导体内部设计的，由于高介电常数，难以控制辐射方向图。因此，学者们研发了基于喇叭馈电的透镜天线。除了金属天线和电介质天线，基于新材料的天线也可用于太赫兹通信，例如基于碳纳米管的天线和平面石墨烯天线。

### 3. 信道模型

为了评估通信系统的性能，首先要构建一个准确的信道模型。研究人员已经为毫米波开发了不同的信道模型，用于仿真和分析。例如2012年，面向二十世纪信息社会（METIS）项目的移动和无线通信推动者提出了3种信道模型，即随机模型、基于MAP的模型和混合模型，其中随机模型适用于70GHz以下的频率，而MAP模型适用于100GHz以下的频率。2017年，提出了100GHz以下频段的3GPP 3D信道模型。NYUSIM是另一种信道模型，它借助不同户外场景下在28~73GHz的毫米波频率下的真实传播信道测量而开发。UM-MIMO的统计信道模型分为基于矩阵的模型和基于参考天线的模型。基于矩阵的模型描述了完整的信道传输矩阵的特性。基于参考天线的模型首先考虑参考发射天线和参考接收天线，然后分析它们之间的点对点传播模型，基于该模型，统计地生成完整的信道矩阵。

如上所述，与较低频段相比，太赫兹信道表现出非常不同的传播特性。因此，对信道和噪声进行建模对于准确评估太赫兹通信系统的性能是必不可少的。在这种情况下，即使是自由空间的场景也不容易建模，因为分子吸收的水平很高。因此，需要在路径损耗方程中包括一个附加的指数项以及幂定律模型。

接下来介绍一种简单且极易分析处理的信道模型，该模型可以适应各种传播场景。这适用于系统级的性能分析，包括使用随机几何的思想。

（1）毫米波信道　考虑发射器和接收器之间的链路，其距离为类型$s$，其中$s \in \{L, N\}$表示该链路是否是LOS和NLOS。为简单起见，假设窄带通信和模拟波束成形。接收器处的接收功率$P_r$为

$$P_r = p_t \ell_s(r) g_r(\theta_r) g_t(\theta_t) H \tag{5-12}$$

式中，$\ell_s(r)$是由扩展损耗引起的距离$r$处的标准路径损耗。它是由路径损耗函数给出的，通常使用幂定律建模为

$$\ell_s(r) = c_s r^{-\alpha_s} \tag{5-13}$$

式中，$c_s$是近场增益；$\alpha_s$是路径损耗指数。

$p_t$是发射功率；$g_t$和$g_r$是发射器和接收器的天线方向图；$\theta_t$和$\theta_r$是表示发射器和接收器的波束方向的角度；$g_t(\theta_t)$和$g_r(\theta_r)$分别是发射器和接收器的天线增益；$H$是小尺度衰落系数。对于LOS和NLOS链路，通常假设Nakagami衰落具有不同的参数$\mu_L$和$\mu_N$。因此，$H$是参数为$\mu_s$的伽马随机变量。

上述信道模型可以针对不同的环境和传播场景进行扩展，例如多路径、多阶信道、混合波束形成和大规模MIMO。由于避免了高吸收损耗的特定波段，分子吸收的影响在毫米波通信中可以忽略不计。

（2）太赫兹信道　由于大气衰减和散射在太赫兹频率上很突出，太赫兹信道模型预计将不同于上面介绍的毫米波通信的模型。由于LOS和NLOS链路之间的巨大差异，大多数工作只考虑LOS链路。为简单起见，本书假定采用窄带通信。如果考虑发射器和接收器之间的LOS链路，则接收功率$P_r$定义为

$$P_r = P_t \ell(r) g_r(\theta_r) g_t(\theta_t) \tau(r) \tag{5-14}$$

式中，$\tau(r)$ 是分子吸收引起的附加损失项。在 LOS 链路中，路径损耗可以由自由空间路径损耗给出，即

$$\ell(r) = \left(\frac{\lambda^2}{4\pi}\right)\frac{1}{4\pi r^2} \tag{5-15}$$

该模型可以扩展到包括散射体/反射体。如果 $r_1$ 是发射器和表面之间的距离，该模型可以扩展到包括散射体/反射体。而 $r_2$ 是表面和接收器之间的距离，则散射和反射功率为

$$P_{r,S} = P_t g_r(\theta_r) g_t(\theta_t) \ell(r_1) l(r_2) \tau(r_1) \tau(r_2) \Gamma_R \tag{5-16}$$

$$P_{r,R} = P_t g_r(\theta_r) g_t(\theta_t) \ell(r_1+r_2) \Gamma^2 \tau(r_1+r_2) \Gamma_S \tag{5-17}$$

式中，$\Gamma_R$ 和 $\Gamma_S$ 分别是与反射和散射有关的系数，取决于表面取向和性质。上述信道模型可以被扩展以包括其他场景，例如多路径和宽带通信。

## 5.3 智能无源感知应用

无源感知最大的特征就是在传感器中不再使用供电模块，而根据感知策略的不同，无源感知可以分为主动感知和被动感知两种，感知原理和特点见表 5.1。

表 5.1 无源感知应用分类

| 分类 | 感知原理 | 特点 |
| --- | --- | --- |
| 主动感知 | 利用特定的传感器对环境和物体进行感知，通过反向散射信号传输感知结果 | 利用反向散射信号传递感知数据 |
| 被动感知 | 利用环境和物体会改变电磁波的传输，终端检测传感器反向散射的电磁波特征（幅度和相位）来实现对环境和物体的感知 | 利用反向散射信号对环境进行感知 |

智能无源感知因其能灵活解决不同应用领域的问题而广受欢迎，并有可能以很多不同的方式来改变生活。无源感知技术已经成功地应用于各种应用领域，例如：

1）军事应用：无源感知技术可能是军事指挥、控制、通信、计算、情报、战场监视、侦察和目标系统不可或缺的一部分。

2）区域监测：在区域监测中，传感器节点部署在某些现象的区域上。当传感器检测到正在监测的事件（热、压力等）时，会将该事件报告给其中一个基站，然后由基站采取适当的行动。

3）交通：无源感知技术正在用于收集实时交通信息，以便以后为交通模型提供信息，并提醒驾驶员拥堵和交通问题。

4）健康应用：无源感知技术的健康应用包括支持残疾人接口、医院内集成的患者监控、诊断和药物管理、远程监控人体生理数据，以及跟踪和监控医院内的医生或患者。

5）环境传感：无源感知技术已经渗入无线传感器网络科学研究中的许多应用，如探测火山、海洋、冰川、森林等，还包括空气污染监测、森林火灾检测、温室监测、滑坡检测。

6）结构监控：无源感知技术可用于监控建筑物和基础设施（如桥梁、立交桥、堤坝、隧道等）内的移动，使工程实践能够远程监控资产，而无须进行昂贵的现场访问。

7）工业监控：无源感知技术已被开发用于机械状态维护，因为它们提供了显著的成本节约并实现了新的功能。在有线系统中，安装足够多的传感器往往受到布线成本的限制。

8）农业部门：使用无源感知技术将农民从困难环境中的布线维护中解放出来。灌溉自动化可以提高用水效率，减少浪费。

### 5.3.1 基于 RFID 的无源物联网

目前，RFID 技术是最为熟悉、应用最广泛的无源物联网技术。其原理非常简单，当 RFID 标签靠近读卡器后，接收读卡器发出的射频信号，产生感应电流，获得能量。通过收集的能量，标签发送信息，实现与读卡器的通信。

目前，这种方案的无源物联网产品出货量已达到每年数百亿的级别。近场通信（Near Field Communication，NFC）作为高频 RFID 的一种，该技术在智能手机中几乎成为标配，也可视为是一个典型的无源物联网技术应用。

RFID 的应用如下：

#### 1. 供应链

RFID 在供应链中的优点已经广为人知，但到目前为止，标签的高昂成本仅限于盒子或托盘标签。在沃尔玛和美国国防部强制要求在各自的供应链中使用无源 RFID 后，这一应用得到了大力推动。在供应链中使用 RFID 的优势包括：

1）仓储和配送自动化，例如能够发送提前发货通知。
2）更好的货物跟踪，减少货物丢失。
3）使用嵌入式 RFID 标签识别正品的防伪。
4）通过对库存的实时感知改进库存管理。

#### 2. 访问控制

在这里，RFID 被用作电子钥匙，用于控制对安全地点和设备的访问，例如办公楼和保险箱。接近卡包含感应式无源 RFID 标签，广泛应用于门禁系统中。这些卡符合 ISO/IEC 标准，公司通常会添加自己的专有加密层来增强安全性。相关应用包括机场安检、学生证和计算机安检。

#### 3. 交通支付

RFID 可以用来支付交通费，例如用于人员/车辆识别或记录预付余额。应用包括：

1）电子车辆通行费。例如，美国东部常见的 E-ZPass 系统、挪威的 AutoPass 以及阿根廷内乌肯省的无源标签。
2）公交收费。例如，香港的八达通卡、新加坡的 EZ Link 卡和马萨诸塞湾交通管理局的查理卡。

#### 4. 电子护照

1998 年在马来西亚推出的 RFID 标签存储了护照上的信息。目前，全世界的很多国家都使用了电子护照。

#### 5. 牲畜编号

动物识别对于家畜管理和疾病控制来说是重要的。美国正在运行国家动物识别系统（National Animal Indentification System，NAIS），该系统推广用于动物识别的 RFID，以改善动物健康并控制疾病暴发。NAIS 为此目的推荐纽扣 RFID 标签，并考虑植入式 RFID。

### 6. 自动化图书馆

RFID 可用于简化图书馆的工作流程，包括：

1）图书的检入和检出。
2）图书清点，无须将图书从书架上移下即可执行。
3）实时维护图书馆库存。

美国在全球图书馆应用 RFID 方面处于领先地位，英国和日本紧随其后。据估计，全球约有 3000 万件图书馆物品贴上了 RFID 标签。

### 7. 医疗保健

RFID 为医疗保健行业带来了巨大的好处，其中包括：

1）跟踪医院人员、设备和用品。
2）检查假冒产品。
3）预防医疗保健管理中的错误。
4）维护共享但安全的病历。

## 5.3.2 基于蓝牙的无源物联网

无源蓝牙低功耗传感器标签无须供电也可完成感知、存储和通信，该标签通过收集周围的无线射频能量来为其供电，并借助这些能量发送标签唯一标识码的数据以及传感器读数。一家名为 Wiliot 的初创公司，其产品正是一款无源蓝牙低功耗传感器标签，因为不需要外加电池，因此该产品的尺寸仅是邮票大小，能便捷地粘贴在各种物品之上。

## 5.3.3 基于 Wi-Fi 的无源物联网

该方案的原理是利用射频信号的后向反射通信技术，当附近 Wi-Fi 路由器发射功率相对较高的射频信号后，无源物联网节点吸收射频信号并调制天线反射系数，将传感器信息传递出去。

这一技术早在 2016 年，美国华盛顿大学电子工程学院的研究人员就已研发出，称之为 Passive Wi-Fi。Passive Wi-Fi 无源节点传输 1Mbit/s 和 11Mbit/s 所消耗的电量分别仅为 $14.5\mu W$ 和 $59.2\mu W$，能够实现 30m 的回传距离，甚至有一定的穿墙能力。

## 5.3.4 基于 LoRa 的无源物联网

2017 年，美国华盛顿大学电子工程学院的研究人员采用线性扩频技术，提升无源标签回传能力，并与商用的 LoRa 设备兼容，形成基于 LoRa 的反射调制系统。在测试中，研究人员成功地从射频源和接收器之间相隔 475m 的任何位置实现无源节点反射调制，回传传感器信息；将无源节点与射频源位于同一位置时，接收器最远可达 2.8km。

## 5.3.5 基于 5G 的无源物联网

通过 5G 蜂窝网络支持无源物联网，一个难点是无源终端节点如何获取能量，另一个难点在于如何实现长距离回传，尤其是后者的难度更大。因为无源终端通过各种方式获得的能量是非常微弱的，回传路径过长，信号会快速衰减。目前在实验室阶段最先进的技术，已经可以做到在 180m 的范围内，收集特定频段的 5G 射频能量，采集到约 6μW 的电力。

## 本章习题

1. 简述无源网络的特性，并思考其与传统感知网络的本质区别是什么？
2. 简述声波标签的工作原理。
3. 分析 Wi-Fi 感知中 CSI 与 RSSI 的优缺点。
4. 分析 LoRa 网络堆栈中每个层的功能。
5. 探索无源雷达的使用场景，不仅限于本书介绍的内容。
6. 分析无源雷达 3 个关键参数的特点。
7. 简述毫米波和太赫兹频率的关键传播特性。
8. 探索毫米波与太赫兹的应用场景，不仅限于本书介绍的内容。
9. 列举几个无源物联网在生活中常见的应用。
10. 展望无源物联网未来的发展前景。

## 参考文献

［1］ STOCKMAN H. Communication by means of reflected power ［J］. Proceedings of the IRE, 1948, 36 (10): 1196-1204.

［2］ WANT R. RFID explained: a primer on radio frequency identification technologies ［M］. Berlin: Springer, 2006.

［3］ NIKITIN P V, RAO K V S, LAZAR S. An overview of near field UHF RFID ［C］//2007 IEEE International Conference on RFID. New York: IEEE, 2007: 167-174.

［4］ WANG Y, LI M, LI M. The statistical analysis of IEEE 802.11 wireless local area network-based received signal strength indicator in indoor location sensing systems ［J］. International journal of distributed sensor networks, 2017, 13 (12): 1550147717747858.

［5］ SHAH S A, TAHIR A, AHMAD J, et al. Sensor fusion for identification of freezing of gait episodes using Wi-Fi and radar imaging ［J］. IEEE Sensors journal, 2020, 20 (23): 14410-14422.

［6］ SONG Y, TAYLOR W, GE Y, et al. Design and implementation of a contactless AI-enabled human motion detection system for next-generation healthcare ［C］//2021 IEEE International Conference on Smart Internet of Things (SmartIoT). New York: IEEE, 2021: 112-119.

［7］ SHRESTHA A, LI H, LE KERNEC J, et al. Continuous human activity classification from FMCW radar with Bi-LSTM networks ［J］. IEEE Sensors journal, 2020, 20 (22): 13607-13619.

［8］ ADIB F, MAO H, KABELAC Z, et al. Smart homes that monitor breathing and heart rate ［C］//Proceedings of the 33rd Annual ACM Conference on Human Factors in Computing Systems. New York: ACM, 2015: 837-846.

［9］ CHEN Y, DENG H, ZHANG D, et al. SpeedNet: indoor speed estimation with radio signals ［J］. IEEE Internet of things journal, 2020, 8 (4): 2762-2774.

［10］ ASHLEIBTA A M, ZAHID A, SHAH S A, et al. Flexible and scalable software defined radio based testbed for large scale body movement ［J］. Electronics, 2020, 9 (9): 1354.

［11］ QIAN K, WU C, YANG Z, et al. Widar: decimeter-level passive tracking via velocity monitoring with commodity Wi-Fi ［C］//Proceedings of the 18th ACM International Symposium on Mobile Ad Hoc Net-

working and Computing. New York: ACM, 2017: 1-10.
[12] ZHENG Y, ZHANG Y, QIAN K, et al. Zero-effort cross-domain gesture recognition with Wi-Fi [C] // Proceedings of the 17th Annual International Conference on Mobile Systems, Applications, and Services. New York: ACM, 2019: 313-325.
[13] WANG G, ZOU Y, ZHOU Z, et al. We can hear you with Wi-Fi! [J]. IEEE Transactions on mobile computing, 2016, 15 (11): 2907-2920.
[14] WANG F, HAN J, ZHANG S, et al. Csi-Net: unified human body characterization and pose recognition [J]. arXiv preprint arXiv: 1810.03064, 2018.
[15] KOKKONIEMI J, LEHTOMÄKI J, JUNTTI M. A discussion on molecular absorption noise in the terahertz band [J]. Nano communication networks, 2016, 8: 35-45.
[16] SAMIMI M K, RAPPAPORT T S, MACCARTNEY G R. Probabilistic omnidirectional path loss models for millimeter-wave outdoor communications [J]. IEEE Wireless communications letters, 2015, 4 (4): 357-360.
[17] GAPEYENKO M, SAMUYLOV A, GERASIMENKO M, et al. Analysis of human-body blockage in urban millimeter-wave cellular communications [C] //2016 IEEE International Conference on Communications (ICC). New York: IEEE, 2016: 1-7.

CHAPTER 6

# 第 6 章

# 多传感器数据融合

本章将系统学习多传感器数据融合的理论基础和关键技术。6.1 节将探讨多传感器数据融合的基本概念，包括其定义、基本内涵和特点，了解多传感器数据融合的主要分类方法，同时探讨多传感器数据融合在实际应用中的价值和意义。通过这些基础内容的学习，读者将对多传感器数据融合形成系统的认识。

6.2 节将深入研究多传感器数据融合的目标、原理及层次。明确数据融合的具体目标，深入理解其基本原理，并详细分析多传感器数据融合的不同层次及其特点。这些内容将帮助读者深入理解数据融合的核心思想和理论框架。

6.3 节将重点介绍多传感器数据融合的方法。详细讨论随机类方法的基本原理和应用，以及基于人工智能的数据融合方法。通过对这些方法的学习，读者将掌握数据融合的具体实现技术。

通过本章的学习，读者将全面掌握多传感器数据融合的基础理论和关键技术，了解从基本概念到具体实现方法的完整知识体系。

## 6.1 数据融合的基本概念

### 6.1.1 多传感器数据融合的概念

多传感器数据融合又称多源数据融合[1]，本质上是异构数据的融合，涉及融合准确和不准确（具有不确定性）的数据，类似于自然生物通过各种感官获取信息，并对这些信息进行比较、鉴别，用记忆或经验综合分析获得的信息，以了解客观世界。它在最近的智能系统和自动化领域发挥了重要作用。例如，无人驾驶汽车的多传感器融合系统[2]就引起了广泛关注。

无人驾驶汽车需要融合来自激光雷达、毫米波雷达、视觉摄像头等多种传感器的数据，才能准确感知周围环境，进行决策控制。这就需要对异构、存在不确定性的传感器数据进行融合处理，类似于人类通过视听觉等多种感官感知外部世界的过程。因此，多源数据融合技术在无人驾驶等智能系统中发挥着至关重要的作用。

多传感器数据融合的目标是处理和合成与被测对象相关的多源数据（或信息），以获得比使用单个传感器更准确、更完整、更可靠、更一致的被测对象解释和描述。目前大部分相关工作都是针对特定应用领域进行的，如监测、检测[3-4]和环境感知[5]。根据实际应用问题，各自建立直观的融合准则，并在此基础上形成最优融合方案。这些研究总体上以面向对象为特征，但未能形成这一独立学科所需的基本理论框架和广义算法体系。基本的理论框架和通用的算法体系的缺失，不仅阻碍了学者们对多传感器数据融合的深入理解，也阻碍了学者们对融合系统的综合和评价。广义融合算法系统作为一种具有普遍适用性的基本范式，必须在传感器集成、数据采集与表示、融合框架、数据融合等方面进行全面研究。

近年来，军事和非军事应用中的多传感器数据融合受到了广泛关注。数据融合技术结合了来自多个传感器的数据和相关信息，与使用单个独立传感器相比，它可以实现更具体的推断。多传感器数据融合的概念并不新鲜，随着人类和动物的进化，已经发展出使用多种感官帮助他们生存的能力。例如，仅使用视觉可能无法评估食物的质量，通过将视觉、触觉、嗅觉和味觉相结合要有效得多；当视觉受到限制时，听觉可以对即将到来的危险提供提前警告。因此，动物和人类自然会进行多传感器数据融合，以更准确地评估周围环境并识别威胁，从而提高它们的生存机会。新传感器的出现、先进的处理技术和改进的处理硬件使得数据实时融合的可行度提高。正如20世纪70年代初，符号处理计算机（例如，符号计算机和Lambda机器）的出现推动了人工智能的发展一样，计算和传感的最新进展也提供了在硬件和软件上模拟人类和动物自然数据融合的能力。目前，数据融合系统广泛用于目标跟踪、目标自动识别和有限的自动推理应用。数据融合技术已经从一个松散的相关技术的集合迅速发展为一个新兴的工程学科。

多传感器数据融合是一个跨学科的研究领域，涉及内容广泛。随着应用领域的扩大，其功能和定义不断丰富。研究人员对多传感器数据融合的研究具有内在的面向对象的特点：不同领域的研究者基于预期的功能提出了不同的观点，并使用适合特定领域的功能定义来描述或解释多传感器数据融合的功能（或目的）和局限性[6]。因此，多传感器数据融合定义的发展过程反映了其自身的发展过程。

在最近的研究中，学者们认为多传感器数据是指多源数据[7]，包括直接数据（传感器历史数据值）和间接数据（环境和人类输入的先验知识）。数据源未指定为同一传感器，包括异构传感器、数据库和人类输入。数据涉及的内容非常广泛，涵盖了所有可能的组合或聚合方法，并在不同的时间从不同的来源转换信息。学者们还认为，多传感器数据融合是一个跨学科研究领域，使用了人工智能和信息理论等不同领域的技术[8]。

基于多传感器数据融合的发展现状，多传感器数据广义融合可定义，如图6.1所示。利用智能计算方法，将有序集成的多个（或类）传感器采集的多模态时间序列数据按照一定的标准进行分类、分析和综合处理，以获得比单独使用某些信息源更准确、更全面的推论，最终实现了人工智能技术对被测对象的解释和描述的一致性。

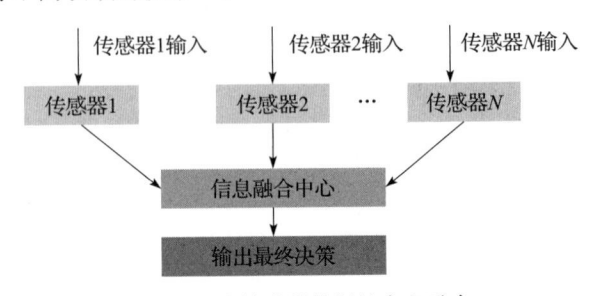

图6.1 多传感器数据的广义融合

从数据集成的角度来看，可将多传感器融合定义为集成过程中的任何阶段，并将不同来源的感官信息实际组合（或融合）为一种表示形式。传感器融合和传感器集成之间的界限非常模糊，有时这两个术语可以互换使用。还有学者将多传感器融合描述为多传感器集成过程的一部分，这个过程是指协同使用多个传感器来改善系统整体的运行情况，包括传感器规划和传感器架构。多传感器规划负责传感器数据的获取，而多传感器架构负责系统中数据处理和数据流的组织，并将多传感器融合定义为来自多个传感器的数据组合成一个连贯一致的内部表示或动作的过程。

一些文献中还存在许多其他关于数据融合的定义，例如，有将数据融合定义为"处理多个来源的数据和信息的自动检测、关联、估计和组合的多层次、多方面的过程"，这个定义可以应用于包括遥感在内的多个不同领域。Bostrom 等人[9]对许多数据融合定义进行回顾和讨论，基于先前已确定工作的优缺点，提出了信息融合的原则性定义："信息融合是研究一种有效方法，可以自动或半自动地将来自不同来源和不同时间点的信息转换为人类或自动化决策提供有效支持的表示形式"。

文献中还存在关于融合系统的各种概念。最常见的融合系统概念是 JDL 模型[10]。JDL 模型分类基于输入数据和输出数据，起源于军事领域。最初的 JDL 模型在 4 个不断增加的抽象级别（对象、情境、影响和过程细化）中考虑融合过程。尽管 JDL 模型很受欢迎，但它也有许多缺点，例如限制太多，仅特别适合于军事应用。JDL 形式化的重点是数据（输入/输出），而不是处理。还有一种模型是 Dasarathy 的框架，它从软件工程的角度将融合系统视为以输入/输出以及功能（过程）为特征的数据流。一个关于融合系统的一般概念是 Goodman 等人[11]的工作，该工作基于随机集的概念。该框架的独特之处在于，它能够将决策不确定性与决策本身结合起来，并提出一个完全通用的不确定性表示方案。Kokar 等人提出了一个最抽象的融合框架，这种形式化是基于范畴理论的，并且被认为具有足够的通用性，可以捕获各种融合，包括数据融合、特征融合、决策融合和关系信息融合，它可以被认为是发展形式化融合理论的第一步。这项工作的主要创新之处在于能够表达多源信息处理的所有方面，即数据和数据处理。此外，它允许处理元素（算法）以可测量和可证明的性能进行一致的组合。这种融合的形式化为将形式化方法应用于融合系统的标准化和自动化开发铺平了道路。

本章将传感器数据融合定义为"用于将传感器数据或从感官数据中获得的数据组合成一种通用的表示格式的理论、技术和工具"。在执行传感器融合时，目标是提高信息的质量，以便在某种程度上比单独使用数据源更好。上述定义意味着传感器数据或从传感器数据获得的数据，由多个必须组合的测量值组成。当然，多重测量可以由多个传感器产生。然而，该定义还包括由单个传感器在不同时刻产生的多次测量。多传感器数据融合的一般概念类似于人类和动物结合多种感官、经验和推理能力来提高生存机会的方式。多传感器数据融合的基本问题是确定组合多传感器数据输入的最佳程序。

本章所采用的观点是，将多个信息源与一个特定的信息相结合，最好在一个统计框架内进行处理。统计方法的主要优点是采用显式概率模型来描述考虑到潜在不确定性的传感器和信息源之间的各种关系。贝叶斯方法为我们提供了一种可能，以数学术语表述多传感器数据融合问题，并对问题中所有未知数的不确定性进行了评估。

## 6.1.2 多传感器数据融合的分类

多传感器数据是指有效利用多传感器资源，获取有关被探测目标和环境相关的最准确和最不准确（不确定和未知）的数据。多传感器数据的不确定性决定了数据融合的复杂性和分类的多样性。

**传感器数据融合的方法**

传感器数据融合的方法可以大致分为压缩融合、统计融合、特征融合、知识融合。

(1) 压缩融合　数据压缩过程通过使用特定的压缩模型来实现，输入数据通常被转换为类似于基和系数的表示形式。经过压缩和转换的数据消除了冗余信息，有效地降低了规模。它可以根据所需的精度进行反变换并重建，以恢复近似的原始数据结果。压缩融合是实现数据可视化的重要手段，数据可视化是数据研究和分析的主要方法[12]。

(2) 统计融合　在多传感器系统中，每个传感器的可靠性直接影响融合结果。统计融合是利用统计方法理论模糊每个传感器的可靠性，计算其综合可靠性，然后进行数据融合。该方法计算简单，结果相对稳定[13]。

(3) 特征融合　特征融合即融合数据的特征。特征融合的前提是特征提取。特征也称为目标特征，是指不同传感器获得的反映同一目标的数据中携带的目标的各种特征。特征提取是指对数据进行各种数学变换的过程，以获得数据中包含的间接目标特征[14]。

(4) 知识融合　知识融合是通过相互作用和支持来自不同来源的知识来形成新知识的过程。知识融合不仅可以融合数据和信息，还可以融合方法、经验甚至人类思维[15]。

根据融合数据的属性，多传感器数据融合可分为同质数据融合和异质数据融合。

(1) 同质数据融合　它是多个相同传感器收集的同质数据的融合过程的一致表示（解释和描述），也称为多传感器同质数据融合。

(2) 异质数据融合　它是多个不同传感器收集的异质数据进行一致表示（解释和描述）的过程，也称为多传感器异质数据融合。

根据融合数据的抽象层次，多传感器数据融合分为信号级数据融合、特征级数据融合和决策级数据融合。多传感器数据融合与经典信号处理（单传感器信号）有本质区别。多传感器数据具有复杂的形式和不同的抽象级别（信号级别、特征级别和决策级别）。

(1) 信号级数据融合　信号级数据融合是指在原始数据层上的融合，即直接对各传感器的原始测量和报告数据进行集成和分析，无须预处理。其优点是可以维护尽可能多的野外数据，比其他融合级别更丰富、完整、可靠。缺点是信号级数据融合前必须进行精确配准，处理数据量大，处理时间长，实时性差。信号级数据融合是融合的最低级别，但可以提供最佳决策或最佳识别。它通常用于多源图像合成、图像分析和理解。

(2) 特征级数据融合　首先从每个传感器的原始数据中提取特征（方向、速度、目标边缘等），然后对特征信息进行综合分析和处理，属于中间级融合。特征级数据融合实现了良好的信息压缩，有利于实时处理；提取的特征与决策分析相关，因此融合结果可以最大限度地为决策分析提供特征信息。特征级数据融合分为目标状态数据融合和目标特征融合。目标状态数据融合主要实现参数相关和状态向量估计，主要应用于多传感器目标跟踪领域。目标特征融合利用相应的模式识别技术，在特征层进行联合识别，要求在融合前对特征进行关联，并将特征向量分类为有意义的组合。

（3）决策级数据融合　决策级数据融合是高层融合，融合结果是指挥控制决策的基础。在这一级融合过程中，每个传感器首先对同一目标建立初步判断和结论，然后对每个传感器的决策进行相关处理，最后进行决策级融合处理，以获得最终的联合判断。决策级融合具有良好的实时性和容错性，但其预处理成本较高。目前，基于网络的信号或信息处理通常采用这种级别的数据融合[16]。

根据融合数据的时间向量和空间向量，多传感器数据融合可以分为时间融合、空间融合和时空融合：

1）时间融合是指对系统中某一传感器的时域数据进行融合处理。
2）空间融合是指系统中的传感器在同一采样时间对相关目标的测量值进行融合处理。
3）时空融合是指对系统中传感器的相关目标在一段时间内的测量值进行融合处理。

### 6.1.3 多传感器数据融合的应用

多传感器数据融合旨在克服单个传感器的局限性，并基于多传感器信息产生准确、稳健和可靠的状态估计。多传感器数据融合因其在许多应用中可预见的优点而吸引了学术界和工业界的研究人员。这些优点包括但不限于提高测量的置信度和可靠性，扩展空间和时间覆盖范围，以及减少数据缺陷。Mitchell列举了多传感器数据融合的4个主要优点：信息表示的粒度更大；数据和结果的确定性；消除噪声和误差，提高精度；允许更完整地查看环境[17]。多传感器数据融合的这些可预见的优点使其在各种军事和民用应用中具有广泛的适用性。

军事应用包括自动目标识别（例如智能武器）、自动车辆导航、遥感、战场监视和自动威胁识别系统，如敌我识别（Identification Friend or Foe，IFF）系统。非军事应用包括生产过程监控、基于状态的复杂机械的维护、机器人和医疗应用。组合或融合数据的技术来自一系列更传统的学科，包括数字信号处理、统计估计、控制理论、人工智能和经典数值方法[18]。历史上，数据融合方法主要用于军事应用。然而近年来，这些方法已应用于民用领域，并开始了双向技术转让。下面介绍一些该领域的军事和工业应用。

**1. 在军事领域的应用**

数据融合是一项成熟的军事技术，可用于多种军事应用。这些军事应用包括监视、异常检测和行为监测、目标跟踪、目标交战能力改善、火力控制和地雷探测等。例如，现代军事指挥与控制系统越来越多地使用数据融合和资源管理技术和工具。通过减少现有信息中的不确定性并提供推断缺失信息的方法，数据融合支持决策者汇编和分析战术/作战图，并最终提高他们的态势感知。

国防部关注动态实体（如发射器、平台、武器和军事单位）的位置、特征化和识别问题。这些动态数据通常被称为作战顺序数据库或作战顺序显示（如果在地图上显示）。除了实现作战顺序数据库外，国防部用户还寻求有关敌军情况的更高层次推断，例如实体之间的关系及其与环境和更高层次敌军组织的关系）。国防部相关应用的例子包括海洋监视、空对空防御、战场情报、监视和目标捕获以及战略预警和防御。这些军事应用中的每一项都涉及一个特定的焦点、一套传感器、一组期望的推断和一组独特的挑战。

海洋监视系统旨在探测、跟踪和识别基于海洋的目标和事件，例如支持海军战术舰队作战的反潜作战系统和引导自主车辆的自动化系统。传感器套件包括雷达、声呐、电子情报、通信流量观测、红外和合成孔径雷达（Synthetic Aperture Radar，SAR）观测。海洋监视的监视范围可能包括数百海里，重点是空中、地面和地下目标，可以涉及多个监视平台，并且可以跟踪多个目标。海洋监视面临的挑战包括大监视量、目标和传感器的组合以及复杂的信号传播环境，尤其是水下声呐传感。

军方开发了空对空和地对空防御系统，用于探测、跟踪和识别飞机、防空武器和传感器。这些防御系统使用雷达、被动电子支援措施、红外敌我识别传感器、光电图像传感器和视觉（人类）观测等传感器。这些系统支持反空袭、作战集结命令、分配飞机进行突袭、确定目标优先级、路线规划和其他活动。这些数据融合系统面临的挑战包括敌方对抗、快速决策的需要以及目标-传感器配对的潜在大型组合。敌我识别系统面临的一个特殊挑战是需要自信地、非合作地识别敌机。武器系统在全世界的扩散导致武器的国家来源与使用武器的战斗人员之间几乎没有关联。

战场情报、监视和目标捕获系统试图探测和识别潜在的地面目标，例如地雷的位置和自动目标识别，如图 6.2 所示。传感器包括通过 SAR 的空中监视、被动电子支援措施、照片侦察、地面声学传感器、遥控飞行器、光电传感器和红外传感器。寻求的关键推论是支持战场态势评估和威胁评估的信息。

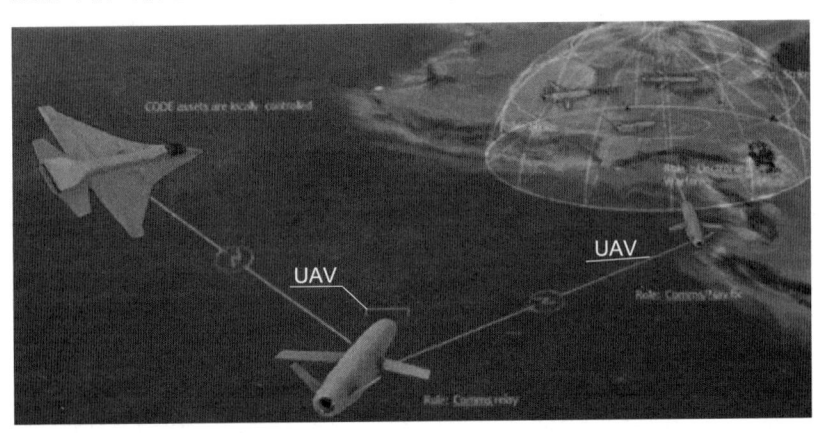

图 6.2 使用数据融合技术的无人机在军事领域的应用

## 2. 在非军事领域的应用

数据融合的非军事应用示例包括空中交通管制、医疗保健、语音检测、移动机器人导航、移动机器人定位、智能交通系统、遥感、环境监测和态势感知，如图 6.3 所示。例如，有文献描述了一种带有预滤波和后滤波的贝叶斯方法，用于处理移动机器人局部定位中的数据不确定性和不一致性。机器人定位解决方案大致可分为相对位置测量（航位推算）和绝对位置测量。对于前者，机器人的位置是通过应用到先前确定的位置来估计的，该位置包括自该位置起行驶的路线和距离。对于后者，通过测量 3 个或 3 个以上主动发射信标的入射方向，使用人工或自然地标，或使用模型匹配来估计机器人的绝对位置。这些技术提供的数据结果总是会有误差，因此多传感器数据融合的概念通常用于解决数据的各种不完善方面，并产生更准确的机器人位置估计。

图 6.3　多传感器数据融合实现智能交通系统

在学术界、商业界和工业界中，数据融合解决了机器人技术的实施、工业制造系统的自动化控制、智能建筑的开发和医疗应用等问题。与军事应用一样，每种应用都有一组特定的挑战和传感器套件，以及一个特定的实施环境，目前已经开发了遥感系统来识别和定位实体。例如，监测农业资源的系统（如监测作物的生产力和健康状况）、确定自然资源的位置以及监测天气和自然灾害。这些系统主要依赖于使用多光谱传感器的图像系统，这种处理系统主要由自动图像处理控制，使用了多光谱图像，如陆地卫星系统。一种常用于多传感器图像融合的技术涉及自适应神经网络，多图像数据逐像素处理，并输入到神经网络，以自动分类图像内容。颜色通常与作物类型、植被或对象类别相关，人类分析员可以很容易地解释产生的颜色合成图像。多图像数据融合的一个关键挑战是协同配准，该问题要求两张或多张照片对齐，以便以这样的方式覆盖图像，即每张照片上的对应图片元素（像素）代表地球上的相同位置（即每个像素代表从观察者的角度看的相同方向）。图像传感器是非线性的，并且在观察到的三维空间和二维图像之间执行复杂变换，这一事实加剧了这种共配准问题。

多传感器数据融合还应用于复杂机械设备如涡轮机械、直升机齿轮系或工业制造设备的监控。例如，对于传动系应用，可以从加速度计、温度计、油屑监测器、声学传感器和红外测量中获取传感器数据。在线状态监测系统将试图结合这些观察结果识别故障前兆，如异常齿轮磨损、轴错位或轴承故障。使用这种基于状态的监控有望降低维护成本，提高安全性和可靠性，此类系统正开始针对直升机和其他平台设计开发。

## 6.2　数据融合的目标、原理及层次

### 6.2.1　数据融合的目标

多传感器数据融合的主要目标是提高协同过程中信息输出的质量[19]。严格地说，协同并不需要使用多个传感器。其原因是单个传感器产生的数据在时间序列上可能会产生协同效应。然而，使用多个传感器可以在几个方面增强协同效应，包括增加空间和时间覆盖，增加对传

感器和算法失效的鲁棒性，更好的噪声抑制和提高估计精度。下面给出了几个例子[20]：

1) 多模态生物识别系统。在生物识别系统中，依赖单一生物特征的生物识别系统通常具有较高的错误率，这是由于在大多数生物特征中缺乏完整性或普遍性。例如，指纹并不是真正通用的，因为不可能从手有残疾的人、指尖有许多割伤和擦伤的体力劳动者或手指非常油腻、干燥的人身上获得高质量的指纹。而多模态生物特征传感器系统通过融合来自多个特征的信息解决了单一特征所带来的局限性问题。

2) 多摄像机监视系统。随着社会对安全需求的不断增长，许多环境中对监视活动的需求也在不断增加。例如，可以通过使用单一的窄视场摄像机对某个区域进行定期扫描来实现对广域城市场所的监控。然而，单一摄像机的时间覆盖范围受到每次扫描所需时间的限制。通过使用多个摄像机，减少了扫描之间的平均间隔时间，从而增加了时间覆盖。

3) 多模态医学成像。在医学领域，通过磁共振成像、计算机断层扫描和正电子发射断层扫描获得的图像可以进行多传感器数据融合。这种融合使外科医生能够在观察"软组织"信息的同时，结合"骨骼""功能"或"生理信息"，提供更全面的医学诊断和治疗方案。

从广义上讲，多传感器数据融合可以通过4种方式提高系统性能[21]：

（1）表示性　在融合过程中或最后获得的信息具有比每个输入数据集更高的抽象级别或粒度。新的抽象级别或新的粒度为数据提供了比每个初始信息源更丰富的语义。

（2）确定性　如果 $V$ 是融合前的传感器数据，$p(V)$ 是融合前数据的概率，那么确定性的增益是融合后 $p(V)$ 的增长。如果 $V_F$ 表示融合后的数据，那么我们期望 $p(V_F) > p(V)$。

（3）准确性　融合后数据的标准偏差小于源直接提供的标准偏差。如果数据有噪声或错误，则融合过程会尝试减少或消除噪声和错误。通常，增益的准确性和确定性是相关的。

（4）完整性　将新信息添加到当前环境知识中，可以获得更完整的环境视图。一般来说，如果信息是冗余和一致的，也可以提高准确性。

## 6.2.2 数据融合的原理

由于多传感器数据融合问题是双传感器问题的一个直接推广，因此这里只介绍双传感器数据融合的原理，以便于读者理解[22]。

在双传感器的情况下，假设对与目标的某些属性相关的假设 $A$ 感兴趣，已知来自第一个传感器的数据 $D_1$ 和来自第二个传感器的数据 $D_2$，问题是确定数据 $D_1$ 和 $D_2$ 在多大程度上支持假设 $A$。因此，在获得数据 $p(A|D_1D_2E)$ 之前，必须计算给定 $D_1$ 和 $D_2$ 以及与 $A$ 相关的所有先验信息 $E$ 的概率。但值得注意的是，信息并不总是像我们希望的那样符合需要。在实践中，通常根据物理模型计算 $p(D_1D_2|AE)$，将传感器与感兴趣的假设联系起来。

在进行上述工作之前，回顾一下概率论的规则。设 $A$ 和 $B$ 表示任意两个相容命题，那么概率论的规则如下：

$$p(AB|E) = p(A|E)p(B|AE) \tag{6-1}$$

$$p(A|E) + p(\bar{A}|E) = 1 \tag{6-2}$$

$$p(A+B|E) = p(A|E) + p(B|E) - p(AB|E) \tag{6-3}$$

逻辑积是可交换的，因此 $AB = BA$，$p(AB|E) = p(BA|E)$。由式（6-1）得到

$$p(A|E)p(B|AE) = p(B|E)p(A|BE) \tag{6-4}$$

$$p(A|BE) = \frac{p(A|E)p(B|AE)}{p(B|E)} \qquad (6\text{-}5)$$

式（6-5）称为贝叶斯定理，请注意，它来自于逻辑乘积的交换性。

将式（6-5）应用于前面提出的问题：

$$p(A|D_1D_2E) = \frac{p(A|E)p(D_1D_2|AE)}{p(D_1D_2|E)} \qquad (6\text{-}6)$$

对于式（6-6）的每个部分，做出如下的解释：①在给定数据 $D_1$ 和 $D_2$ 以及先验信息的情况下，$p(A|D_1D_2E)$ 称为 $A$ 的后验概率；②$p(A|E)$ 通常被称为 $A$ 的前导，有时被称为 $A$ 的先验概率；③因为 $D_1$ 和 $D_2$ 代表一个实验的结果，所以 $p(D_1D_2|AE)$ 被称为 $D_1$ 和 $D_2$ 的抽样分布；④虽然 $p(D_1D_2|E)$ 是 $D_1$ 和 $D_2$ 的先验概率，但它的作用更多地被视为一个归一化因子。接下来要说明的是，通常是如何计算 $p(D_1D_2|E)$ 的。引入一组详尽且互斥的命题 $A_1,\cdots,A_n$，经过正确的选择后得到 $p(A_i|E)$ 和 $p(D_1D_2|A_iE)$。通常，式（6-6）中的 $A$ 将属于这个集合。在下文中，使用布尔代数 $\sum A_i = 1$，对于 $i \neq j$，$A_iA_j = 0$，和式（6-1）中的乘积法则，则

$$\begin{aligned} p(D_1D_2|E) &= p(D_1D_21|E) \\ &= p\left(D_1D_2\sum_{i=1}^{n}A_i \Big| E\right) \\ &= p\left(\sum_{i=1}^{n}D_1D_2A_i \Big| E\right) \\ &= \sum_{i=1}^{n}p(D_1D_2A_i|E) \\ &= \sum_{i=1}^{n}p(A_i|E)p(D_1D_2|A_iE) \end{aligned} \qquad (6\text{-}7)$$

这个结果通常被称为链式法则，而引入穷举命题的集合有时被称为"扩展对话"——它有点类似于量子理论中使用的中间状态的总和。

回到式（6-6）中，我们认为 $p(D_1D_2|AE)$ 的赋值将引入问题的物理性质。由于数据 $D_1$ 和 $D_2$ 分别到达中央处理器，因此需要将 $p(D_1D_2|AE)$ 进行分解：

$$p(D_1D_2|AE) = p(D_1|AE)p(D_2|D_1AE) \qquad (6\text{-}8)$$

但结果令人失望，因为第二个因素将 $D_1$ 和 $D_2$ 联系在一起。正如所猜测的那样，这可能会构成一个相当困难的数学和概念问题，值得仔细分析。在已知 $A$ 的环境中，$D_2$ 的抽样概率分配不受 $D_1$ 知识的影响。因此

$$p(D_2|D_1AE) = p(D_2|AE) \qquad (6\text{-}9)$$

换句话说，在分配 $D_2$ 的概率时，$A$ 和 $D_1A$ 在逻辑上是等价的。在式（6-9）适用时，$D_1$ 和 $D_2$ 在逻辑上或统计上是独立的。不应将式（6-9）解释为一个物理命题，事实上 $D_1$ 和 $D_2$ 的存在都是来自于同一个物理物体（目标），尽管它们也都是由传感器表征的。要想使用除 $A$ 之外的 $D_1$ 的知识来分配 $D_2$，不得不调用式（6-9）。

将式（6-8）和式（6-9）代入式（6-6），可得

$$p(A|D_1D_2E) = \frac{p(A|E)p(D_1|AE)p(D_2|AE)}{p(D_1D_2|E)} \qquad (6\text{-}10)$$

式（6-10）中的第一个因素只依赖于先验信息，通常会在确定了两个抽样分布后进行分析。

### 6.2.3 数据融合的层次

多传感器数据融合原理已被不同的研发团队用于许多不同的应用中。不同的群体使用不同的术语和定义，为了制定统一的术语，美国军方于1986年成立了实验室联合主任数据融合工作组[10]。该小组开发了数据融合词典和数据融合过程模型。尽管该模型存在局限性，并随后进行了扩展，但它对数据融合的基本理论产生了重大影响。该模型是在军事应用的背景下开发的，但也适用于其他应用。这些模块用于识别整个融合过程中涉及的过程、功能和技术的类型，实际实现不一定以这种方式划分功能和流程，而是将它们集成以执行整体融合功能，下面简要描述各个层次。

（1）信息来源　这些来源可能位于融合站点或分布式的传感器，以及可从人类或数据库获得的其他先验信息。

（2）源码预处理　该阶段执行数据预筛选并将数据分配到各个融合阶段。这样做的目的是不要让融合处理器被传入的数据所淹没，还要为其提供最为相关的及时数据。

（3）1级处理（对象细化）　在这个层次上，融合了军事目标等实体的位置、速度和身份。这种处理涉及4个基本功能：数据对齐（将数据转换为一组通用的坐标和单位）、跟踪（位置、速度和其他对象属性的细化）、数据关联（数据与对象的相关性）和识别（对象身份估计的细化）。

（4）2级处理（情况细化）　这个层次的处理试图通过使用上下文信息和赋予意义来推断对象、事件和先验信息之间的关系。

（5）3级处理（威胁细化）　在这个层次上，根据对当前形势的评估，推断对手未来的任何威胁。这一过程相当困难，因为推断不仅基于可以通过计算获得的结果，而且基于反对派的教义、战略、战术和政治环境。

（6）进程细化　这个进程是一个与其他进程相关的元进程。它通过监控其性能来控制融合进程，识别提高系统性能所需的信息，并执行与任务目标一致的传感器资源分配。

（7）数据库管理　这是融合系统的关键组成部分，所需的功能是数据检索、存储、归档、压缩、关系查询和数据保护。由于要管理的数据量大且种类多，而且需要快速检索，因此该问题相当困难。

（8）人机界面　该接口提供了人机交互的方法。人机通信的例子包括来自操作员的指令、信息请求和人类对融合系统产生的结果的评估。计算机传递给人的信息包括警报和结果的显示。

JDL模型的每个组件都可以进一步细分为多个功能块，并且可以采用不同的数学方法实现。例如，1级处理可能涉及4个功能块，即数据对齐、跟踪、数据关联和识别。每个功能块可以使用一种或多种数学方法来实现该功能。例如，数据关联可以使用选通、多假设跟踪等技术。JDL模型被广泛用作军事和非军事应用中数据融合过程的概念框架，但它也有局限性，例如它不能很好地处理图像融合问题。

根据多传感器数据融合的原理，抛弃应用对象，并对JDL信息融合模型进行改进（Steinberg1999年版）[10]，得到了一个广义的多传感器数据融合模型，由数据源、数据融合、人机交互和数据库管理系统等组成，其功能和关系如图6.4所示。

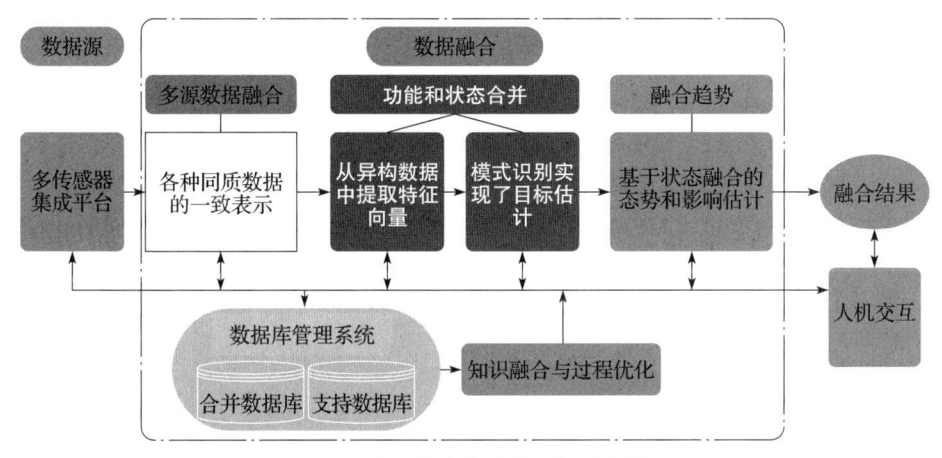

图 6.4 广义的多传感器数据融合模型

## 6.3 多传感器数据融合的方法

对于多传感器数据，可以使用 3 种基本的替代方法[23]：①传感器数据的直接融合；②通过特征向量表示传感器数据，并随后融合特征向量；③处理每个传感器以实现高级推断或决策，随后组合这些推断或决策。每一种替代方法都使用不同的融合技术。如果多传感器数据是相称的（即如果传感器测量相同的物理参数，如两个视觉图像传感器或两个声学传感器），则可以直接组合原始传感器数据。原始数据融合技术通常涉及经典的估计方法，如卡尔曼滤波。相反，如果传感器数据为非测量数据，则必须在特征/状态向量级别或决策级别对数据进行融合。

特征级融合涉及从传感器数据中提取具有代表性的特征，特征提取的一个例子是漫画家使用关键面部特征来表示人脸。这项技术在政治讽刺作家中很流行，它利用关键特征唤起人们对著名人物的识别。有证据证实，人类利用基于特征的认知功能来识别物体。在多传感器特征级融合的情况下，从多个传感器观测值中提取特征，并将其组合成单个串联特征向量，输入到模式识别技术（如神经网络、聚类算法或模板方法）中。决策级融合在每个传感器初步确定实体的位置、属性和身份后，结合传感器信息。决策级融合方法的示例包括加权决策方法（投票技术）、经典推理、贝叶斯推理和 Dempster-Shafer 方法[24]。

多传感器数据融合的另一类方法是使用人工智能的方法，包括模糊逻辑理论、神经网络、粗集理论、专家系统等[25]。可以预见，神经网络和人工智能等新概念、新技术在多传感器数据融合中将起到越来越重要的作用。

### 6.3.1 随机类方法

本节将介绍随机类方法，这些方法常用于传感器数据融合。随机类方法包括加权平均法、卡尔曼滤波法、多贝叶斯估计法、D-S 证据推理方法和产生式规则。这些方法在传感器数据融合中起着重要的作用。下面逐一介绍这些方法的原理和应用。

**1. 加权平均法**

加权平均法是信号级融合方法中最简单、最直观的方法，该方法将一组传感器提供的冗余信息进行加权平均，结果作为融合值，该方法是一种直接对数据源进行操作的方法。

**2. 卡尔曼滤波法**

卡尔曼滤波主要用于融合低层次实时动态多传感器冗余数据。该方法用测量模型的统计特性递推，决定统计意义下的最优融合和数据估计。如果系统具有线性动力学模型，且系统与传感器的误差符合高斯白噪声模型，则卡尔曼滤波将为融合数据提供唯一统计意义下的最优估计。卡尔曼滤波的递推特性使系统处理不需要大量的数据存储和计算。但是，采用单一的卡尔曼滤波器对多传感器组合系统进行数据统计时，存在很多严重的问题，例如：①在信息大量冗余的情况下，计算量将以滤波器维数的三次方剧增，实时性不能满足；②传感器子系统的增加使故障随之增加，在某一系统出现故障而没有来得及被检测出时，故障会污染整个系统，使可靠性降低。

**3. 多贝叶斯估计法**

贝叶斯估计为数据融合提供了一种手段，是融合静环境中多传感器高层信息的常用方法。它使传感器信息依据概率原则进行组合，测量不确定性并以条件概率表示，当传感器组的观测坐标一致时，可以直接对传感器的数据进行融合，但大多数情况下，传感器测量数据要以间接方式采用贝叶斯估计进行数据融合。

多贝叶斯估计将每一个传感器作为一个贝叶斯估计，将各个单独物体的关联概率分布合成一个联合的后验概率分布函数，通过使用联合分布函数并计算最小似然函数，提供多传感器信息的最终融合值，融合信息与环境的一个先验模型提供整个环境的一个特征描述。

**4. D-S 证据推理方法**

D-S 证据推理是贝叶斯推理的扩充，其 3 个基本要点是：基本概率赋值函数、信任函数和似然函数。D-S 方法的推理结构是自上而下的，分 3 级。第 1 级为目标合成，其作用是把来自独立传感器的观测结果合成为一个总的输出结果（ID）；第 2 级为推断，其作用是获得传感器的观测结果并进行推断，将传感器观测结果扩展成目标报告，这种推理的基础是一定的传感器报告以某种可信度在逻辑上会产生可信的某些目标报告；第 3 级为更新，各种传感器一般存在随机误差，所以，来自同一传感器的时间上充分独立的一组连续报告比任何单一报告都要可靠。因此，在推理和多传感器合成之前，要先组合（更新）传感器的观测数据。

**5. 产生式规则**

产生式规则采用符号表示目标特征和相应传感器信息之间的联系，与每一个规则相联系的置信因子表示它的不确定性程度。当在同一个逻辑推理过程中，2 个或多个规则形成一个联合规则时，可以产生融合。应用产生式规则进行融合的主要问题是每个规则的置信因子的定义与系统中其他规则的置信因子相关，如果系统中引入新的传感器，需要加入相应的附加规则。

## 6.3.2 人工智能类方法

人工智能类方法常用于传感器数据融合，包括模糊逻辑推理和人工神经网络法。这些方法利用人工智能技术来处理不确定性和非线性映射，具有很强的适应性和处理能力。下面逐一介绍这些方法的原理和应用。

### 1. 模糊逻辑推理

模糊逻辑是多值逻辑，通过指定一个 0~1 之间的实数表示真实度，相当于隐含算子的前提，允许将多个传感器信息融合过程中的不确定性直接表示在推理过程中。如果采用某种系统化的方法对融合过程中的不确定性进行推理建模，则可以产生一致性模糊推理。与概率统计方法相比，逻辑推理存在许多优点，它在一定程度上克服了概率论所面临的问题，对信息的表示和处理更加接近人类的思维方式，一般比较适合于在高层次上的应用（如决策）。但是，逻辑推理本身还不够成熟和系统化。此外，由于逻辑推理对信息的描述存在很大的主观因素，所以信息的表示和处理缺乏客观性。

模糊集合理论对于数据融合的实际价值在于其扩展到模糊逻辑领域，模糊逻辑隶属度可视为一个数据真值的不精确表示。在多传感器融合过程中，存在的不确定性可以直接用模糊逻辑表示，然后使用多值逻辑推理，根据模糊集合理论的各种演算对各种命题进行合并，进而实现数据融合。

### 2. 人工神经网络法

神经网络具有很强的容错性以及自学习、自组织及自适应能力，能够模拟复杂的非线性映射。神经网络的这些特性和强大的非线性处理能力，恰好满足了多传感器数据融合技术处理的要求。在多传感器系统中，各信息源所提供的环境信息都具有一定程度的不确定性，对这些不确定信息的融合过程实际上是一个不确定性推理过程。神经网络根据当前系统所接受的样本相似性确定分类标准，这种确定方法主要表现在网络的权值分布上，同时可以采用学习算法来获取知识，得到不确定性推理机制。利用神经网络的信号处理能力和自动推理功能，实现了多传感器数据融合。

常用的数据融合方法依具体的应用而定，并且由于各种方法之间的互补性，实际应用中常将 2 种或 2 种以上的方法组合进行多传感器数据融合。

## 本章习题

1. 什么是多传感器数据融合？
2. 多传感器数据融合可分为哪些类别？
3. 多传感器数据融合在军事领域有哪些应用？
4. 多传感器数据融合在非军事领域有哪些应用？
5. 多传感器数据融合的主要目标是什么？
6. 多传感器数据融合提高系统性能的 4 种方式是什么？
7. 简述多传感器数据融合的层次。
8. 请画出广义的多传感器数据融合模型。
9. 多传感器数据融合的方法是什么？
10. 请简单谈谈你对多传感器数据融合的理解。

## 参考文献

[1] LIGGINS M E, HALL D L, LLINAS J. Handbook of multisensor data fusion: theory and practice [M]. 2nd. Karabas: CRC Press, 2017.

[ 2 ] FADADU S, PANDEY S, HEGDE D, et al. Multi-view fusion of sensor data for improved perception and prediction in autonomous driving [C] //Proceedings of the IEEE/CVF Winter Conference on Applications of Computer Vision. New York: IEEE, 2022: 2349-2357.

[ 3 ] CIUONZO D, ROSSI P S, VARSHNEY P K. Distributed detection in wireless sensor networks under multiplicative fading via generalized score tests [J]. IEEE Internet of things journal, 2021, 8 (11): 9059-9071.

[ 4 ] RUCCO R, SORRISO A, LIPAROTI M, et al. Type and location of wearable sensors for monitoring falls during static and dynamic tasks in healthy elderly: a review [J]. Sensors, 2018, 18 (5): 1613.

[ 5 ] JAIN R, KASTURI R, SCHUNCK B G. Machine vision [M]. New York: McGraw-hill, 1995.

[ 6 ] LAHAT D, ADALI T, JUTTEN C. Multimodal data fusion: an overview of methods, challenges, and prospects [J]. Proceedings of the IEEE, 2015, 103 (9): 1449-1477.

[ 7 ] WANG P, YANG L T, LI J, et al. Data fusion in cyber-physical-social systems: state-of-the-art and perspectives [J]. Information fusion, 2019, 51: 42-57.

[ 8 ] ALONSO S, PÉREZ D, MORÁN A, et al. A deep learning approach for fusing sensor data from screw compressors [J]. Sensors, 2019, 19 (13): 2868.

[ 9 ] BOSTRÖM H, ANDLER S F, BROHEDE M, et al. On the definition of information fusion as a field of research [J]. Neoplasia, 2007, 13 (2): 98-107.

[ 10 ] STEINBERG N, BOWMAN C L, WHITE F E. Revisions to the JDL data fusion model [M]. Bellingham: SPIE, 1999.

[ 11 ] GOODMAN R, MAHLER R P, NGUYEN H T. Mathematics of data fusion [M]. Berlin: Springer, 1997.

[ 12 ] NING Z, JINFU Z. Study on image compression and fusion based on the wavelet transform technology [J]. International journal on smart sensing and intelligent systems, 2015, 8 (1): 480-496.

[ 13 ] MOHEBI, FIEGUTH P. Statistical fusion and sampling of scientific images [C] //Proceedings of the 2008 15th IEEE International Conference on Image Processing. New York: IEEE, 2008.

[ 14 ] SUN Q S, ZENG S G, LIU Y, et al. A new method of feature fusion and its application in image recognition [J]. Pattern recognition, 2005, 38 (12): 2437-2448.

[ 15 ] GARNER B, LUKOSE D. Knowledge fusion [C] //Proceedings of the 1992 Workshop on Conceptual Structures: Theory & Implementation. [S. l.]: [s. n.], 1992.

[ 16 ] GOEL S, PATEL A, NAGANANDA K. G. et al. Robustness of the counting rule for distributed detection in wireless sensor networks [J]. IEEE Signal processing letters, 2018, 25 (8): 1191-1195.

[ 17 ] KHALEGHI B, KHAMIS A, KARRAY F. O, et al. Multisensor data fusion: a review of the state-of-the-art [J]. Information fusion, 2013, 14 (1): 28-44.

[ 18 ] HALL D L, LLINAS J. An introduction to multisensor data fusion [J]. Proceedings of the IEEE, 1997, 85 (1): 6-23.

[ 19 ] DURRANT-WHYTE H, HENDERSON T C. Multisensor data fusion [J]. Springer handbook of robotics, 2016: 867-896.

[ 20 ] PAU L F. Sensor data fusion [J]. Journal of intelligent and robotic Systems, 1988, 1: 103-116.

[ 21 ] MITCHELL H. B. Multi-sensor data fusion: an introduction [M]. Berlin: Springer Science & Business Media, 2007.

[ 22 ] HALL D L, MCMULLEN S. A H. Mathematical techniques in multisensor data fusion [M]. London: Artech House, 2004.

[23] RUSSO F, RAMPONI G. Fuzzy methods for multisensor data fusion [J]. IEEE Transactions on instrumentation and measurement, 1994, 43 (2): 288-294.

[24] PRABHAKAR S, JAIN A K. Decision-level fusion in fingerprint verification [J]. Pattern recognition, 2002, 35 (4): 861-874.

[25] BLASCH E, PHAM T, CHONG C Y, et al. Machine learning/artificial intelligence for sensor data fusion-opportunities and challenges [J]. IEEE Aerospace and electronic systems magazine, 2021, 36 (7): 80-93.

CHAPTER 7

# 第 7 章

# 网络化智能协作感知

本章将探讨网络化智能协作感知的基本原理和关键技术。7.1 节将介绍传感器网络与无线传感器网络（Wireless Sensor Network，WSN）的基础知识，包括传感器网络的基本概念和特点，以及无线传感器网络的工作原理和架构。通过这些基础内容的学习，读者将理解网络化感知的基本框架。

7.2 节将深入探讨协作感知的核心内容。详细分析单空间内的协作感知机制，然后拓展到从单空间到跨空间的协作感知方法。通过这些内容的学习，读者将掌握不同场景下协作感知的基本原理和实现方式。

通过本章的学习，读者将系统理解网络化智能协作感知的基本理论和实现技术，掌握从单一传感器网络到多空间协作感知的完整知识体系。

## 7.1 传感器网络与无线传感器网络

在过去的二十年里，无线通信和传感器技术发展迅速。随着微处理器和软件架构的进步，预计无线传感器网络将成为许多未来应用的一部分[1]。根据集成的级别，无线传感器网络可以是基于任务的独立系统，也可以是应用程序的支持服务。前者是传统无线传感器网络的研究领域，后者是现代网络应用设计的一个研究领域。它流行的原因之一是智能手机的普及。智能手机的强大之处在于它内置了传感器，并安装了小型应用程序。由于传感器和应用程序的集成，新型应用程序正在逐渐进入人们的视野。智能手机的概念可以推广到智能设备上。智能设备能够从环境中收集数据、处理数据以产生有用的信息，并通过网络交换信息。智能设备的移动性进一步扩展了其应用范围。它使装置能够灵活定位，准确及时地收集数据。

### 7.1.1 传感器网络

智能与传感器网络的结合分为两大类。第一类是用智能方法解决传感器网络问题，第二类是结合传感器网络设计智能应用程序。

前者可以从两个方面考虑：传感器网络问题和智能方法。传感器网络问题大多与无线传感器网络有关。由于无线传感器网络的设计需要在一些极端情况下工作，部署、功耗、通信等都是临时、有限、不稳定的。为了使传感器网络能够高效地传递信息，必须满足和优化特定应用的需求。然而，由于各种非线性环境因素的影响，很难对无线传感器网络问题进行精确建模。因此，不太可能应用传统的线性工具来优化网络。采用智能方法解决非线性问题是一种新的选择。目前已发展起来的方法有神经网络、模糊逻辑、进化算法等。通过将一种或多种方法应用于无线传感器网络问题，并通过牺牲计算复杂度来找到最优解。

后一类包含一些新兴的应用场景。在常规的应用程序中，输入数据由设计的数据源或用户输入提供。输入方案有一些限制，例如，输入数据定义明确但不灵活，计算机控制台限制用户输入数据，因此很难从用户侧获得各种实时响应。这种情况在最近几年有所改变。随着智能手机的普及，智能手机成了用户的一种新型输入设备。智能手机可以向应用传送各种信息，例如用户输入值（键入或点击的值）、感测到的环境值（全球定位系统（Global Positioning System，GPS）或加速度读数）或行为参数（各方面的使用统计）。一个有趣的特性是，当用户携带智能手机时，往往会近乎实时地进行反馈。智能手机的例子可以扩展到其他智能设备，如车辆中的传感器和微处理器。对于近乎实时的输入数据，数据模型可能与传统程序中的数据模型有很大不同。因此，开发智能方法对各种传感数据进行实时处理的需求日益凸显。

## 7.1.2 无线传感器网络

接下来将讨论无线传感器网络的定义、设计问题、结构、能耗问题以及安全问题。先来回顾一下无线传感器网络的定义。

**1. 无线传感器网络的定义**

无线传感器网络可以被定义为一种自配置、无基础设施的无线网络，用于监测物理或环境条件，如温度、声音、振动、压力、运动或污染物，并通过网络将它们的数据协同地传送到可以观察和分析数据的主要位置或汇点。接收器或基站就像用户和网络之间的接口。人们可以通过插入查询并从接收器收集结果来从网络检索所需的信息。通常，无线传感器网络包含数十万个传感器节点。传感器节点之间可以使用无线电信号进行通信。无线传感器节点配备有传感和计算设备、无线电收发器和电源组件。无线传感器网络中的各个节点具有固有的资源约束：它们的处理速度、存储容量和通信带宽都是有限的。在部署传感器节点之后，它们负责自组织适当的网络基础设施，通常与它们进行多跳通信。然后，机载传感器开始收集感兴趣的信息。无线传感器设备还响应从"控制站点"发送的查询，以执行特定指令或提供传感样本。传感器节点的工作模式可以是连续的，也可以是事件驱动的。全球定位系统（GPS）和本地定位算法可用于获取位置和定位信息。无线传感器设备可以配备致动器，以便在特定条件下"行动"。这些网络有时更具体地称为无线传感器和执行器网络，如文献[1]中所述。

**2. 一种无线传感器网络的设计问题**

传感器网络的部署存在许多挑战。首先，传感器节点在没有基础设施的情况下会通过无线有损线路进行通信。其次，另一个挑战与传感器节点中有限且通常不可再生的能源供应有关。为了最大化网络的寿命，需要从一开始就以有效管理能源为目标来设计协议。下面详细地讨论各个设计问题。

1）容错：传感器节点易受攻击，因为它们经常部署在危险环境中。节点可能会因硬件故障、物理损坏或能源耗尽而失效。传感器网络中的节点故障通常比有线或基于基础设施的无线网络高得多。因此，传感器网络所采用的协议应具备快速故障检测能力，并足够健壮，在出现大量节点故障的情况下，仍能保持网络的整体功能。这与路由协议设计特别相关，路由协议设计必须确保在数据传输过程中有备用路径，以便在需要时重新路由数据包。不同的部署环境有不同的容错要求。

2）可扩展性：传感器网络的规模从几个节点到潜在的几十万个节点不等。此外，部署密度也是可变的。为了收集高分辨率数据，节点密度可能达到一个节点在其传输范围内有数千个邻居的水平。传感器网络中部署的协议需要能够扩展到这些级别，并且能够保持足够的性能。

3）生产成本：在许多部署模型中，传感器节点被视为一次性设备。为了使传感器网络在成本上具备竞争力，单个传感器节点的成本生产必须足够低。理想情况下，传感器节点的目标价格应该低于 1 美元，以便能够与传统的信息收集方法竞争。

4）硬件约束：每个传感器节点至少需要一个传感单元、一个处理单元、一个传输单元和一个电源。可以选择节点具有几个内置传感器或附加设备，例如定位系统，以实现位置感知路由。但是，每增加一项功能都会带来额外的成本，并增加节点的功耗和物理大小。因此，附加功能需要始终与成本和低功耗要求相平衡。

5）传感器网络拓扑：虽然无线传感器网络在许多方面都有所发展，但在能量、计算能力、内存和通信能力方面仍然受限。在这些限制中，能耗是最关键的。因此，大量的算法、技术和协议已被开发，以节省能源并延长网络的生命周期。拓扑维护是无线传感器网络中为降低能耗而进行研究的一个重要领域。

6）传输介质：节点之间的通信通常使用常见的 ISM 频段进行无线电通信实现。然而，一些传感器网络使用光学或红外通信方式，这些方式具有抗干扰性强或无干扰的优势。

7）功耗：传感器网络的许多挑战都围绕着有限的电力资源。节点的大小限制了电池的大小，因此软件和硬件设计需要仔细考虑能源高效利用的问题。例如，数据压缩可能会减少用于无线电传输所需的能量，但会增加计算和/或过滤所需的能量。能源策略还应根据应用程序的需求进行调整。在某些应用中，为了节约能源，关闭部分节点是可以接受的，而其他应用中，可能要求所有节点同时运行。

### 3. 无线传感器网络的结构

无线传感器网络的结构包括无线通信网络的不同拓扑结构。下面简要讨论适用于无线传感器网络的网络拓扑：

（1）星形网络（单点对多点） 星形网络是一种通信拓扑结构，如图 7.1 所示，其中单个基站可以向多个远程节点发送和/或接收消息，但不允许远程节点相互发送消息。这种类型的无线传感器网络的优点为简单，能够将远程节点的功耗保持在最小。它还允许远程节点和基站之间的低延迟通信。这种网络的缺点是基站必须在所有单个节

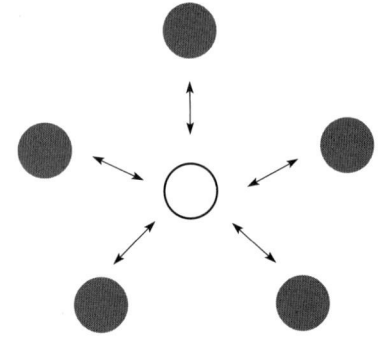

图 7.1 星形网络拓扑结构

点的无线电传输范围内，并且由于其依赖于单个节点来管理网络，所以不像其他网络那样健壮。

（2）网状网络　网状网络允许网络中的一个节点将数据传输到在其无线传输范围内的另一个节点，从而实现多跳通信，即如果一个节点想要向无线电通信范围之外的另一个节点发送消息，它可以使用中间节点将该消息转发到所需的节点，如图 7.2 所示。这种网络拓扑具有冗余性和可扩展性的优势。如果单个节点出现故障，远程节点仍然可以与其范围内的任何其他节点通信，而其他节点又可以将消息转发到所需位置。此外，网络的范围不一定受单个节点之间的范围限制，只需向系统中添加更多节点即可扩展网络范围。然而，这种网络的缺点是实现多跳通信的节点的功耗通常高于没有这种能力的节点，这往往会限制电池寿命。此外，随着到目的地的通信跳数的增加，传递消息的时间也增加，特别是在要求节点低功率操作的情况下。

（3）混合星形网状网络　星形和网状网络之间的混合提供了一个健壮和多功能的通信网络，同时保持了将无线传感器节点的功耗保持在最低水平的能力，如图 7.3 所示。在此网络拓扑中，功率最低的传感器节点没有启用转发消息的功能，这允许维持最小的功耗。但是，网络上的其他节点具有多跳功能，允许它们将消息从低功率节点转发到网络上的其他节点。一般情况下，具有多跳能力的节点功率较高，如果可能，通常会插入电源线路。这是由即将到来的称为 ZigBee 的网状网络标准实现的拓扑。

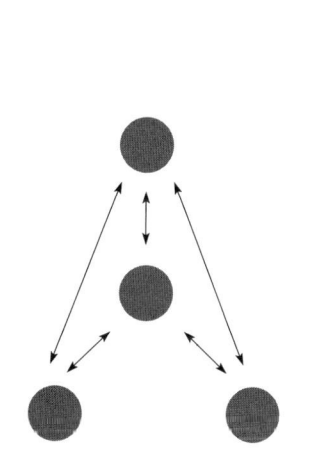

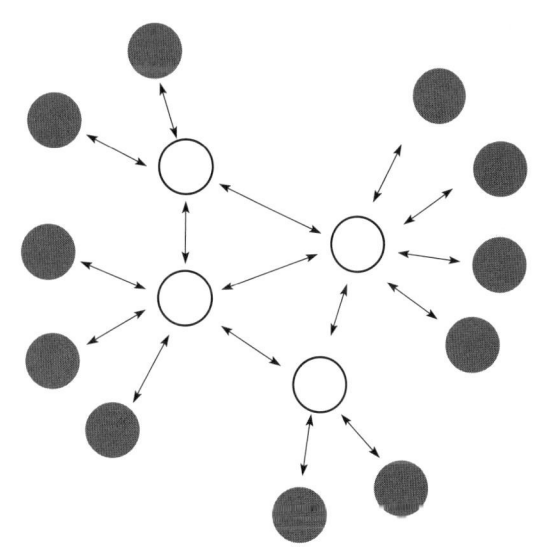

图 7.2　网状网络拓扑结构　　　　图 7.3　混合星形网状网络拓扑结构

**4. 无线传感器网络中的能耗问题**

由于传感器节点通常由电池驱动，能耗是决定传感器网络寿命的最重要因素。在传感器网络中，能量优化有时更为复杂，因为它不仅涉及降低能量消耗，还涉及尽可能延长网络的寿命。优化可以通过在设计和运行的各个方面都有能源意识来实现。这确保了能量感知也被合并到通信传感器节点组和整个网络中，而不仅仅是在单个节点中。传感器节点通常由 4 个子系统组成：

1）计算子系统：它由一个微处理器（或 MCU）组成，负责控制传感器和执行通信协议。出于电源管理的目的，MCU 通常在各种模式下运行。由于这些操作模式涉及功耗，因此在查看每个节点的电池寿命时，应考虑各种模式的能耗水平。

2）通信子系统：它由一个与相邻节点和外界进行通信的短程无线电组成。无线电可以在不同的模式下运行。为了省电，在无线电不能发送或接收时要完全关闭无线电，而不是将其置于空闲模式，这一点很重要。

3）传感子系统：它由一组传感器和执行器组成，将节点与外界联系起来。通过使用低功耗组件并以不需要的性能为代价节省电能，可以降低能耗。

4）电源子系统：它由电池或其他供电装置组成，为传感器节点的各个子系统提供所需的电力。电池的容量和性能直接决定了节点的整体工作时间。设计时需要最大限度地延长电池寿命，例如通过能量收集或节能技术。

为了最大限度地降低传感器网络的整体能耗，到目前为止，国内外已经研究了不同类型的协议和算法。如果将操作系统、应用层和网络协议设计为节能，则可以显著延长传感器网络的寿命。这些协议和算法必须了解硬件，并能够使用微处理器和收发器的特殊功能来最小化传感器节点的能量消耗，这可能推动针对不同类型的传感器节点设计的定制解决方案。不同类型的传感器节点部署也会产生不同类型的传感器网络，这可能导致无线传感器网络领域出现不同类型的协作算法。

**5. 无线传感器网络中的安全问题**

传感器网络中的安全问题取决于需要保护什么。在文献［2］中，作者定义了传感器网络的 4 个安全目标：保密性、完整性、认证性和可用性。保密性是对被动攻击者隐藏消息的能力，传感器网络上通信的消息是保密的。完整性是指确认消息在网络上未被篡改或更改的能力。认证性是需要知道消息是否来自其声称的节点，从而确定消息来源的可靠性。可用性是确定节点是否有能力使用资源，以及网络是否可供消息继续传输。当 WSN 节点使用共享密钥进行消息通信时，这一要求尤其重要。在这种情况下，潜在对手可以使用旧密钥发起重放攻击，因为新密钥正在刷新并传播到 WSN 中的所有节点[3]。为了实现新鲜度，应该将随机数或时间戳等机制添加到每个数据包中。

实现上述安全目标，不仅需要相应的加密机制和协议设计，也与传感器网络的网络拓扑和路由方案密切相关。

路由协议作为网络通信的基础，其设计直接影响数据的传输路径、时延、可靠性等，进而影响网络的整体安全性。不同的路由协议也对应着不同的网络拓扑结构。

第一类路由协议采用平面网络体系结构，其中所有节点都被视为对等节点。平面网络体系结构有几个优点，包括维护基础设施的开销最小，以及发现通信节点之间的多个路由以实现容错的潜力。

第二类路由协议对网络施加一种结构，以实现能效、稳定性和可扩展性。在这类协议中，网络节点被组织成簇，其中具有较高剩余能量的节点等承担簇头的角色。簇头负责协调集群内的活动并在集群之间转发信息。集群具有降低能耗和延长网络寿命的潜力。

第三类路由协议使用以数据为中心的方法在网络中传播兴趣。该方法使用基于属性的命名，即源节点查询现象的属性，而不是单个传感器节点。

兴趣传播是通过将任务分配给传感器节点并表达与特定属性相关的查询来实现的，可以使用不同的策略将兴趣传达给传感器节点，包括广播、基于属性的多播、地理广播和任何广播。

第四类路由协议使用位置来寻址传感器节点。在节点在网络的地理覆盖范围内的位置与源节点发出的查询相关的应用中，基于位置的路由是有用的。这样的查询可以指定可能发生感兴趣现象的特定区域或网络环境中的特定点附近。

## 7.2 协作感知

协作感知是一种概念框架，利用不同实体的各种感知和计算能力，为人类提供智能服务。根据研究所关注的数据空间，将单空间协作感知的研究历史分为3个连续的阶段：①早期基于传感器网络的物理协作；②社会网络蓬勃发展时期的网络协作；③在移动人群感知和计算出现后的社会协作。特别是，物理协作传感设备设法利用在物理空间预先部署的传感器网络的优势，它从同类传感设备（如一组摄像机）或异类传感设备（如一组摄像机和麦克风）收集数据，用于大规模监测；网络协作感知旨在从人群数字足迹中提取知识，人群数字足迹是指人们在与网络空间互动时无意识地留下的数字痕迹，以揭示人类行为与模式和社区动态。社交协作感知主要指的是移动人群感知和计算[4]，它是一种新兴的范式，它利用社交空间中用户陪伴设备的力量，旨在利用参与者的智慧提供智能社交服务。

这3种形式的研究领域都集中在单个空间（如物理空间、网络空间和社会空间）上提取知识和智力。然而，在未来不同空间的协作中，这可能是一个更有前途的研究课题。因此，我们将协作感知的视野从单一空间扩展到跨空间。跨空间协作感知建立在单个空间协作感知的基础上，将每个单独的空间视为一个数据源，并将它们之间的关系关联起来，以便更好地理解社会动态。

### 7.2.1 单空间协作感知

根据物理、网络和社会三大数据源，将单空间协作感知的发展历史划分为3种不同的模式。

**1. 物理协作感知**

它采用基于基础设施的传感器网络来协作收集和分析来自不同传感设备的数据。物理协作感知主要建立在传感器网络之上，它以基于基础设施的传感器为单元，完成复杂的感知任务，如监测大尺度空间中的物理环境。传感器网络本质上能够支持后端服务中的数据协作，研究人员可以分析部署在不同地点的不同设备上的数据，这些数据可以应用于许多方面。通常，存在同质和异质传感设备。同构设备捕获相同类型的信息，可用于传感大范围区域的温度监测等普通任务。传感器网络中的异构设备通常记录不同类型的信息，它们被融合在一起来解决复杂的传感问题。例如，交通控制系统通常不仅获取摄像机读数，还获取来自磁环的数据，以获得完整的道路网信息。在基于协作感知概念的传感器网络中，同构设备和异构设备可以相辅相成。

（1）环境监测　在早期的研究中，研究人员讨论了使用传感器网络进行环境监测的一些挑战。尤其是环境监测需要大尺度的传感能力，因为被监测的变量如空气污染信息，通常分布在一个很大的区域。Khedo 等人[5] 调查了无线传感器网络在空气污染监测中的应用,他们在毛里求斯岛上部署了大量的无线传感器,并使用空气质量指数（Air Quality Index, AQI）进行数据传感。Ghanem 等人[6] 还提出监测空气污染,他们在发现网络中使用传感器网格,并构建了一个分布式城市空气污染监测和控制系统。此外,还可以监测其他一些环境信息。Mainwaring[7] 等人对无线传感器网络在现实生活环境监测中的应用进行了深入研究。Hartung[8] 等人提出了一种多层便携式无线系统,用于监测崎岖荒野环境中的天气状况。

（2）交通管制　随着传感器在道路上的广泛应用,研究人员将传感器网络与协作式传感模式相结合,应用于车辆交通监控。据报道,目前世界道路上有 14 亿辆汽车,形成了一个复杂的道路网络。Coleri 等人[9] 提出了一种基于无线传感器网络的交通监控系统,该系统具有较高的检测精度和较低的成本,实现了 97% 的车辆检测准确率和精确的测速。Smertzidis 等人[10] 则提出了一种基于自主跟踪单元（Auto Tracking Unit, ATU）网络的自动交通监控实时视觉系统,该系统可以采集并处理来自一个或多个预定标摄像机的图像。Cheung 等人[11] 建议使用无线磁传感器网络来监测交通流量。

**2. 网络协作感知**

随着各种服务的繁荣,普通用户更容易与网络世界互动。例如,Twitter、Facebook 和 Foursquare 这样的平台正在记录用户在不同方面的行为信息。Zhang 等人[12] 将众包数字足迹识别为通用数据集,其中包含用户在与网络空间互动时无意中留下的信息。所有这些数据都在一定程度上影响了人类的行为模式,这些数据之间的协作可能会有很大的价值。

在网络协作感知中,研究人员将注意力转向挖掘社交网络中的数字足迹。特别是两种主要类型的信息被广泛考虑:用户留下的位置信息和用户生成的内容信息。位置过程和轨迹往往揭示用户的移动模式和位置偏好,而内容信息通常反映用户的情感。这些数据的协作可以很大程度上帮助我们理解社区动态。一些研究已经探索了使用数字足迹监控个人和社会行为模式的能力。Yang 等人[13] 对基于位置的社交网络（Location-Based Social Network, LBSN）中的数字足迹进行了深入的分析,并提出了海豹突击队,这是一个新粒度的偏好感知位置搜索框架；Wang 等人[14] 试图利用在线用户的数字足迹将他们聚集在一起。

此外,还有一系列作品专注于监控基于众包数字足迹的社会事件。Sakaki 等人[15] 应用用户推文检测地震。根据已有的基于众包数字足迹的网络空间研究成果,确定了以下两个有价值的研究领域。

（1）为人类行为建模　近年来,随着社交网络的蓬勃发展,科学家们试图从用户无意识释放的数字足迹中挖掘出有价值的信息。Yu 等人[16] 提出了一种基于多点兴趣点的个性化旅游套餐推荐方法,帮助用户制定旅游计划。他们从公共 LBSN 收集用户的数字足迹,并利用这些众包数据进行信息点（Point of Information, POI）发现和排名。Chen 等人[17] 也做过类似的工作。该系统结合嵌入 GPS 的出租车轨迹来绘制城市 POI 的动态图景,并构建了一种名为 TripPlanner 的新颖的出行推荐框架。

（2）监控社交事件　现实世界中的事件通常会从物理和网络空间引起社会关注。在网络世界中,用户发布或更新与社会事件相关的状态,收集这些数据可以帮助研究人员监控社会动态。为了了解社会事件的动态和人类参与社会事件的动机,他们从 Twitter 上收集个人的历史推文和地理位置信息,并应用基于高斯的回归模型来估计用户与社会事件之间的距离,这对公共安全具有重要的价值。

**3. 社会协作感知**

社会协作感知不是通过预先部署的传感器网络从物理世界收集数据,而是指大量用户使用不同类型的传感设备(如智能手机、智能手表)测量和收集数据,目的是为了社区的利益与公民共享收集到的数据。

移动电话、可穿戴设备和智能车辆等用户陪伴设备的日益普及和固有移动性加速了对从参与者感知扩展而来的快速增长的感知范式的采用,即移动群智感知和计算(Mobile Crowd-Sensing and Computing,MCSC)。通过将 MCSC 应用于社会协同感知,研究人员探索了利用人群的力量进行大规模感知的潜在价值。特别是在社会协同感知方面,研究更多地关注于鼓励和组织普通用户进行感知并提供相关数据。根据这一领域早期研究的一个分支,能够发现社会协同感知的两个主要问题:工作人员选择和任务分配。

(1)工作人员选择  工作人员选择是如何发现和选择合适的参与者进行社会协作感知的过程。智能系统应能根据传感任务的内在特点,选择合适的参与者来提高传感质量。例如,选择感测区域附近的参与者可以降低成本,而不是让其他人在很远的地方提供相应的感测数据。Reddy 等人[18]研究了招聘框架,以根据地理和时间可用性确定合适的数据收集参与者。Zhang 等人[19]提出了一种新的参与者选择框架,该框架旨在通过选择少量满足概率覆盖约束的用户来最小化激励支出。Cardonet 等人[20]研究了如何选拔工作人员,以最大限度地扩大人群感知的空间覆盖面。Chen 等人[21]把注意力放在了选择所需的数据上,在这一过程中,应用了约束驱动模型进行数据选择。

(2)任务分配  任务分配的目的是寻找任务和参与者的最有效组合,以完成与社会相关的感知任务。在现实世界中,感知任务通常是同时出现的,因此需要将一组任务分配给不同的参与者。Liu 等人[22]讨论了两种不同情况下的任务分配问题:①感知参与者是有限的感知任务;②感知参与者对于感知任务是冗余的。Guo 等人[23]提出了一种多任务分配的框架。此外,Xiao 等人[24]也提出了自己的观点,他们研究了移动社交网络中的任务分配问题,其目标是最小化平均完工时间。Song 等人[25]提出了一种面向多任务的分配策略,将任务分配给参与者的最小子集,满足了总预算约束下并发任务的信息质量要求。

## 7.2.2 从单一空间到跨空间协作感知

在大数据时代,各种软件和硬件正在产生无法估量的数据集,这激发了研究人员创造和设计新的方法来观察、分析和建模不同粒度和方面的社会动态。然而,技术满足复杂社会需求的能力已经到了没有单一数据空间可以完成所有工作的地步,在不同数据空间上的协作成为在任何级别的智能应用中取得成功的必备条件。例如,为了评估大尺度空间中的细颗粒空气污染水平,预先部署的传感器网络由于传感覆盖范围和传感粒度的限制而不够充分,如果能够结合其他空间的相关数据,比如社交空间中人的流动模式和网络空间中的在线帖子,这个问题就有可能得到解决。此外,随着传感技术和计算方法的发展,收集和融合不同空间的数据以供进一步研究成为现实。基于此,可以实现跨空间的协作感知,跨空间的数据互补为我们提供了完成复杂传感任务的巨大机会。

跨空间协作感知是在成熟的单空间协作感知的基础上发展起来的一种新兴的感知范式,

它的目标是将物理、网络、社交等不同空间的不同设备和用户的数据进行协作。它成功地打破了每个空间之间"看不见的墙",并让数据跨空间关联,从而提供比以往任何时候都更智能的服务。在现实世界的问题中,技术已经发展到没有一个实体或空间可以完成所有工作的地步,跨空间协作成为任何级别的智能问题求解系统成功的必要条件。具体地说,跨空间协作感知旨在融合物理空间、网络空间和社交空间的感知能力,利用不同空间之间的互补性来完成复杂的社会感知任务。空间的互补性是指一个空间只能捕捉到感知任务的一个方面的信息,综合不同空间的所有信息可以帮助研究人员对该任务有一个更全面的认识。为了给研究人员提供一个更好的跨空间协作感知的视角,下面列出一个通用框架,如图 7.4 所示。

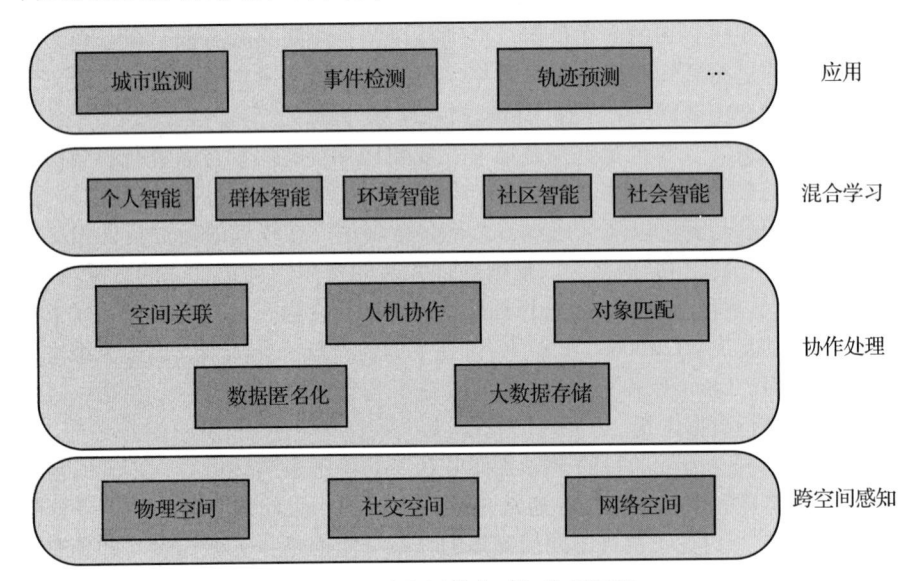

图 7.4 跨空间协作感知推理框架

该框架由四个部分组成:跨空间感知、协作处理、混合学习和应用。

**1. 跨空间感知**

这一层包含来自不同空间的同质和异质数据,不仅包括网络空间中的 Twitter 和 Foursquare 等软件,还包括配备传感器的移动、可穿戴设备等硬件,以及在设施和户外环境中广泛部署的传感器网络。具体地说,主要有三个数据空间:物理空间、社交空间和网络空间。物理空间主要贡献由预先部署的传感器记录的数据。在社会空间中,数据主要来自人类的行为,包括他们的互动和移动模式。网络空间主要提供用户在 Twitter、Facebook 和 Foursquare 等社交网络上发布或更新的数据。所有这些数据都是针对不同目的和不同的研究问题而协作收集和分析的。

**2. 协作处理**

这一层是一个包含多个功能模块的关键层,这些模块可以应用于不同的问题求解系统,但不是所有模块都是必需的。重点介绍了以下几个重要模块的功能:

(1)数据匿名化  隐私是数据感知和共享系统最关心的属性。该系统应通过在数据共享、发布或处理之前提供匿名机制来支持隐私保护。

（2）大数据存储　所有协作感知采集的数据都具有两个特点：大规模和多模态。首先，要存储和管理的数据量巨大而复杂，如城市规模的 Twitter 上的签到和推特数据。其次，在协作感知中，异构数据的属性多样性是很常见的，这导致了分析和处理上的巨大差异。因此，为了促进学习和推理方法，从不同领域收集的原始数据必须先进行转换，并以统一的方式表示，例如基于相同的词汇或本。

（3）空间关联　在跨空间感知的方式下，通常从不同的空间获取数据。然而，单个空间中的数据可能是稀疏和不完整的。因此，跨空间的协作分析能够解决这些问题。更具体地说，空间关联的目的是发现不同空间数据之间的关系，并基于来自其他空间的数据为一个空间提供智能系统。

（4）对象匹配　对象匹配是指用户和其他类型的实体可以与不同类型的网络进行交互。例如，用户可能拥有不同社交网络的几个账户。为了区分不同网络之间的实体（如社交网络用户），需要基于大规模的在线和离线传感数据设计合适的目标匹配方法。

（5）人机协作　在感知任务中，人扮演着重要角色，单纯依靠机器感知和服务于人类生活是远远不够的。人们期望机器或自动化系统能够解决尽可能多的问题，如临床决策、签名识别、人群数据采集等。然而，这些解决方案需要复杂、精细的方法。因此在这种情况下，人和机器的智能协作显得尤为重要，它能够更有效地处理具有特定知识的问题。通过这种协作，可以充分利用人类的直觉和经验，同时结合机器的计算能力，以实现更高效和准确的解决方案。

**3. 混合学习**

这一层应用不同的机器学习和数据挖掘技术，将低级数据转换为高级特征，并从问题解决中提取语义知识。具体地说，这一层的目标是发现频繁的数据模式，以获取存在于不同领域的实体（包括个人、群体、环境、社区和社会）中以集成或分布式方式存在的智能。

**4. 应用**

该层集成了多个应用程序，这些程序受跨空间协作感知的启发，并在不同领域实现，包括但不限于城市计算、移动人群感知、数据挖掘等相关专业领域。这些应用不仅为个人用户提供服务，而且通过利用前几层协作收集的数据和智能推理模型为社会整体提供支持，它们旨在提升生活质量，并推动研究技术的进步，从而实现更广泛的社会价值。

# 本章习题

1. 写出无线传感器网络中的设计问题。
2. 无线传感器网络包含哪些结构？
3. 写出无线传感器网络中的能耗问题。
4. 无线传感器网络的安全目标有哪些？
5. 写出无线传感器网络中的四类路由协议。
6. 画出无线传感器网络中的几类结构图来说明其工作原理。
7. 单空间协作感知有几种模式？分别概括其概念。
8. 跨空间协作感知有哪些组成部分？
9. 试画出跨空间协作感知推理框架。

## 参考文献

[1] AKKAYA K, YOUNIS M. A survey on routing protocols for wireless sensor networks [J]. Ad hoc networks, 2005, 3 (3): 325-349.

[2] ZIA T, ZOMAYA A. Security issues in wireless sensor networks [C] //2006 International Conference on Systems and Networks Communications. New York: IEEE, 2006: 40.

[3] SHARMA S, JENA S K. A survey on secure hierarchical routing protocols in wireless sensor networks [C] //Proceedings of the 2011 International Conference on Communication, Computing & Security. New York: ACM, 2011: 146-151.

[4] SEN J. A survey on wireless sensor network security [J]. arXiv preprint arXiv: 1011.1529, 2010.

[5] KHEDO K K, PERSEEDOSS R, MUNGUR A. A wireless sensor network air pollution monitoring system [J]. arXiv preprint arXiv: 1005.1737, 2010.

[6] GHANEM M, GUO Y, HASSARD J, et al. Sensor grids for air pollution monitoring [C] //Proceedings of the 3rd UK e-Science All Hands Meeting. [S. l.]: [s. n.], 2004, 3601-3623.

[7] MAINWARING A, CULLER D, POLASTRE J, et al. Wireless sensor networks for habitat monitoring [C] //Proceedings of the 1st ACM International Workshop on Wireless Sensor Networks and Applications. New York: ACM, 2002: 88-97.

[8] HARTUNG C, HAN R, SEIELSTAD C, et al. FireWxNet: a multi-tiered portable wireless system for monitoring weather conditions in wildland fire environments [C] //Proceedings of the 4th International Conference on Mobile Systems, Applications and Services. New York: ACM, 2006: 28-41.

[9] COLERI S, CHEUNG S Y, VARAIYA P. Sensor networks for monitoring traffic [C] //Allerton Conference on Communication, Control and Computing. New York: IEEE, 2004: 32-40.

[10] SEMERTZIDIS T, DIMITROPOULOS K, KOUTSIA A, et al. Video sensor network for real-time traffic monitoring and surveillance [J]. IET Intelligent transport systems, 2010, 4 (2): 103-112.

[11] CHEUNG S Y, ERGEN S C, VARAIYA P. Traffic surveillance with wireless magnetic sensors [C] //Proceedings of the 12th ITS World Congress. [S. l.]: [s. n.], 2005, 1917: 173181.

[12] ZHANG D, GUO B, YU Z. The emergence of social and community intelligence [J]. Computer, 2011, 44 (7): 21-28.

[13] YANG D, ZHANG D, YU Z, et al. Fine-grained preference-aware location search leveraging crowdsourced digital footprints from LBSNs [C] //Proceedings of the 2013 ACM International Joint Conference on Pervasive and Ubiquitous Computing. New York: ACM, 2013: 479-488.

[14] WANG Z, ZHANG D, ZHOU X, et al. Discovering and profiling overlapping communities in location-based social networks [J]. IEEE Transactions on systems, man, and cybernetics: systems, 2013, 44 (4): 499-509.

[15] SAKAKI T, OKAZAKI M, MATSUO Y. Earthquake shakes twitter users: real-time event detection by social sensors [C] //Proceedings of the 19th International Conference on World Wide Web Geneva: IW3CZ, 2010: 851-860.

[16] YU Z, XU H, YANG Z, et al. Personalized travel package with multi-point-of-interest recommendation based on crowdsourced user footprints [J]. IEEE Transactions on human-machine systems, 2015, 46 (1): 151-158.

[17] CHEN C, ZHANG D, GUO B, et al. TripPlanner: personalized trip planning leveraging heterogeneous

crowdsourced digital footprints [J]. IEEE Transactions on intelligent transportation systems, 2014, 16 (3): 1259-1273.
[18] REDDY S, ESTRIN D, SRIVASTAVA M. Recruitment framework for participatory sensing data collections [C] //International Conference on Pervasive Computing. Berlin: Springer, 2010: 138-155.
[19] ZHANG D, XIONG H, WANG L, et al. CrowdRecruiter: selecting participants for piggyback crowdsensing under probabilistic coverage constraint [C] //Proceedings of the 2014 ACM International Joint Conference on Pervasive and Ubiquitous Computing. New York: ACM, 2014: 703-714.
[20] CARDONE G, FOSCHINI L, BELLAVISTA P, et al. Fostering participaction in smart cities: a geo-social crowdsensing platform [J]. IEEE Communications magazine, 2013, 51 (6): 112-119.
[21] CHEN H, GUO B, YU Z, et al. A generic framework for constraint-driven data selection in mobile crowd photographing [J]. IEEE Internet of things journal, 2017, 4 (1): 284-296.
[22] LIU Y, GUO B, WANG Y, et al. TaskMe: multi-task allocation in mobile crowd sensing [C] //Proceedings of the 2016 ACM International Joint Conference on Pervasive and Ubiquitous Computing. New York: ACM, 2016: 403-414.
[23] GUO B, LIU Y, WU W, et al. ActiveCrowd: a framework for optimized multitask allocation in mobile crowdsensing systems [J]. IEEE Transactions on human-machine systems, 2016, 47 (3): 392-403.
[24] XIAO M, WU J, HUANG L, et al. Multi-task assignment for crowdsensing in mobile social networks [C] // 2015 IEEE Conference on Computer Communications (INFOCOM). New York: IEEE, 2015: 2227-2235.
[25] SONG Z, LIU C H, WU J, et al. QoI-aware multitask-oriented dynamic participant selection with budget constraints [J]. IEEE Transactions on vehicular technology, 2014, 63 (9): 4618-4632.

PART 3

第三篇

# 智能计算

- 第 8 章　深度学习计算
- 第 9 章　卷积神经网络
- 第 10 章　群智能算法之粒子群算法
- 第 11 章　优化算法
- 第 12 章　多目标优化算法

CHAPTER 8

# 第 8 章

# 深度学习计算

本章将系统介绍深度学习计算的基础理论和关键技术。8.1 节将从深度学习计算的概述入手，依次介绍人工智能历史、基于规则的系统、基于知识的系统、机器学习、机器学习的概念、泛化、感知器，以及多层神经网络等基础内容。通过这些基础知识的学习，读者将对深度学习计算建立系统的认识。

8.2 节将探讨模型构造与模型参数初始化和共享。主要内容包括提前停止这一重要的正则化方法、以广度换深度的策略、集成方法和参数共享等计算优化技术。这些内容将帮助读者理解如何优化深度神经网络的训练过程，提高模型性能。

8.3、8.4 节将分别介绍数据读取和存储的关键技术，以及 GPU 计算在深度学习中的具体应用。通过这些内容的学习，读者将掌握深度学习计算的实际实现方法。

通过本章的学习，读者将系统掌握深度学习计算的基础理论和关键技术，为后续深入研究和应用深度学习奠定必要的计算基础。

## 8.1 深度学习计算概述

深度学习是机器学习的一个子领域，它的处理算法类似于人类大脑的简化版本，可以使大量现代机器智能化，在智能手机的应用生态系统（iOS 和 Android）中可以找到许多常见示例：相机拍照时的人脸检测、文字录入时的自动更正和预测文本、AI 增强的美化应用、Siri/Alexa/Google Assistant 等智能助手、Face-ID（iPhone 上的面部解锁）、YouTube 上的视频建议、Facebook 上的朋友建议。从本质上讲，深度学习在当今的数字生活中无处不在。

对于初学者来说，在不了解背景的情况下学习深度学习可能会很复杂，所以接下来将简短的介绍有关深度学习的历史与背景知识。

### 8.1.1 人工智能简史

人工智能（AI）的历程可以大致分为 4 个部分：基于规则的系统、基于知识的系统、机器学习和深度学习。这个过程中有许多重要的里程碑，但也可以细分为更多的过渡阶段。本小节将提供一个简洁的概述。

深度学习的旅程始于人工智能领域，这个领域可以被视为深度学习的祖先，其历史可以追溯到20世纪50年代。人工智能可以简单地定义为赋予机器思考和学习的能力，更通俗地讲，它是以某种形式帮助机器实现智能的过程，使机器能够更好地执行任务。

## 8.1.2 基于规则的系统

赋予机器"智能"并不一定需要复杂的过程或能力，有时简单的规则集合就可被视为一种"智能"形式。最早的人工智能产品大多是基于规则的系统，它们将一整套详尽的规则映射到机器上，用于描述各种可能情况。相比于完全机械化的死板系统，能够根据预定义规则执行任务的机器往往会更加灵活和智能。

然而，纯粹基于规则的人工智能系统也存在一些局限性。规则集合的建立需要耗费大量的人力，且往往无法面面俱到。一旦遇到规则未覆盖的情况，系统就会失效。此外，规则本身也可能由于经验不足而存在缺陷或偏差。

因此，现代人工智能已逐渐转向机器学习和深度学习等数据驱动的方法，通过从大量数据中自动提炼规律，构建更加复杂、灵活和智能化的模型。但基于规则的方法由于其简单直观的特点，在一些特定场景下仍有一定应用价值。

一个通俗的例子是分配现金的ATM。一旦通过身份验证，用户输入他们想要的金额，机器就会根据现有的纸币组合，以最少的钞票数量分配正确的金额。机器解决问题的逻辑（智能）被明确编码（设计）。机器的设计者仔细考虑了可能性的情况，并设计了一个可以在有限的时间和资源下通过编程方式解决任务的系统。

人工智能的早期应用都相对简单。这类任务可以进行正式化描述，如跳棋或国际象棋。人工智能之所以能够有效处理这些任务，关键在于它们能够将任务的核心概念形式化。以国际象棋为例，其正式描述涵盖了棋盘的布局、各棋子的移动规则、初始配置以及游戏结束的条件。一旦这些概念被精确定义，就可以相对容易地构建出下棋人工智能的模型。在拥有充足的计算资源的条件下，这些程序能够展现出相当高的棋艺水平。

人工智能的第一个时代专注于此类任务并取得了很大成功。该方法的核心是域的符号表示和基于给定规则的符号操作。需要注意的是，这些规则的正式定义是手动完成的。然而，这种系统的关键限制是，国际象棋[1]对人工智能来说是一个相对容易的问题，因为问题集相对简单并且可以很容易地形式化，而人类日常生活中的许多问题（自然智能）并非如此。例如，诊断疾病或将人类语音转录为文本。这些人类可以完成但是很难正式描述的任务，在人工智能的早期被视为一项重大挑战。

## 8.1.3 基于知识的系统

在人工智能发展的历程中，如何应对日常问题中的智能化挑战，使计算机能够以类似人类的方式思考和解决问题[1-2]，一直是研究者们追求的目标。早期的研究表明，要实现这一目标，系统必须具备对特定任务或问题领域的丰富知识储备。

基于这一认识，研究者开始构建依赖大型知识库的人工智能系统。这里需要特别强调的是"知识"与"信息"或"数据"的区别。我们所说的知识，是指计算机程序或算法能够进行推理运算的结构化数据或信息。举例来说，一个实时更新包含距离信息和交通流量的电子地图，便能支持程序计算出任意两点间的最优路径。

这类以知识为基础的系统代表了第二代人工智能的典型特征。在这些系统中，领域专家负责编撰知识，并将其转化为便于算法推理的表达形式。这一阶段的技术核心在于不断发展的知识表示和推理方法，用以解决需要专业知识支撑的各类问题。其中，运用一阶逻辑编码知识、使用概率模型来表达和推理领域中固有的不确定性，都是典型的技术应用实例。

然而，这类系统在实际应用中面临着重要挑战，其中最突出的是如何处理现实世界中普遍存在的不确定性。相比之下，人类在面对未知和不确定环境时，表现出较强的推理能力。这启示我们，现实世界中的知识往往并非非黑即白，而是存在大量模糊的"灰色地带"。针对这一问题，研究人员在表示和推理不确定性方面取得了显著进展。例如，在疾病诊断等领域，尽管存在诸多不确定因素，基于知识库的系统仍然实现了相当程度的成功。

不过，这类系统的根本局限在于其知识获取方式——需要专家手动编译和整理领域知识。这种方式在知识库的建立、编译和维护上都面临着巨大的实践困难。在某些领域，如语音识别或机器翻译，相关知识的收集和编译更是难上加难。尽管这些任务对人类来说较为简单，但要手工编码英语语法规则、口音特征等语言知识却极其困难。正是这些挑战推动了机器学习技术的蓬勃发展。

### 8.1.4　机器学习

在正式术语中，机器学习被定义为人工智能中无须显式编程即可赋予系统智能的一个子领域。人类通过学习获取任务知识，基于此，人工智能后续工作的重心转移到了开发基于给定数据提高性能的算法上，以从给定数据中获得完成任务或解决特定问题所需的知识。值得注意的是，这种知识获取依赖于标记数据和人类定义的数据表示形式。

例如，诊断疾病的问题。对于这样的任务，人类专家会收集大量患有和未患有相关疾病的病例，然后识别出一些有助于做出预测的特征，如患者的年龄和性别，以及一些诊断测试的结果如血压、血糖等。人类专家将编译所有数据并以合适的形式表示，如缩放/标准化数据等。一旦准备好这些数据，机器学习算法就可以从标记的数据中推断患者是否患有疾病。请注意，标记数据由患病和未患病案例构成。因此从本质上讲，底层机器语言算法是在寻找一个数学函数，该函数在给定输入（年龄、性别、诊断测试数据等特征）的情况下可以产生正确的结果（患病或未患病）。找到最简单的数学函数来预测一定准确度的输出是机器学习领域的核心。该领域已经发展到一个相对成熟的阶段，只要有足够的数据、计算资源、人力资源、工程技术等大多数问题都可以解决。

主流机器语言算法的限制在于，它们应用于新的问题领域时需要大量的特征。例如在图像识别领域，使用传统的机器语言技术，需要大量的特征工程工作。从某种意义上说，真正的智能在于识别特征；机器语言算法只是简单地学习如何结合这些特征来得出正确的答案。这是一个概念上的瓶颈，因为如果机器语言算法只是学习组合特征并从中得出结论，这真的是人工智能吗？这也是一个实践的瓶颈，因为所需特征工程的投入限制了传统机器语言模型的构建。

### 8.1.5　机器学习的概念

作为人类，我们对学习的概念有直观的理解，它意味着随着时间的推移在特定任务中逐渐提高表现。任务可能是体力劳动，如学习驾驶，也可能是智力活动，如掌握一门新语言。机器学习领域的核心议题在开发能够模拟人类学习过程的算法。这些算法随着经验的积累而逐渐提升在特定任务上的表现，从而实现无须显式编程的智能行为。

人们可能会质疑，为什么要费力研究能随时间推移而提高性能的算法呢？事实上，大多数算法是为解决特定实际问题而精心设计的，它们的功能和性能在开发完成后基本就已确定，无须再进行提升和改进。从银行系统到航天器控制，算法无所不在，但它们往往是静态的，执行固定的任务逻辑。

然而，对于某些复杂任务，直接开发算法并不是最佳选择。相比手动编写规则和程序逻辑，让算法通过经验学习的方式自主获取知识反而更加高效。尽管这种思路一开始可能看起来不太直观，但机器学习的出现正是基于这一思想。

机器学习的核心思想是：对于一些任务，如果能给出足够的示例数据，算法就有可能自行从中学习，获取执行该任务所需的知识，并且随着新示例的不断积累，算法的性能将持续提高。这种通过数据驱动的学习方式，避免了人工编码所有规则的低效过程，使得系统具备了自主获取和优化知识的能力。

因此，虽然静态算法在大多数领域已经成熟应用，但对于更加复杂、动态的任务，机器学习算法能够发挥其自主学习和持续优化的巨大优势。接下来将进一步探讨机器学习的基本原理和实践技术。

机器学习可以大致分为监督学习[2]（其中提供带有标签的训练数据供模型学习）和无监督学习[3]（其中训练数据没有标签），也有半监督学习和强化学习。监督学习可以分为两个领域：分类（用于离散结果）和回归（用于连续结果）。

**1. 二进制分类**

为了进一步讨论问题，需要准确了解直观使用的术语，例如任务、学习、经验和改进。现从二进制分类的任务开始。

考虑一个抽象的问题域，有以下形式的数据：

$$D = \{(x_1, y_1), (x_2, y_2), \cdots, (x_n, y_n)\} \tag{8-1}$$

式中，$x \in D^n$；$y = \pm 1$。

无法访问所有此类数据，只能访问子集 $S \subseteq D$。使用 $S$ 生成一个实现函数 $f: x \to y$ 的计算过程，以便可以使用 $f$ 来对未见数据 $(x_i, y_i) \notin S$ 进行预测，$f(x_i) = y_i$。将 $U \subseteq D$ 表示为看不见的数据集，即 $(x_i, y_i) \notin S$ 并且 $(x_i, y_i) \in U$。

将此任务的性能衡量为对未知数据的错误：

$$E(f, D, U) = \frac{\sum_{(x_i, y_i) \in U} f(x_i) \neq y_i}{|U|} \tag{8-2}$$

现在对任务有了一个精确的定义，即根据一些看到的数据 $S$，通过生成 $f$ 将数据分类为两个类别之一（$y = \pm 1$）。使用未见数据 $U$ 上的误差 $E(f, D, U)$ 来衡量性能（和性能改进）。已知数据的大小 $|S|$ 是经验的概念等价。在这种情况下，期望开发生成此类函数 $f$（通常称为模型）的算法。一般而言，机器学习领域研究此类算法的开发，这些算法生成模型，对此类和其他正式任务的看不见的数据进行预测。请注意，$x$ 通常称为输入/输入变量，$y$ 称为输出/输出变量。

与计算机科学中的任何其他学科一样，此类算法的计算特性是一个重要方面。然而除此之外，还希望有一个模型 $f$ 可以实现更低的误差 $E(f,D,U)$，并且 $|S|$ 尽可能小。

现在将这个抽象但精确的定义与现实世界的问题联系起来。假设一个电子商务网站想要为注册用户定制其登录页面，以显示他们可能有兴趣购买的产品。该网站有用户的历史数据，并希望将其作为一项功能来增加销售。现在看看这个现实世界的问题如何映射到前面描述的抽象的二进制分类问题。

先在给定特定用户和特定产品的情况下，预测该用户是否会购买该产品。因为这是要预测的值，所以它映射到 $y=\pm 1$，其中 $y=1$ 的值表示用户将购买产品的预测，$y=-1$ 的值表示用户不会购买产品的预测。请注意，选择这些值没有特别的原因，也可以交换这个值（设 $y=+1$ 表示不购买，$y=-1$ 表示购买），使用 $y=\pm 1$ 表示两个感兴趣的类别来对数据进行分类。接下来，假设可以将产品的属性、用户的购买和浏览历史表示为 $x \in D^n$。

这一步骤在机器学习中被称为特征工程，将在本章的后面介绍。现在，只要知道能够生成这样的映射就足够了。因此，将用户浏览的产品、产品的属性以及用户是否购买了该产品的历史数据映射到 $\{(x_1,y_1),(x_2,y_2),\cdots(x_n,y_n)\}$。

现在基于这些数据，想要生成一个函数或模型 $f:x \to y$，可以使用它来确定特定用户将购买哪些产品，并使用它来填充用户的登录页面。可以通过填充用户的登录页面，查看他们是否购买了产品并评估误差 $E(f,D,U)$，来衡量模型在未知数据上的表现。

**2. 回归**

定义 $D=\{(x_1,y_1),(x_2,y_2),\cdots,(x_n,y_n)\}$ 形式的数据，其中 $x \in \mathbf{R}^n$ 和 $y \in \mathbf{R}$，任务是生成实现函数 $f:x \to y$ 的计算过程。请注意，二元分类中的预测是二元类标签 $y=\pm 1$，而这里是实值预测。将该任务的性能测量为对未知数据的均方根误差（RMSE）：

$$E(f,D,U) = \left\{ \frac{\sum_{(x_i,y_i)}[y_i - f(x_i)]^2}{|U|} \right\}^{\frac{1}{2}} \tag{8-3}$$

请注意，RMSE 只是取预测值和实际值之间的差值，将其取二次方以考虑正负差异，取平均值以汇总所有未见数据，最后取二次方根以平衡二次方运算。

与回归的抽象任务相对应的现实问题是基于个人的财务历史来预测个人的信用分数，信用卡公司可以使用该信用分数来确定用户的信用额度。

### 8.1.6 泛化

机器学习中最重要的就是开发/生成对未知数据具有良好性能的模型。为了做到这一点，首先将为回归任务引入一个数据集。然后，使用相同的数据集开发 3 个不同的模型（具有不同的复杂程度），并研究结果如何不同，以便直观地理解泛化的概念。

在代码 8.1 中，通过生成 100 个等距离的 $-1 \sim 1$ 之间的值作为输入变量（$x$）来生成玩具数据集。根据 $y=2+x+2x^2+\varepsilon$ 生成输出变量（$y$），其中 $\varepsilon \in N(0,0.1)$ 是正态分布的噪声（随机变化），0 是平均值，0.1 是标准差。为了模拟看得见和看不见的数据，使用前 80 个数据点作为看得见的数据，其余数据点作为看不见的数据。也就是说，只使用前 80 个数据点构建模型，其余数据点用于评估模型。

代码8.1

```
#import packages
import matplotlib.pyplot as plt
import numpy as np
#Generate a toy dataset
x = np.linspace(-1,1,100)
signal = 2 + x + 2 * x * x
noise = numpy.random.normal(0, 0.1, 100)
y = signal + noise
plt.plot(signal,'b');
plt.plot(y,'g')
plt.plot(noise, 'r')
plt.xlabel("x")
plt.ylabel("y")
plt.legend(["Without Noise", "With Noise", "Noise"], loc = 2)
plt.show()
#Extract training from the toy dataset
x_train = x[0:80]
y_train = y[0:80]
print("Shape of x_train:",x_train.shape)
print("Shape of y_train:",y_train.shape)
Output[]
Shape of x_train: (80,)
Shape of y_train: (80,)
```

接下来,使用一种非常简单的算法来生成模型,通常称为最小二乘法。给定形式为 $D = \{(x_1,y_1),(x_2,y_2),\cdots,(x_m,y_n)\}$ 的数据集,其中 $x \in \mathbf{R}^{m \times n}$, $y \in \mathbf{R}$,最小二乘模型的形式为 $y = \beta x$,其中 $\beta$ 是使 $\|X\beta-y\|^2$ 最小化的向量。这里,$X$ 是一个矩阵,其中每一行都是一个 $x$(因此,$X \in \mathbf{R}^{m \times n}$,其中 $m$ 是示例的数量,此处为80)。$\beta$ 的值由 $\beta = X^{\mathrm{T}}y(x = X^{\mathrm{T}}X)^{-1}$ 导出。在第一个模型中,将 $x$ 转换为值的向量 $[x^0, x^1, x^2]$。也就是说,如果 $x = 2$,它将被变换为 $[1,2,4]$。在此转换之后,可以使用前面描述的公式生成最小二乘模型 $\beta$。用二次多项式(阶数=2)方程来逼近给定的数据,而最小二乘法只是简单地对 $[x^0, x^1, x^2]$ 中的每一个进行曲线拟合或生成系数。

可以使用 RMSE 度量对未见数据的模型进行评估,还可以计算训练数据的 RMSE 指标。代码8.2 显示了生成阶数=1 的模型的源代码。

代码8.2

```
#Create a function to build a regression model with
parameterized degree of independent coefficients
def create_model(x_train,degree):
```

```
        degree+=1
        X_train = np.column_stack([np.power(x_train,i) for i in range(0,degree)])
        model = np.dot(np.dot(np.linalg.inv(np.dot(X_train.transpose(),
            X_train)),
        X_train.transpose()),y_train)
        plt.plot(x,y,'g')
        plt.xlabel("x")
        plt.ylabel("y")
        predicted = np.dot(model, [np.power(x,i) for i in range( 0,degree)])
        plt.plot(x, predicted,'r')
        plt.legend ( ["Actual", "Predicted"], loc = 2)
        plt.title ("Model with degree =3")
        train_rmse1 = np.sqrt(np.sum(np.dot(y[0:80] - predicted[0:80], y_train -\
        predicted[0:80])))
        test_rmse1 = np.sqrt(np.sum(np.dot(y[80:] - predicted[80:],
        y[80:] - predicted[80:])))
        print("Train RMSE(Degree = "+str(degree)+"):", round(train_rmse1,2))
        print("Test RMSE (Degree = "+str(degree)+"):", round(test_rmse1,2))
        plt.show ()
#Create a model with degree = 1 using the function
create_model(x_train,1)
Output[]
Train RMSE(Degree = 1): 3.55
Test RMSE (Degree = 1): 7.56
```

以下代码 8.3 给出了阶数=2 的模型的练习。

### 代码 8.3

```
#Create a model with degree=2
create_model(x_train,2)
Output[]
Train RMSE (Degree = 3) 1.01
Test RMSE (Degree = 3) 0.43
```

接下来，如代码 8.4 所示，使用最小二乘算法生成另一个模型，将 $x$ 转换为 $[x^0, x^1, x^2,$ $x^3, x^4, x^5, x^6, x^7, x^8]$。也就是说，用阶数=8 的多项式来逼近给定的数据。

### 代码 8.4

```
#Create a model with degree=8
create_model(x_train,8)
Output[]
```

```
Train RMSE(Degree = 8): 0.84
Test RMSE (Degree = 8): 35.44
```

这3个模型哪种最好？与其他两个模型相比，阶数=1的模型在可见数据和不可见数据上的性能都较差。在可见数据上，阶数=8的模型比阶数=2的模型具有更好的性能；在未见数据上，阶数=2的模型的性能比阶数=8的模型好。表8.1总结了3个模型的性能对比。

表8.1 阶数为1、2、8的模型的性能对比

| 阶数 | 1 | 2 | 8 |
| --- | --- | --- | --- |
| 可见数据 | 较差 | 较差 | 较好 |
| 未见数据 | 较差 | 较好 | 较差 |

现在考虑模型容量的重要概念，它对应于本例中的多项式的次数。在生成的数据中使用的是带有一些噪声的二次多项式（阶数=2）。然后，尝试使用3个模型（分别为1次、2次和8次）来逼近数据。阶数越高，模型的表现力就越强，即它可以适应更多的变化。这种适应变化的能力对应于模型容量的概念。也就是说，阶数=8的模型比阶数=2的模型有更大的容量，而阶数=2的模型又比阶数=1的模型有更大的容量。有更大的容量是一件好事吗？事实证明并非如此，因为所有现实世界的数据集都包含一些噪声，而更大容量的模型最终将拟合数据中的信号和噪声。这就是为什么与阶数=8的模型相比，阶数=2的模型对看不见的数据的处理效果更好。在本例中，使用带有一些噪声的二次多项式（阶数=2）生成数据。然而在现实世界中，数据产生的潜在机制并不知晓。这就引出了机器学习的根本挑战：该模型真的可以泛化吗？

从某种角度来看，模型能力的定义与模型的简洁性息息相关。模型的容量越大，其拟合复杂数据的能力也越强。以示例为例，阶数为1的模型由于容量不足，无法有效逼近数据。而阶数为8的模型则拥有更多的容量，却产生了对数据的过度拟合现象。

试想一下，如果有一个阶数为80的模型会发生什么。假设有80个数据点作为训练数据，则有一个80次多项式来完美地逼近数据。该模型拥有80个系数，可以简单地记住数据，类似于"机械记忆"，是过拟合的逻辑极端表现。因此，需要根据拥有的训练数据量来调整模型的容量。如果数据集很小，可以使用容量较低的训练模型。

基于对模型容量、泛化能力、过拟合和欠拟合的理解，现讨论正则化技术。正则化的核心思想在于如何有效控制模型的复杂度。以最小二乘法为例，其正则化形式可表示为 $y = \beta x$，其中 $\beta$ 是使目标函数 $\|X\beta-y\|^2 + \lambda\|\beta\|^2$ 取最小值的待求参数向量，$\lambda$ 是控制模型复杂度的由用户指定的参数。

通过引入正则项 $\lambda\|\beta\|^2$，可以对复杂模型进行适当的惩罚。为了更好地理解这一机制，不妨考虑这样一个例子：使用10阶多项式进行最小二乘拟合时，如果参数向量 $\beta$ 中仅有两个非零值而其余均为零，实际上等价于一个二阶多项式模型，此时正则项 $\lambda\|\beta\|^2$ 的值较小。相比之下，若 $\beta$ 中所有分量都为非零值，则意味着模型使用了更高阶的多项式项。

正则化参数 $\lambda$ 的作用在于在训练数据的拟合精度和模型复杂度之间寻求平衡。较小的 $\lambda$ 值使模型倾向于更简单的形式。通过适当调节 $\lambda$ 值，可以在过拟合和欠拟合之间找到恰当的

平衡点，从而提升模型在未见数据上的表现。

代码 8.5 展示了在保持模型系数不变但增加 $\lambda$ 值的情况下，模型对不可见数据的性能是如何变化的。

### 代码 8.5

```python
import matplotlib.pyplot as plt
import numpy as np
#Setting seed for reproducibility
np.random.seed(20)
#Create random data
x = np.linspace(-1,1,100)
signal = 2 + x + 2 * x * x
noise = np.random.normal(0, 0.1, 100)
y = signal + noise
x_train = x[0:80]
y_train = y[0:80]
train_rmse = []
test_rmse = []
degree = 80
#Define a range of values for lambda
lambda_reg_values = np.linspace(0.01,0.99,100)
for lambda_reg in lambda_reg_values: #For each value of lambda, compute
    build model and compute performance
    X_train = np.column_stack([np.power(x_train,i) for i in range(0,degree)])
    model = np.dot(np.dot(np.linalg.inv(np.dot(X_train.transpose(),
        X_train) \
    +lambda_reg * np.identity(degree)), X_train.transpose()),y_train)
    predicted = np.dot(model, [np.power(x,i) for i in range(0,degree)])
    train_rmse.append(np.sqrt(np.sum(np.dot(y[0:80] - predicted[0:80],
        y_train - predicted[0:80]))))
    test_rmse.append(np.sqrt(np.sum(np.dot(y[80:] - predicted[80:],
        y[80:] - predicted[80:]))))
#Plot the performance over train and test dataset.
plt.plot(lambda_reg_values, train_rmse)
plt.plot(lambda_reg_values, test_rmse)
plt.xlabel(r"$ \lambda $")
plt.ylabel("RMSE")
plt.legend(["Train", "Test"], loc = 2)
plt.show()
```

接下来，介绍单层和多层神经网络。在单层神经网络中，通过使用线性函数的广义变分将一组输入直接映射到输出。这种简单的神经网络实例化也被称为感知器。在多层神经网络中，神经元以分层的方式排列，其中输入层和输出层由一组隐含层分开。神经网络的这种分层结构也称为前馈网络。

## 8.1.7 感知器

最简单的神经网络被称为感知器。该神经网络包含一个输入层和一个输出节点。感知器的基本架构如图 8.1 所示。考虑这样一种情况，每个训练实例的形式为 $(\overline{X}, y)$，其中每个 $\overline{X} = [x_1, \cdots, x_d]$ 包含 $d$ 个特征变量，$y \in \{-1, 1\}$ 包含二进制类变量的观察值。"观察值"指的是作为训练数据的一部分提供模型，目标是预测没有观察到它的情况下的类变量。例如，在信用卡欺诈检测应用中，特征可以表示一组信用卡交易的各种属性（例如，交易量和频率），并且类变量可以表示这组交易是否具有欺诈性。显然，在这种类型的应用程序中，会有观察到类变量的历史案例，以及还没有观察到但需要预测类变量的其他（当前）案例。

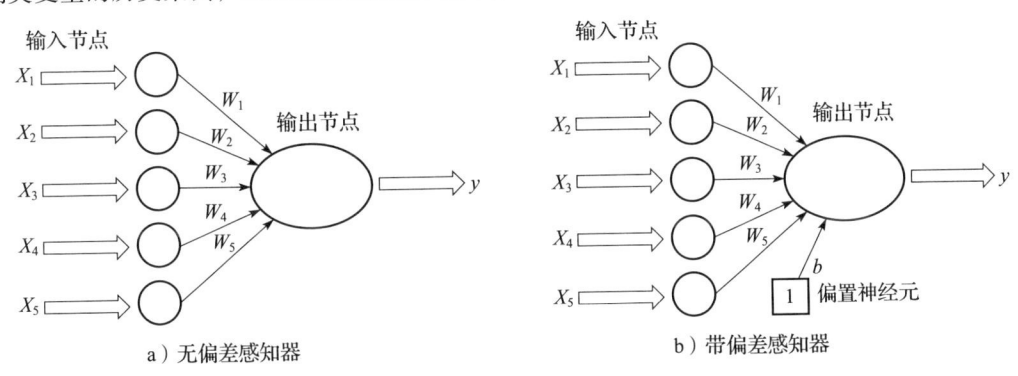

图 8.1 感知器的基本架构

a）无偏差感知器  b）带偏差感知器

输入层包含 $d$ 个节点，这些节点将权重为 $\overline{W} = [w_1, \cdots, w_d]$ 的 $d$ 个特征 $\overline{X} = [x_1, \cdots, x_d]$ 传输到输出节点。输入层本身不执行任何计算。在输出节点计算线性函数 $\overline{W} \overline{X} = \sum_{i=1}^{d} w_i x_i$，随后使用该实值的符号来预测因变量 $\overline{X}$。因此，预测 $\hat{y}$ 计算如下：

$$\hat{y} = \text{sign}(\overline{W}\overline{X}) = \text{sign}\left(\sum_{j=1}^{d} w_j x_j\right) \tag{8-4}$$

sign 函数将实值映射为 1 或 -1，这适用于二进制分类。请注意变量 $y$ 顶部的 ^ 表示它是预测值而不是观察值。因此，预测的误差是 $E(\overline{X}) = y - \hat{y}$，它是从集合 $\{-2, 0, 2\}$ 中提取的值之一。在误差值 $E(\overline{X})$ 为非零的情况下，需要在误差梯度的（负）方向上更新神经网络中的权重。这种更新机制与传统机器学习中各种类型的线性模型所采用的优化方法有密切的关系。虽然感知器与传统机器学习模型有很多相似之处，但将其作为一个基本计算单元更具启发意义，因为这种观点使我们能够通过组合多个单元，构建出比传统机器学习更强大的模型。

无偏差感知器的基本架构如图 8.1a 所示。它包含一个输入层，该层直接将特征信息传递给输出节点。连接输入层和输出节点的边具有相应的权重值，特征值在输出节点处与这些权重相乘并求和。然后，通过 sign 函数将这个聚合值转换为类别标签。在这个结构中，sign 函数扮演着激活函数的角色。通过选择不同的激活函数，可以模拟各种传统机器学习模型，包括用于数值预测的最小二乘回归、支持向量机以及高阶回归分类器。

事实上，大多数基础机器学习模型可以用简单的神经网络结构来表示。这种将传统机器学习技术重新解释为神经网络架构的方式具有重要的教学价值，因为它清晰地展示了深度学习是如何对传统机器学习进行泛化和扩展的。

值得注意的是，感知器由输入层和计算层两部分组成。输入层不执行任何计算操作，只是将输入的特征值直接传递给下一层。通常不将输入层计入神经网络的层数。计算层是感知器中唯一执行计算的层，它对来自输入层的特征值进行加权求和，然后通过激活函数获得输出。

在许多情况下，预测都有一个不变的部分，即偏差。例如，考虑这样一种设置，其中特征变量以平均值为中心，但是来自 $\{-1,1\}$ 的二进制类别预测的平均值不是 0。这通常发生在二进制类分布高度不平衡的情况下。在这种情况下，上述方法不足以进行预测。需要加入一个额外的偏差变量 $b$ 来捕捉预测的这个不变部分：

$$\hat{y} = \text{sign}(\overline{W}\,\overline{X} + b) = \text{sign}\left(\sum_{j=1}^{d} w_j x_j + b\right) \tag{8-5}$$

利用偏置神经元可以将该偏差合并为边缘的权重。这是通过添加一个总是将值 1 传输到输出节点的神经元来实现的。连接偏置神经元和输出节点的边的权重提供了偏置变量。偏置神经元的一个例子如图 8.1b 所示。另一种适用于单层架构的方法是使用特征工程技巧，其中使用常量 1 创建附加特征。在本书中，不会明确使用偏向（为了简化体系结构表示），因为它们可以与偏向神经元结合在一起。训练算法的细节保持不变，只需像对待其他具有固定激活值 1 的神经元一样对待偏置神经元。

### 8.1.8 多层神经网络

多层神经网络是由多个计算层级构成的复杂结构。相比之下，感知器的结构相对简单，仅包含输入层和输出层，其中只有输出层执行实际的计算操作。在感知器中，输入层仅负责数据的传输，整个计算过程对使用者来说是完全透明的。

多层神经网络则引入了更丰富的层级结构。除了输入层和输出层外，在它们之间还包含一个或多个中间层，这些中间层被称为"隐藏层"，因为其内部的计算过程和中间结果对使用者是不可见的。在典型的多层神经网络中，信息按照层级顺序从输入层开始，依次经过各个隐藏层，最终到达输出层，形成一个单向的信息流动路径。这种信息从输入到输出的单一方向传播的网络结构被称为前馈网络。

在前馈网络的标准架构中，相邻层之间采用全连接方式，即某一层中的每个节点都与其下一层的所有节点建立连接。这种规范的连接方式意味着，只要确定了网络的层数以及每一层的节点数量和类型，神经网络的整体架构就基本确定了。

在完整定义网络结构时，还需要指定输出层的损失函数用于优化过程。虽然感知器算法使用特定的感知器准则，但这并非唯一选择。在实际应用中，针对不同类型的预测任务，常用的损失函数包括：用于离散分类的 Softmax 输出层配合交叉熵损失，以及用于连续值预测的线性输出层配合平方损失。

与单层神经网络的情况相同，偏置神经元既可以在隐藏层中使用，也可以在输出层中使用。图 8.2a 和图 8.2b 分别显示了有和没有偏置神经元的多层神经网络的例子。在每种情况下，神经网络都包含 3 层。注意，输入层通常不被计数，因为它只是简单地传输数据，而不在该层中执行任何计算。如果一个神经网络在输入层、隐藏层和输出层中都包含 $p_1,\cdots,p_k$ 单元，则这些输出的（列）向量由 $h_1,\cdots,h_k$ 表示，具有维度 $p_1,\cdots,p_k$。因此，每一层的单位数就是该层的维数。

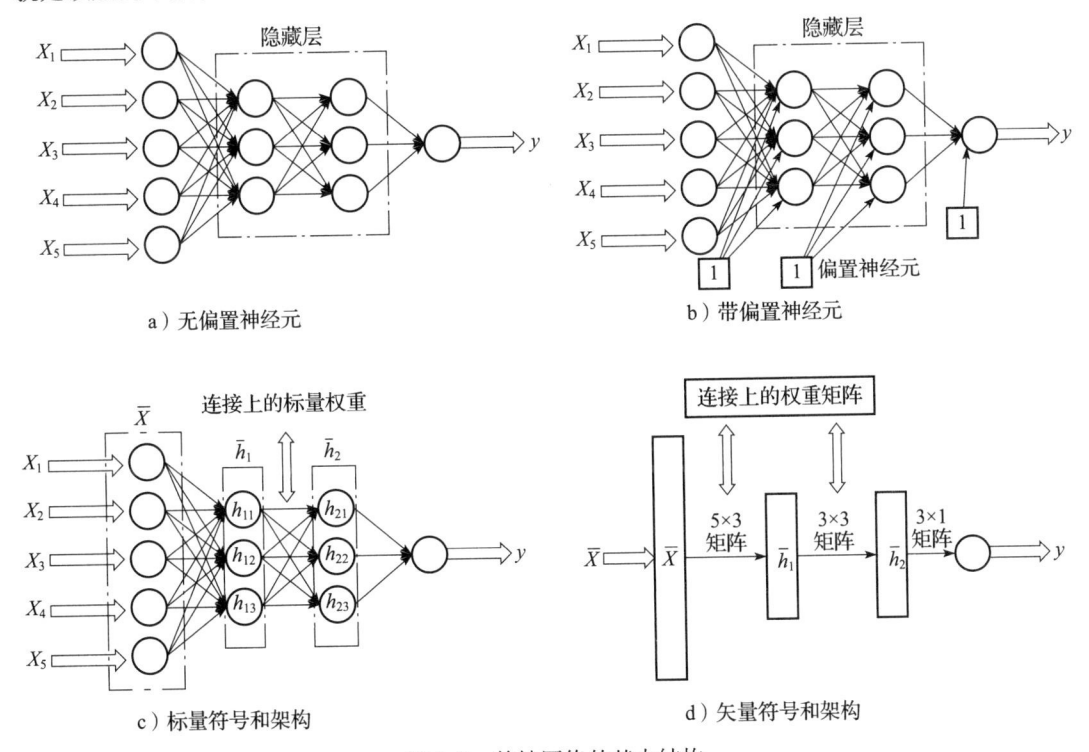

a）无偏置神经元

b）带偏置神经元

c）标量符号和架构

d）矢量符号和架构

图 8.2 前馈网络的基本结构

输入层和第一个隐藏层之间连接的权重包含在矩阵 $\boldsymbol{W}_1$ 中，矩阵 $\boldsymbol{W}_1$ 大小为 $d\times p_1$，而第 $r$ 个隐藏层和第 $r+1$ 个隐藏层之间的权重由大小为 $p_r\times p_{r+1}$ 的矩阵 $\boldsymbol{W}_r$ 表示。使用以下递归方程将 $d$ 维输入向量 $\boldsymbol{x}$ 转换为输出：

$$\begin{cases} \overline{h}_1 = \boldsymbol{\Phi}(\boldsymbol{W}_1^{\mathrm{T}}\overline{x}) & \text{（输入到隐藏层）} \\ \overline{h}_{p+1} = \boldsymbol{\Phi}(\boldsymbol{W}_{p+1}^{\mathrm{T}}\overline{h}_p) \quad \forall p \in \{1,\cdots,k-1\} & \text{（隐藏到隐藏层）} \\ \overline{o} = \boldsymbol{\Phi}(\boldsymbol{W}_{k+1}^{\mathrm{T}}\overline{h}_x) & \text{（隐藏到输出层）} \end{cases} \quad (8\text{-}6)$$

在这里，像 S 形函数这样的激活函数被应用到它们的向量参数中。然而，一些激活函数如 Softmax（通常用于输出层），本身就是针对向量参数设计的。尽管神经网络的每个单元都包含一个变量，但许多结构图会将这些单元整合为一个单层，形成一个向量化的单元，用矩形而非圆形来表示。例如，图 8.2c 中的结构图（带有标量单位）被转换为图 8.2d 中基于向量的神经结构。注意，此时向量单元之间的连接表示为矩阵。此外，在基于向量的神经结构中存在一个隐含假设：同一层中的所有单元使用相同的激活函数，并以元素的方式应用于该层。这个约束通常不会造成问题，因为大多数神经网络结构在整个计算流程中使用统一的激活函数，只有输出层因其特殊性质而可能采用不同的激活函数。本书中，统一使用矩形单元来表示包含向量变量的神经结构，而用圆形单元表示标量变量。

需要说明的是，前面提到的递归方程和向量结构仅适用于分层前馈网络，而不能完全适用于非常规的结构设计。实际存在多种非常规设计，例如将输入直接引入中间层，或允许非相邻层之间建立连接。此外，节点上的计算函数也不一定要遵循线性函数和激活函数相结合的标准模式，而是可以采用各种任意的计算函数。

## 8.2 模型构造与模型参数初始化和共享

构建神经网络最有效的方法是在考虑底层数据域的基础上，构建神经网络的体系结构。例如，句子中的连续单词通常彼此相关，图像中的邻近像素通常相关。这些类型的洞察力被用来创建专门的结构文本和图像数据与较少的参数。此外，许多参数可能是共享的。例如，卷积神经网络使用同一组参数来学习图像局部块的特征。

### 8.2.1 提前停止

提前停止是一种常见的正则化方法，即在梯度下降迭代若干次后终止训练过程。确定停止点的典型方法是预留部分训练数据作为验证集，当模型在验证集上的误差开始上升时，停止梯度下降。提前停止实质上是通过限制参数在初始值附近的搜索范围来缩减参数空间，从而起到正则化的作用。

神经网络的训练通常采用各种梯度下降方法。在大多数优化模型中，梯度下降能实现收敛。然而，值得注意的是，虽然梯度下降可以优化训练数据上的损失函数，但这并不意味着能同样优化测试数据上的损失。这是因为训练的最后阶段往往会过分拟合训练数据中的细微特征，反而损害了模型在测试数据上的泛化能力。

为了解决这一问题，提前停止是一个很好的选择。具体做法是：将部分训练数据划分为验证集，仅在剩余训练数据上进行基于反向传播的训练，同时持续监测模型在验证集上的误差。当验证集误差开始上升时，即使训练集误差仍在下降，也说明模型已开始过拟合，这时应当考虑停止训练。需要特别注意的是，应当记录训练过程中在验证集上表现最好的模型参数。这是因为验证集误差的微小波动（可能源于随机噪声）不应立即触发停止，而是应继续训练以确认误差确实在持续上升。换言之，只有在确认验证集误差持续恶化且无望改善时，才确定最终的停止点。

虽然划分验证集会减少可用于训练的数据量，但这种影响通常可以忽略。现代神经网络往往在规模达到千万量级的超大数据集上训练，而验证集只需要较小的规模（如 10 000 个样本）即可，相对于完整数据集而言微不足道。理论上，可以在确定停止点后，将验证集重新并入训练集进行相同步数的训练，但这种做法的效果往往难以预测，且会使计算成本翻倍。

提前停止的优势在于：它能够轻松集成到神经网络的训练过程中，几乎不改变现有流程，而权重衰减等方法则需要反复尝试不同的正则化参数，计算开销较大。正是由于其简单易用的特点，提前停止常常与其他正则化方法配合使用。因此，提前停止被广泛采用，因为它几乎不会带来额外开销。从优化理论的角度看，提前停止可以视为对优化过程的约束——通过限制梯度下降的步数，有效地约束了最终解与初始点之间的距离。而在机器学习中，对模型施加约束通常都可以视为一种正则化形式。

## 8.2.2 以广度换深度

如前所述，当隐藏层包含足够多的神经元时，两层神经网络就能作为通用函数逼近器。研究表明，具有更多层级（即更深层次）的网络通常只需要较少的神经元就能达到相同的效果，这是因为多个连续层构建的组合函数增强了神经网络的表达能力。增加网络深度实际上是一种规则化形式，因为后层的特征必须遵循前层施加的特定结构约束。这种层层约束降低了网络的容量，这在训练数据有限的情况下尤其有益。通常，可以适当减少每一层的神经元数量，使得即便总层数增加，深层网络的参数总量反而显著减少。正是这一发现推动了深度学习研究的蓬勃发展。

然而，尽管深层网络在过拟合方面表现出优势，但它们也带来了一系列与训练难度相关的新问题。其中最突出的问题是，网络中不同层级的权重对损失函数的梯度往往存在数量级的差异，这使得学习率的选择变得极其困难。这种不良现象的不同表现形式被统称为梯度消失/爆炸问题。此外，深层网络通常需要较长的训练时间才能收敛。

## 8.2.3 集成方法

为了提高模型的泛化能力，可以采用多种集成方法如 Bagging。这些方法不仅适用于神经网络，而且适用于任何类型的机器学习算法。然而近年来，许多专门针对神经网络的集成方法也被提出，其中两种方法分别是 Dropout-connect 和 Drop-connect。这些方法可以结合许多神经网络结构，在许多实际设置中可以获得额外的精度，使精度提高约 2%。然而，精确的改进取决于数据的类型和基础训练的性质。例如，规范化隐藏层中的激活会降低辍学方法的有效性。

集成方法的灵感来源于偏差-方差的权衡。减少分类器误差的一种方法是找到一种方法来降低其偏差或方差，而不影响另一个分量。集成方法是机器学习中常用的方法，这类方法的两个例子是 Bagging 和 Boosting。Bagging 是一种减少方差的方法，而 Boosting 是一种减少偏差的方法。

神经网络中的集成方法大多集中在方差降低上。这是因为神经网络受到重视的原因就是它们能够建立偏差相对较低的任意复杂模型。然而，针对偏差-方差权衡的操作总是会导致更高的方差，这表现为过拟合。因此，在神经网络环境下，大多数集成方法的目标是减少方差（即更好的泛化）。本节将重点介绍这些方法。

假设有无限的训练数据资源可用，可以从一个基本分布中生成任意多的训练点。如何才能利用这种异常丰富的数据资源来消除方差呢？毕竟，如果有足够多的样本可用，大多数统计类型的方差可以近似减小到 0。

在这种情况下，减少方差的自然方法是重复创建不同的训练数据集，并使用这些训练数据集预测相同的测试实例。然后，可以对不同训练数据集的预测进行平均，以产生最终预测。如果使用足够多的训练数据集，则预测的方差将减少到 0，尽管偏差仍受到模型选择的影响。

只有当存在无限的数据资源可用时，才能使用上述方法。然而在实践中，一般只有有限的可用数据实例。事实证明，与在整个训练数据集上单次执行模型相比，对上述方法的不完全模拟仍然具有较好的方差特性。其基本思路是通过采样从基础数据的单个实例生成新的训练数据集。采样可以在有或没有替换的情况下进行。然后，对从用不同训练集建立的模型获得的特定测试实例的预测进行平均，以得出最终预测。可以对实值预测（如类别标签的概率估计）或离散预测进行平均。在实值预测的情况下，有时使用数值的中位数可以获得更好的结果。

Softmax 函数通常用于生成离散输出的概率预测。若须对这些概率预测进行平均处理，即取对数的平均值，这等同于计算概率的几何平均数。而在处理离散预测时，则采用算术平均值。这种在离散预测和概率预测之间的差异也体现在其他集成方法中，这些方法往往也通过对预测结果进行平均来实现。之所以这样做，是因为概率的对数具有对数似然解释，并且对数似然具有可加性。

### 8.2.4 参数共享

参数共享是一种通过减少模型参数规模来实现正则化的自然方法。这种共享通常基于对特定领域的深入理解来实现——当我们充分理解特定计算节点与输入数据之间的关系时，就能发现某些节点计算的函数之间存在内在关联。以下是几个典型的参数共享应用实例。

**1. 自动编码器中的权重共享**

自动编码器在其编码器和解码器部分通常采用对称的共享权重。虽然权重不共享时自动编码器也能正常工作，但权重共享可以改善算法的正则化特性。在使用线性激活函数的单层自动编码器中，权重矩阵的不同隐藏分量之间的权重分配是正交的，这与降维奇异值分解的效果相同。

**2. 递归神经网络**

递归神经网络主要用于建模序列数据，如时间序列、生物序列和文本数据，其中文本处理是最常见的应用场景。在递归神经网络中，网络结构随时间戳形成层次化表示。由于每个时间戳都假定使用相同的模型，因此不同层之间的参数是共享的。

**3. 卷积神经网络**

卷积神经网络在图像识别和预测任务中广泛应用。网络的输入及各层都按矩形网格方式排列，相邻区域之间的权重通常是共享的。这基于这样的思想：图像的某个矩形区域代表视野的一部分，无论其位置如何，都应该采用相同的解释方式。换言之，同一特征的语义含义不应因其出现在图像左侧还是右侧而改变。这些方法本质上是利用数据的语义洞察来实现参数占用的减少、权重共享和连接的稀疏化。

除了完全相同的参数共享外，还存在软权重共享的方式。在软权重共享中，参数值允许存在差异，但会对差异程度施加惩罚。例如，当期望权重相似时，可以在损失函数中添加相应的惩罚项。具体而言，可以在权重更新过程中加入使权重相互趋近的项，其中学习率决定了这种趋近的程度。这类更新方式会促使权重值逐渐靠近。

这样的参数共享方法都体现了一个共同特点：通过对训练数据的深入理解，以及对计算节点与数据关系的准确把握，来实现有效的参数共享。

## 8.3 数据读取和存储

数据收集是根据问题陈述收集数据以建立模型的过程。数据收集包括从生产系统收集旧的（已经生成的）数据和实时数据，在许多情况下收集由操作员（众包或内部运营团队）标记的数据。数据收集通常与问题状态定义和度量一起进行，因此在数据收集过程中要保持严谨。通常，数据收集是一个相当耗时且痛苦的过程，过程中的细微错误可能会影响项目的进度。

一旦获取了用于构建模型的数据，就需要将数据拆分成训练、参数调整和上线测试 3 个部分。首先，数据被用于训练模型，即让模型学习并拟合这些数据。其次，数据用于评估模型是否出现过拟合现象，这部分数据不参与训练过程，但会辅助进行参数调整和正则化，这组数据被称为验证集。最后，数据用于验证模型是否具备足够的效能，可以被部署到实际生产环境或正式上线，这组数据被称为测试集。

首先需要注意，数据不能同时用于训练、验证与测试。如果数据的某一部分已用于训练模型，则不能用于调整模型的参数或测试。同样，如果数据的某一部分已经用于参数调优，也不能作为测试数据。尽管很容易理解训练数据应当与用于参数调整的数据相区分，但对于测试集的处理却并非总是那么明确。例如，如果模型或建模者已经接触过某些数据，那么这些数据已经在某种程度上影响了关于模型的决策。因此，为了确保测试的有效性，这些数据不能用于真正客观的评估。真正的客观性意味着在构建模型的过程中，既不应查看这些数据（及其标签），也不应利用它们做出任何决策，同时测试集的结果也不应用于进一步调整模型。

其次，要注意确保训练集、参数调整集和上线测试集都能真实反映原始数据集的特征。在划分数据集时，必须考虑这一点。如果数据集存在偏差，不能真实代表数据，那么模型在实际应用中的性能将会受到严重影响。

最后，对于训练、验证和测试这三个阶段，数据量越大通常越有利。鉴于数据集之间不得有重叠，且总数据量有限，必须谨慎分配每个阶段的数据比例。常见的做法是按照 50：25：25 或 60：20：20 的比例来划分训练集、验证集和测试集。

## 8.4 GPU 计算

深度学习的快速发展很大程度上归功于 GPU 在并行计算方面的强大能力。如今，研究人员和开发者常利用 GPU 来加速深度学习模型的训练和推理过程，从而在多个应用领域中实现卓越的性能表现。

虽然现有的深度学习框架和库如 Keras、TensorFlow 等，已经提供了自动化的 GPU 加速支持，使得开发者无须深入了解 GPU 内部实现细节即可享受其加速效果，但理解 GPU 计算原理对于开发仍然是很有帮助的。

GPU 计算的核心思想是通过大规模并行来充分利用 GPU 硬件的矢量运算能力，从而在海量数据的矩阵和向量计算任务时，获得数十甚至数百倍的加速效果。不同于传统 CPU 的串行计算模式，GPU 采用单指令多数据（Single-Instruction Multiple-Date，SIMD）架构，能够同时对大量数据元素进行相同的运算。正是这种数据级别的并行计算，使得 GPU 在深度神经网络等需要大量计算的算法中具有显著的优势。

了解 GPU 计算的基本概念和原理，对于深度学习开发者而言，能够帮助他们更好地利用硬件资源，优化模型设计，并提升训练和推理的效率。因此，掌握 GPU 计算的基础知识对深度学习从业者来说非常重要。

GPU 计算的本质是通过 SIMD 的理念，在多个数据点上并行执行相同的计算利用多个内核实现高效运算。这种计算范式非常适合进行复杂的线性代数运算。训练深度学习模型的核心是计算梯度并根据这些梯度更新模型参数，而这些操作的核心是基本的线性代数运算（如点积、向量矩阵乘法等）。因此，使用 GPU 来进行训练和推理，能够充分发挥其并行计算的优势，为深度学习任务提供显著的性能提升。

掌握这些基础知识，不仅有助于深入理解深度学习的计算机制，还能在实际应用中更有效地进行性能优化和模型部署。因此，对于希望在深度学习领域有所作为的从业者而言，深入理解并善用 GPU 的计算能力是必不可少的一步。

首先描述这种基于 GPU 的计算的关键元素。图 8.3 说明了这些关键元素。

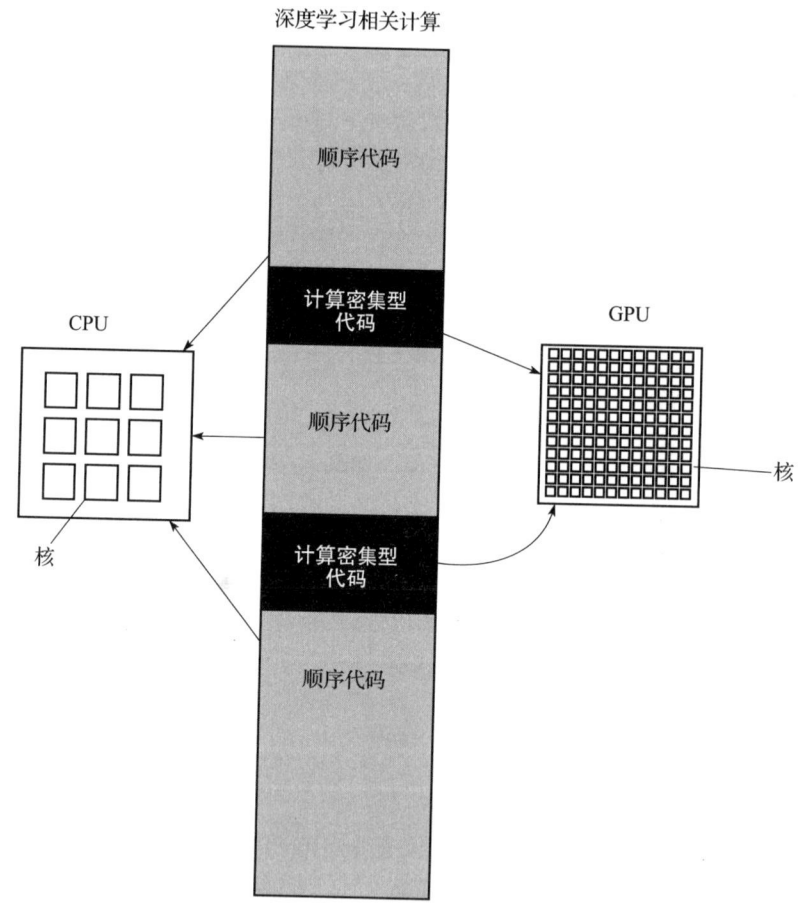

图 8.3 基于 GPU 的计算

需要注意以下 5 点：

1）深度学习相关的计算涉及一些需要顺序执行的代码和一些可以并行化的计算密集型代码。

2）通常，顺序代码涉及从磁盘等加载数据，由 CPU 处理。

3）计算量大的代码通常涉及计算梯度和更新参数。此计算的数据首先传输到 GPU 内存，然后此计算在 GPU 上进行。

4）接下来，将结果带回主存储器进行进一步的顺序处理。

5）可能有多个这样的计算量大的代码块与顺序代码交错。

例如，OpenCL[4] 描述的是基于 GPU 的计算的整体编程模型。OpenCL 是用于异构计算的供应商神经框架，涉及 CPU、GPU、DSP（数字信号处理器）和 FPGA（现场可编程门阵列）等。图 8.4 所示为 OpenCL 系统物理视图。

需要注意以下 4 点：

1）整个系统由主机和多个 OpenCL 设备组成。

2）主机是指运行操作系统的 CPU，它可以与多个 OpenCL 设备通信。

3）OpenCL 设备是异构的。它们可能涉及 CPU、GPU、DSP 和 FPGA 等。

4）OpenCL 设备包含一个或多个计算单元。

OpenCL 系统逻辑视图如图 8.5 所示。

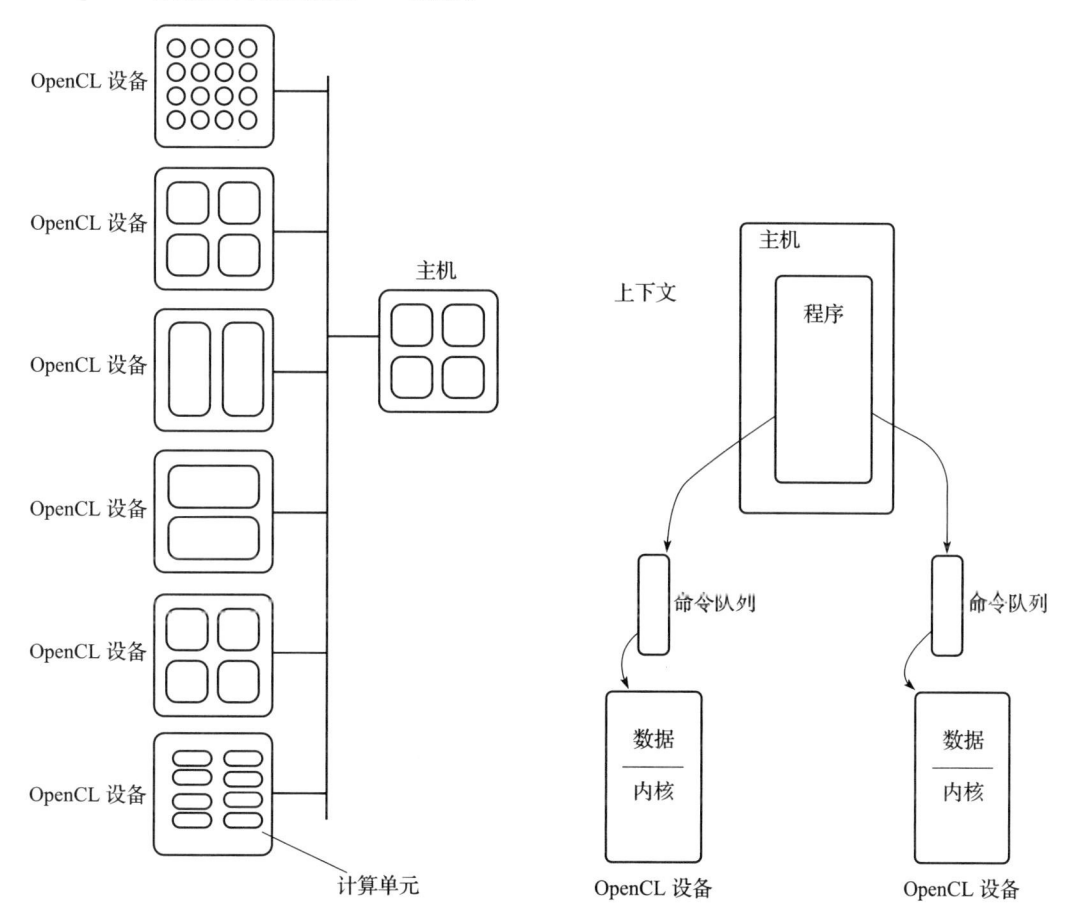

图 8.4　OpenCL 系统物理视图

图 8.5　OpenCL 系统逻辑视图

需要注意以下 6 点：
1）在主机系统上运行 OpenCL 程序。
2）OpenCL 程序使用命令队列与 OpenCL 设备通信。每个 OpenCL 设备都有一个单独的命令队列。
3）每个 OpenCL 设备在其内存中存储数据，这些数据由主机上运行的程序发送给它。
4）每个 OpenCL 设备运行主机程序（称为内核）发送给它的代码。
5）主机程序、命令队列、数据和内核一起构成执行上下文。
6）执行上下文本质上是异质计算的逻辑。主机程序通过将要执行的数据和代码发送到 OpenCL 设备并获得结果来协调该计算。

OpenCL 设备上的逻辑内存布局如图 8.6 所示。

图 8.6 OpenCL 设备上的逻辑内存布局

需要注意以下 5 点：
1）OpenCL 设备具有全局内存，主机程序和设备上所有运行的内核都可以访问该内存。
2）OpenCL 设备有一个恒定内存，对于正在执行的内核来说它是只读的。
3）工作单元是并行性的逻辑单位，它有自己的私有内存。只有对应于该特定工作项的内核代码才知道该内存。

4）工作组是同步的逻辑单位，它包含许多工作项。请注意，任何同步都只能在工作组内完成。

5）工作组有自己的本地内存，只能从工作组内部访问。

OpenCL 设备的编程模型如图 8.7 所示。

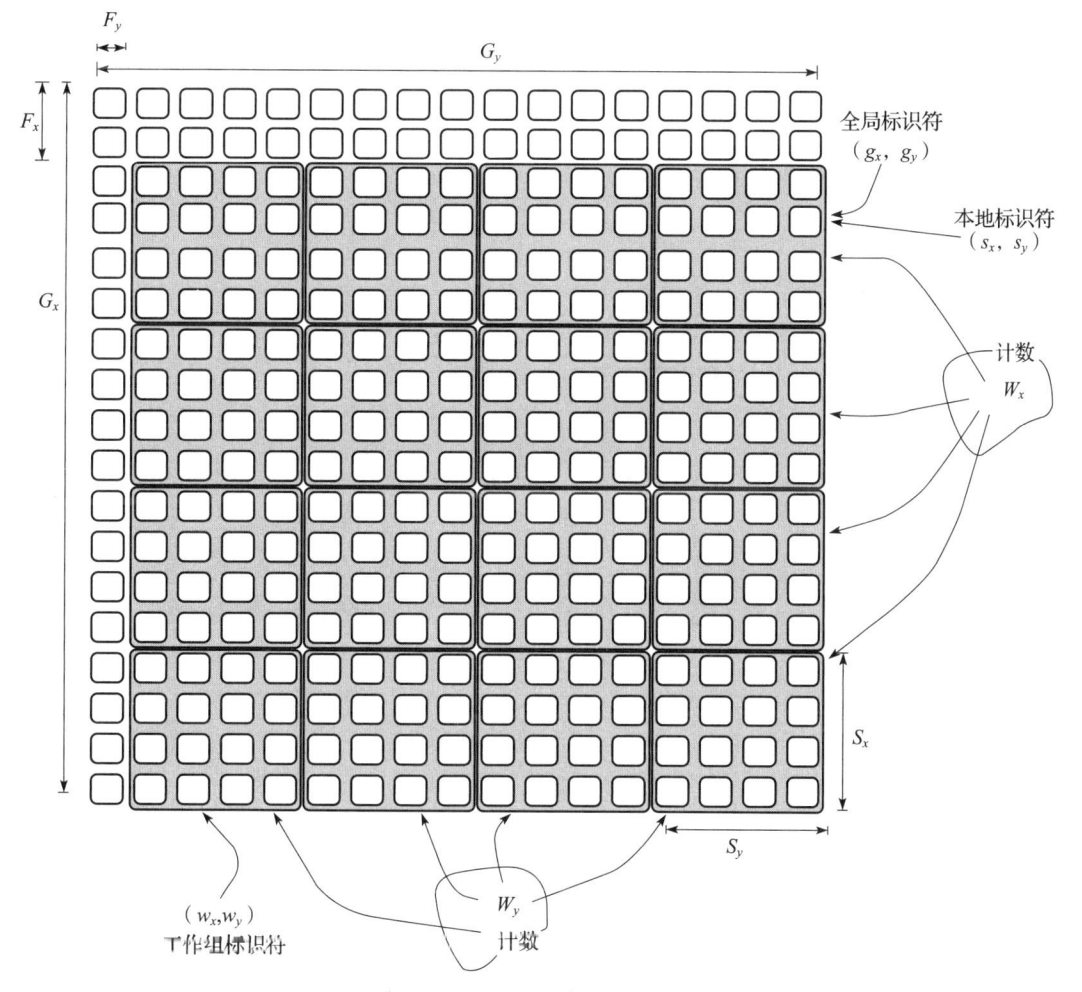

图 8.7 OpenCL 设备的编程模型

需要注意以下 4 点：

1）启动 OpenCL 内核对已传输到设备内存的数据执行工作。在启动时，逻辑地指定工作组的数量和每个工作组中工作项的数量。

2）内核为工作组中的每个工作项并行调用。工作组不按特定顺序执行，内核可以找出当前工作项标识符和工作组标识符。

3）同步只能在工作组内进行。

4）工作项标识符可以是一维、二维或三维的。这使得 1D（时间序列）、2D（图像）和 3D（体积）数据集编写内核变得更加容易。

## 本章习题

1. 列举几个深度学习在日常生活中的应用。
2. 将机器学习中二进制分类具体表达成一个实例。
3. 用公式推导均方根误差（RMSE）。
4. 过拟合与欠拟合的本质区别是什么？
5. 模型构造与参数化共享中为什么需要提前停止？
6. 为什么要将可见数据与不可见数据分为训练集、验证集与测试集，不这样划分的危害是什么？
7. 在 GPU 上计算有什么好处？与在 CPU 上计算的区别是什么？
8. 试画出 OpenCL 的物理视图。
9. 试画出 OpenCL 的逻辑视图。
10. 试画出 OpenCL 的内存构造。

## 参考文献

[1] MCCARTHY J. Chess as the drosophila of AI [M] //Computers, chess, and cognition. New York: Springer, 1990: 227-237.
[2] CHEBLI A, DJEBBAR A, MAROUANI H F. Semi-supervised learning for medical application: a survey [C] //2018 International Conference on Applied Smart Systems (ICASS). New York: IEEE, 2018: 1-9.
[3] BARLOW H B. Unsupervised learning [J]. Neural computation, 1989, 1 (3): 295-311.
[4] MUNSHI A. The opencl specification [C] //2009 IEEE Hot Chips 21 Symposium (HCS). New York: IEEE, 2009: 1-314.

CHAPTER 9

# 第 9 章

# 卷积神经网络

本章将系统介绍卷积神经网络的基本原理和关键技术。9.1 节将对卷积神经网络进行简要介绍，帮助读者理解其基本概念和特点。9.2 节将深入学习二维卷积层的工作原理，这是卷积神经网络的核心组成部分。

9.3 节将探讨图像物体的边缘检测技术，包括边缘检测的步骤和边缘检测器的具体实现方法。这些内容将帮助读者理解卷积神经网络在图像处理中的基础应用。

9.4 节将详细讲解互相关运算和卷积运算的关系，包括互相关运算的基本原理、卷积与算数运算，以及卷积与互相关的区别。通过这些内容的学习，读者将深入理解卷积神经网络的数学基础。

9.5 节将介绍填充和步幅这两个重要的技术概念，分别讨论填充（Padding）和步幅（Stride）的作用和实现方法，帮助读者理解如何控制卷积层的输出大小。

通过本章的学习，读者将系统掌握卷积神经网络的基础理论和关键技术，为后续深入学习计算机视觉领域的应用打下坚实的基础。

## 9.1 卷积神经网络简介

自 20 世纪 50 年代以来，计算机科学家们一直努力构建能够理解视觉数据的计算机。这一领域被称为计算机视觉，并在随后几十年取得了长足的进步。2012 年，多伦多大学的一组研究人员开发了一种人工智能模型，极大地超过了当时最先进的图像识别算法，使计算机视觉实现了巨大的飞跃。这个模型后来被称为 AlexNet[1]，以其主要创建者 Alex Krizhevsky 命名。AlexNet 以 85% 的准确率获得了 2012 年 ImageNet 计算机视觉竞赛的冠军，而亚军在测试中的准确率仅为 74%。

AlexNet 成功的核心是 CNN，这是一种专门模仿人类视觉系统的人工神经网络。近年来，CNN 已成为众多计算机视觉应用的关键技术。

CNN 最早由 Yann LeCun 在 20 世纪 80 年代首次引入[2]。CNN 是一种特殊的神经网络，专门用于处理具有已知网格状拓扑结构的数据，在实际应用中取得了巨大的成功。"卷积神经网络"这个名称来源于其核心操作——卷积,这是一种特殊的线性运算方式。CNN 的特点是至少在一层中使用卷积运算代替一般的矩阵乘法[3]。

CNN 的早期版本称为 LeNet(以 LeCun 命名),可以识别手写数字[4]。LeNet 在银行、邮政服务和银行业务中找到了一个应用场景,它可以读取信封上的邮政编码和支票上的数字。

尽管 CNN 技术有独创性,但在相当长的时间内 CNN 仍然处于计算机视觉和人工智能的边缘,这主要是因为它们面临一个严重的问题:无法扩展处理更大规模的图像。CNN 需要大量数据和计算资源才能有效处理高分辨率的图像,该技术仅适用于低分辨率的图像。

2012 年 AlexNet 表明,也许是时候重新审视深度学习了,这是使用多层神经网络的人工智能分支。大型数据集的可用性,即具有数百万张标记图片的 ImageNet 数据集,以及庞大的计算资源,使研究人员能够创建复杂的 CNN,这些 CNN 可以执行以前不可能完成的计算机视觉任务。

### 1. CNN 如何工作

CNN 由多层人工神经元组成[5]。人工神经元是对其生物学对应物的粗略模仿,是计算多个输入的加权和并输出激活值的数学函数。每个神经元的行为由其权重定义。当输入像素值时,CNN 的人工神经元会挑选出各种视觉特征。

将图像输入到 CNN 时,它的每一层都会生成多个激活图。激活图突出了图像的相关特征。每个神经元将一块像素作为输入,将它们的颜色值乘以其权重,求和然后通过激活函数运行它们。

CNN 的第一层(或底层)通常检测基本特征,例如水平、垂直和对角线边缘。第一层的输出作为下一层的输入,提取更复杂的特征如角和边的组合。随着深入 CNN,这些层开始检测更高级别的特征,例如对象、面部等。

将像素值乘以权重并将它们相加的操作称为"卷积"。一个 CNN 通常由几个卷积层组成,但它也包含其他组件。CNN 的最后一层是分类层,它将最终卷积层的输出作为输入(请记住,较高的卷积层检测复杂对象)。

基于最终卷积层的激活图,分类层输出一组置信度分数(0~1 之间的值),指定图像属于"类"的可能性。例如,如果有一个检测猫、狗和马的 CNN,则最后一层的输出是输入图像包含这些动物的可能性。

### 2. 训练 CNN

开发 CNN 的一大挑战是调整单个神经元的权重,以从图像中提取正确的特征。调整这些权重的过程称为"训练"神经网络。

CNN 从随机权重开始。在训练期间,开发人员为神经网络提供了一个大型图像数据集,并用相应的类别(猫、狗、马等)进行了注释。CNN 使用其随机值处理每个图像,然后将其输出与图像的正确标签进行比较。如果网络的输出与标签不匹配(很可能在训练过程开始时出现这种情况),它会对其神经元的权重进行小幅调整,以便下次看到相同的图像时,其输出更接近正确答案。

校正是通过反向传播的技术进行的。从本质上讲,反向传播优化了调整过程,使网络更容易决定调整哪些单元,而不是进行随机修正。

整个训练数据集运行一次就称为一个 epoch。CNN 在训练期间会经历 epoch,每个 epoch 会少量调整神经元的权重。在每个 epoch 之后，神经网络在对训练图像进行分类方面会变得更好。随着 CNN 的改进，它对权重所做的调整变得越来越小。在某些时候网络会"融合"，这意味着它基本上会变得尽可能好。

在训练 CNN 之后，开发人员使用测试数据集来验证其准确性。测试数据集是一组不属于训练过程的标记图像。每个图像都通过 CNN 运行，并将输出与图像的实际标签进行比较。从本质上讲，测试数据集评估了神经网络在分类之前从未见过的图像方面的表现。

如果 CNN 在其训练数据上得分高，但在测试数据上得分低，则称其为过拟合。这通常发生在训练数据种类不够多或 CNN 在训练数据集上经历了太多 epoch 时。

CNN 的成功很大程度上归功于过去十年开发的巨大图像数据集的可用性。本章开头提到的竞赛 ImageNet 的名称来自一个包含超过 1400 万张标记图像的同名数据集。还有其他更专业的数据集，例如 MNIST，一个包含 70 000 张手写数字图像的数据库。

但是，不需要在数百万张图像上训练每个 CNN。在许多情况下，可以使用预训练模型，例如 AlexNet 或 Microsoft 的 ResNet[6]，并针对另一个更专业的应用程序对其进行微调。这个过程被称为迁移学习，使用一组更小的新例子重新训练已训练好的神经网络。

### 3. CNN 的局限性

尽管功能强大且复杂，但 CNN 本质上是模式识别机器。可以利用大量的计算资源来找出人眼可能不会注意到的微小且不显眼的视觉模式。但是在理解图像内容的含义时，CNN 表现不佳。

这些限制在 CNN 的实际应用中变得更加明显。例如，CNN 现在被广泛用于审核社交媒体网络上的内容。但是，尽管 CNN 接受大量的图像和视频存储库的训练，但仍然难以检测和阻止不适当的内容。

此外，一旦神经网络稍微脱离上下文，就会崩溃。几项研究表明，在 ImageNet 和其他流行数据集上训练的 CNN 在不同光照条件下和从新角度看到物体时无法检测到物体。

MIT-IBM 沃森人工智能实验室的研究人员最近的一项研究突出了这些缺点。它还引入了 ObjectNet，这是一个更好地代表现实生活中如何看待对象的不同细微差别的数据集。CNN 不会产生人类对不同对象的心智模型以及在以前看不见的环境中想象这些对象的能力。

CNN 的另一个问题是它们无法理解不同对象之间的关系。如图 9.1 所示，它被称为"Bongard 问题"，以其发明者——俄罗斯计算机科学家 Mikhail Moiseevich Bongard 的名字命名[7]。Bongard 问题展示了两组图像（左侧 6 张，右侧 6 张），左侧集合中的图像包含一个对象，右侧集合中的图像包含两个对象。

人类很容易从如此少量的样本中得出这样的结论：如果看这两组图像，然后看一个新的图像，就可以很快地决定它应该放在左边还是右边。

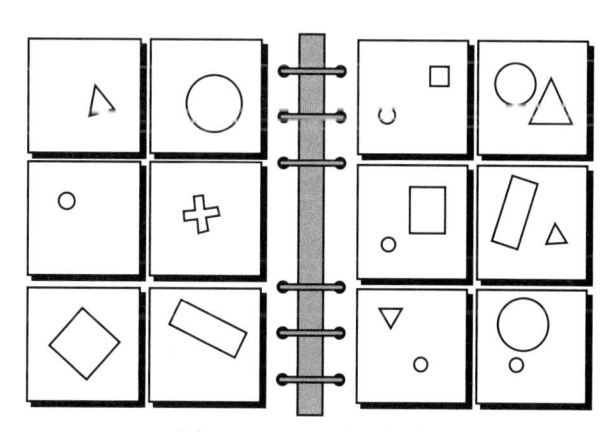

图 9.1　Bongard 问题图例

但是仍然没有 CNN 可以用这么少的训练示例解决 Bongard 问题。在 2016 年进行的一项研究中，人工智能研究人员在 20 000 个 Bongard 样本上训练了一个 CNN，并在另外 10 000 个样本上对其进行了测试，CNN 的表现远低于普通人。

CNN 的特性也使它容易受到对抗性攻击，即人眼无法注意到但影响神经网络行为的输入数据的扰动。随着深度学习，特别是 CNN 已成为许多关键应用（如自动驾驶汽车）的组成部分，如何防御对抗性攻击已被重点关注。

这是否意味着 CNN 毫无用处？尽管 CNN 存在局限性，但不可否认它们已经引发了人工智能的一场革命。今天，CNN 被用于许多计算机视觉应用，例如面部识别、图像搜索和编辑、增强现实等。在某些领域如医学图像处理，训练有素的 CNN 甚至可能在检测相关模式方面胜过人类专家。

正如 CNN 的进步所表明的那样，我们的成就是显著且有用的，但离复制人类智能的关键组成部分还有很长的路要走。

## 9.2 二维卷积层

神经网络中最大的挑战是过拟合，指的是模型学习了基于数据集中的噪声进行预测，而不是依赖于数据中的基本信号[8]。过拟合通常是由于参数多于学习特定数据集所需的参数造成的。在这种情况下，网络的参数数量过多，以至于它能够记住训练数据集中的每个细节，而不是学习到更高层次的抽象特征。当神经网络的参数很多，但训练样本不足时，过拟合将难以避免。

过拟合与模型中的权重数量和它必须学习这些权重的数据点数量之间的比率有关。因此，可以使用松散定义的结构，这可以显著减少过拟合，并产生更精确的模型，因为它降低了权重与数据点的比率。

虽然删除参数会降低模型的表现力（学习模式的能力较差），但如果可以熟练掌握重用权重，则模型同样可以具有表现力，但对过拟合更鲁棒。令人惊讶的是，这种技术也倾向于使模型更小（因为要存储的实际参数更少）。神经网络中最著名和使用最广泛的结构称为卷积单元，当用作层时称为卷积层。

最常用的卷积类型是二维卷积层，通常缩写为 conv2D。conv2D 中的过滤器或内核在 2D 输入数据上"滑动"，执行元素乘法[9]。因此，它把结果汇总成单个输出像素。内核将对其滑过的每个位置执行相同的操作，将一个二维特征矩阵转换为其他二维特征矩阵。

卷积层背后的核心思想是，并非有一个大的、密集的线性层，每个输入到每个输出都有连接，而是有很多非常小的线性层，通常少于 25 个输入和 1 个输出，用于每个输入位置。每个迷你层都称为卷积核，但它实际上只是一个具有少量输入和单个输出的小线性层。

图 9.2 所示为单个 3×3 卷积核。它将在当前位置预测，然后向右移动一个像素，再次预测，继续向右移动一个像素，依此类推。一旦它扫描了整个图像，它将向下移动一个像素并扫描回左侧，重复扫描，直到在图像中的每个可能位置做出预测。结果将是内核预测的较小二次方，用作下一层的输入。卷积层通常有许多内核。

图 9.3 所示为 4 个 3×3 卷积核的卷积层，每个核生成一个 6×6 的预测矩阵。所以，具有 4 个 3×3 卷积核的卷积层的结果是 4 个 6×6 预测矩阵。可以对这些矩阵按元素求和（求和池）、取元素平均值（平均池）或计算元素最大值（最大池）。

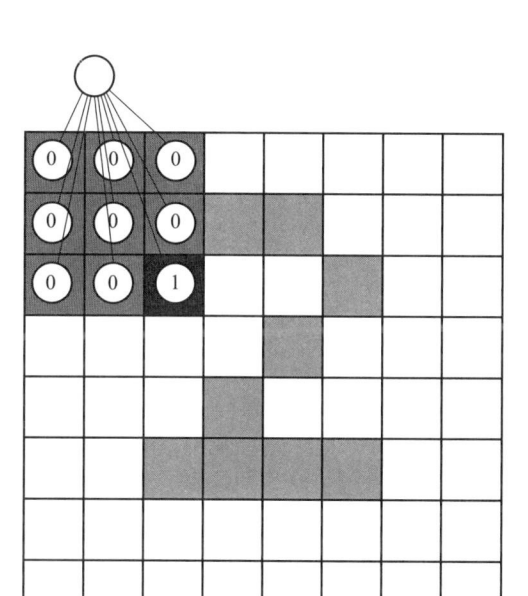

图 9.2　单个 3×3 卷积核

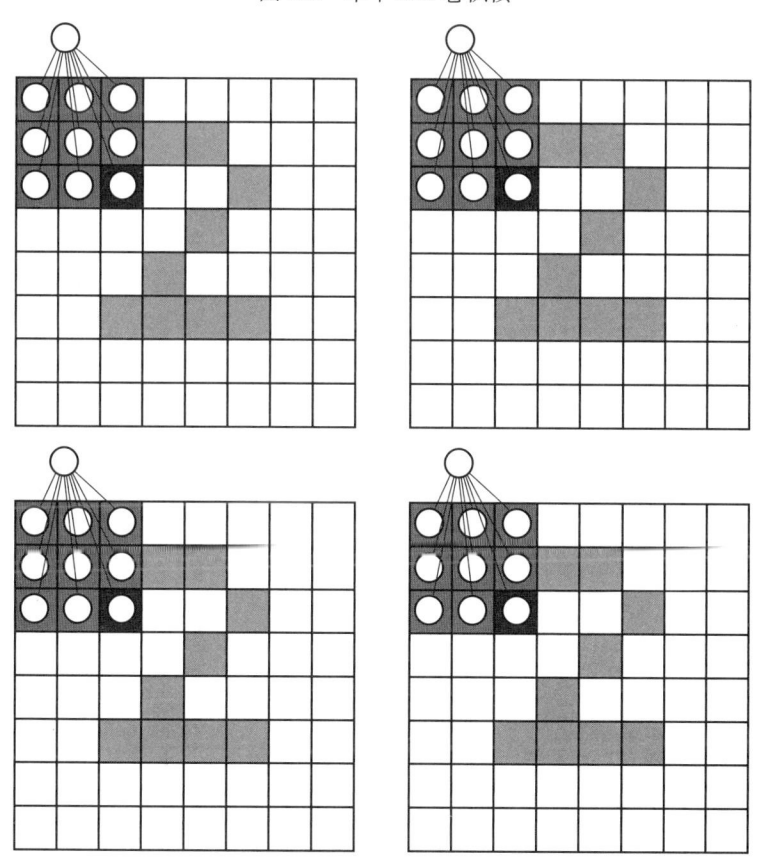

图 9.3　4 个 3×3 卷积核的卷积层

重要的是要认识到，这种技术允许每个内核学习一个特定的模式，然后在图像的某个地方搜索该模式的存在。单个、小的权重集可以在更大的训练示例集上进行训练，因为即使数据集没有改变，每个小内核也会在多个数据段上向前传播多次，从而改变权重与训练这些权重的数据点的比率。这对网络产生了强大的影响，大大降低了其过度适应训练数据的能力，并提高了其概括能力。

**1. 卷积仍然是线性变换**

即使卷积层的机制下降了，仍然很难将其与标准的前馈网络联系起来，而且它仍然不能解释为什么卷积可以缩放到图像数据并且工作得更好。

假设有一个 4×4 的输入，要将它转换成一个 2×2 的网格。如果使用前馈网络，会将 4×4 输入重塑为长度为 16 的向量，然后使它通过具有 16 个输入和 4 个输出的密集连接层。可以将一层的权重矩阵 $W$ 可视化：

$$\begin{bmatrix} w_{1,1} & w_{1,2} & w_{1,3} & w_{1,4} & w_{1,5} & w_{1,6} & w_{1,7} & w_{1,8} & w_{1,9} & w_{1,10} & w_{1,11} & w_{1,12} & w_{1,13} & w_{1,14} & w_{1,15} & w_{1,16} \\ w_{2,1} & w_{2,2} & w_{2,3} & w_{2,4} & w_{2,5} & w_{2,6} & w_{2,7} & w_{2,8} & w_{2,9} & w_{2,10} & w_{2,11} & w_{2,12} & w_{2,13} & w_{2,14} & w_{2,15} & w_{2,16} \\ w_{3,1} & w_{3,2} & w_{3,3} & w_{3,4} & w_{3,5} & w_{3,6} & w_{3,7} & w_{3,8} & w_{3,9} & w_{3,10} & w_{3,11} & w_{3,12} & w_{3,13} & w_{3,14} & w_{3,15} & w_{3,16} \\ w_{4,1} & w_{4,2} & w_{4,3} & w_{4,4} & w_{4,5} & w_{4,6} & w_{4,7} & w_{4,8} & w_{4,9} & w_{4,10} & w_{4,11} & w_{4,12} & w_{4,13} & w_{4,14} & w_{4,15} & w_{4,16} \end{bmatrix}$$

虽然卷积核操作乍一看可能有点奇怪，但它仍然是一个具有等价变换矩阵的线性变换。如果在重塑的 4×4 输入上使用大小为 3 的内核 $K$ 来获得 2×2 输出，则等效变换矩阵将是

$$\begin{bmatrix} k_{1,1} & k_{1,2} & k_{1,3} & 0 & k_{2,1} & k_{2,2} & k_{2,3} & 0 & k_{3,1} & k_{3,2} & k_{3,3} & 0 & 0 & 0 & 0 & 0 \\ 0 & k_{1,1} & k_{1,2} & k_{1,3} & 0 & k_{2,1} & k_{2,2} & k_{2,3} & 0 & k_{3,1} & k_{3,2} & k_{3,3} & 0 & 0 & 0 & 0 \\ 0 & 0 & 0 & 0 & k_{1,1} & k_{1,2} & k_{1,3} & 0 & k_{2,1} & k_{2,2} & k_{2,3} & 0 & k_{3,1} & k_{3,2} & k_{3,3} & 0 \\ 0 & 0 & 0 & 0 & 0 & k_{1,1} & k_{1,2} & k_{1,3} & 0 & k_{2,1} & k_{2,2} & k_{2,3} & 0 & k_{3,1} & k_{3,2} & k_{3,3} \end{bmatrix}$$

卷积作为一个整体，仍然是一种线性变换，但同时它也是一种截然不同的变换。对于一个有 64 个元素的矩阵，只有 9 个参数可以重复使用多次。每个输出节点只能看到选定数量的输入（内核内部的输入），与任何其他输入没有交互，因为它们的权重设置为 0。

将卷积核权重视为一种先验知识形式，对于提高卷积神经网络的训练效率是很有裨益的。所谓先验知识，是指在模型初始化时预先设置了一部分参数值，而非完全随机初始化。

采用这种方式的一个主要好处在于，通过预设定部分参数，可以为模型参数的学习过程引入一定的归纳偏置，使得参数朝着特定的目标方向优化，从而提高训练的收敛性和效率。

另一种常见的提高训练效率的技巧是迁移学习。迁移学习的核心思想是，利用在大规模数据集上预训练的模型参数，作为新任务上模型训练的初始参数。与从随机初始化开始相比，迁移学习的优势在于只需要在新任务数据上微调模型的部分层，从而可以在较小的数据集上获得很好的性能表现，同时也大幅节省了训练资源。

除了迁移学习外，还可以通过参数绑定和稀疏约束的方式，进一步减少需要优化的参数数量。例如在卷积层中，可以将部分参数固定为 0，将其余参数设置为共享的形式，从而将原本海量的参数量降低到一个可控的范围，这对于高维输入是很有必要的。

无论是预设参数先验、迁移学习，还是参数绑定等技术路线，其本质都是利用启发式的先验知识来约束和引导模型参数的优化过程，避免盲目搜索，从而达到提高训练效率的目的。

当然，这些先验知识的选取需要一定经验和领域知识作为支撑，是模型设计中非常重要的一个环节。

人工智能的未来发展方向很可能是寻求在大规模数据和强大算力的基础上，进一步利用先验知识对模型进行优化和归纳偏置，使得模型训练过程更加高效和可控。

### 2. 卷积核的局部性

内核具有两个特征：①内核仅组合来自小的局部区域的像素以形成输出，即输出特征只"看到"来自小局部区域的输入特征；②内核在整个图像中全局应用以产生输出矩阵。因此，由于反向传播一直来自网络的分类节点，核函数有一项有趣的任务即学习权重，仅从一组局部输入生成特征。此外，由于内核本身应用于整个图像，因此内核学习的功能必须足够通用，以适用于来自图像的任何部分。

对于一幅图像，像素总是以一致的顺序出现，并且周围的像素会影响中间的像素。例如，如果附近的像素都是红色的，那么该像素很可能也是红色的。如果有偏差，可以转换为特征，通过比较一个像素与其相邻像素以及其局部的其他像素来检测。

这个想法确实是许多早期计算机视觉特征提取方法的基础。如图9.4所示，对于边缘检测可以使用Sobel边缘检测滤波器，一个具有固定参数的内核，其操作就像标准的单通道卷积。

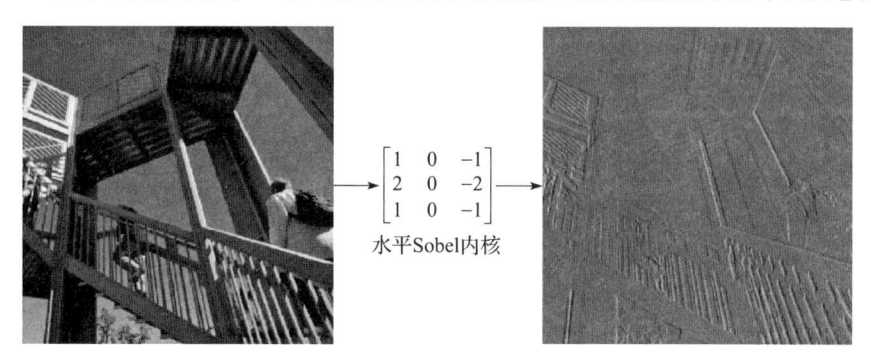

图9.4 应用垂直边缘检测器内核

传统计算机视觉中，常常使用手工设计的滤波器内核（如Sobel、Prewitt等）来检测图像中的边缘和其他低级特征。这些内核通过计算邻域像素值的差异，能够响应并激活包含特定特征模式的图像区域。

例如，对于平缓的背景区域，由于大多数像素值相近，经过内核卷积后的输出接近于0。而对于存在边缘的区域，像素值在边缘两侧会出现较大差异，从而能被内核成功检测并激活。虽然这类手工设计的内核计算范围有限（如3×3），但在整个图像上滑动运算就能实现对全局图像特征的提取。

相较之下，深度学习模型则无须人为设计特征提取器，而是能够自主学习获得适合特定任务的内核权值。在卷积神经网络的最底层，可以期望自动学习到的内核形式类似于检测边缘、线条等低级视觉特征。但随着网络层数加深，更高层次的内核将能提取出更加复杂、抽象的特征模式。

因此，与传统方法使用固定特征提取器的不同之处在于，深度学习模型能够根据输入数据的统计分布自主学习获得最佳的特征提取内核。在视觉领域，这些自动学习到的内核不仅包括低级特征检测器，还包括高层的语义特征检测器，从而使得模型具备对原始像素数据进行端到端的有效特征学习和表示能力。

深度学习研究的一个完整分支专注于使神经网络模型可解释，其中最强大的工具之一是使用优化的特征可视化。核心思想很简单：优化图像（通常用随机噪声初始化）以尽可能地激活过滤器。这确实具有直观意义：如果优化后的图像完全被边缘填充，那么这就是过滤器本身正在寻找并被激活的有力证据。使用它可以窥视学习到的过滤器，结果令人惊叹。

这里需要注意的一点是，卷积图像是静止图像，图像左上角的小像素网格的输出仍将位于左上角。所以，可以在另一层（如左边的两层）上运行另一个卷积层来提取更深层次的特征，将其可视化，如图9.5所示。

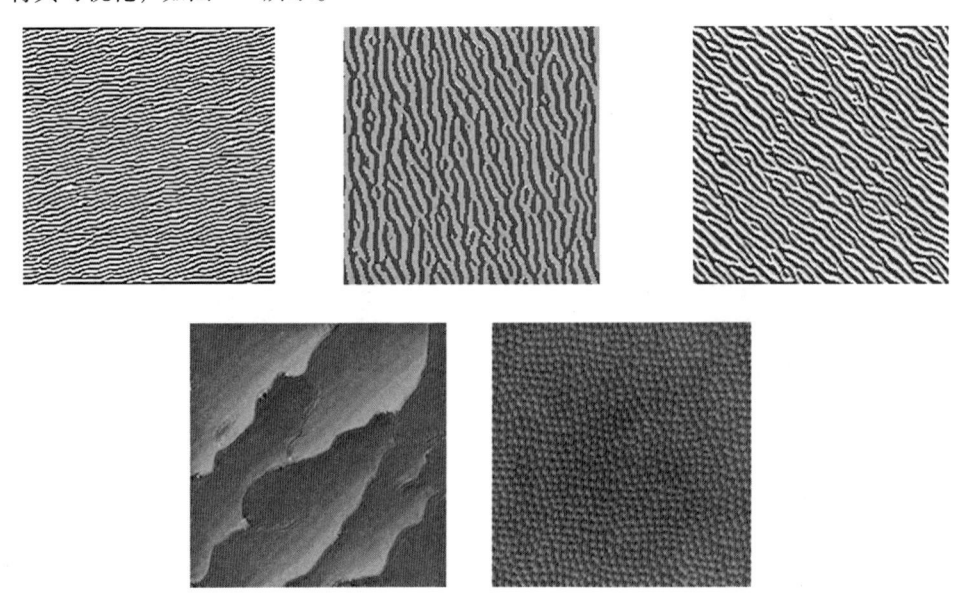

图9.5 从第2个和第3个卷积中对通道12进行特征可视化

然而，无论特征检测器有多深，如果没有任何进一步的改变，它们仍然会在图像的非常小的块上运行。

### 3. 感受野

任何CNN架构的一个基本设计选择是输入大小从网络开始到结束越变越小，而通道的数量越来越多。如前所述，这通常通过跨步或池化层来完成。局部性决定了输出可以看到前一层的哪些输入。感受野决定了输出可以看到整个网络的原始输入来自哪个区域。

如图9.6所示，跨步卷积是指只处理相隔固定距离的像素，并跳过中间的像素。然后对输出应用非线性，并且按照惯例在顶部堆叠另一个新的卷积层。即使将具有相同局部区域的相同大小（3×3）的内核应用于跨步卷积的输出，内核也会具有更大的有效感受野。

这是因为跨步层的输出仍然代表相同的图像。与其说是裁剪，不如说是调整大小，唯一的问题是输出中的每个像素都是来自原始输入的相同粗略位置的更大区域（其他像素被丢弃）的"代表"。因此，当下一层的内核对输出进行操作时，它对从更大区域收集的像素进行操作。

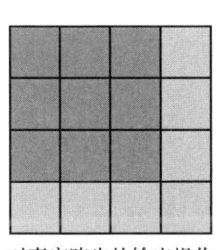

对真实跨步的输出操作

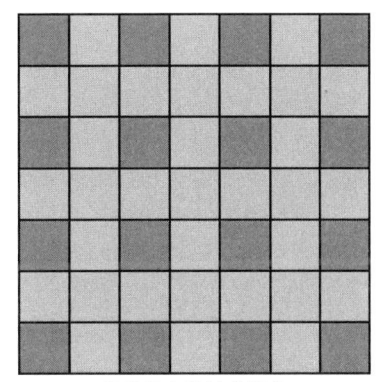

移除像素的输出操作

图 9.6 跨步卷积示例图

感受野的这种扩展允许卷积层将低级特征（线、边缘）组合成更高级别的特征（曲线、纹理）。在池化或跨步层之后，网络继续为更高级别的特征（部分、模式）创建检测器。

与 224×224 的输入相比，网络中图像尺寸的逐层减小导致第 5 个卷积块的输入仅为 7×7 的较小尺寸。此时，每个单个像素感受野已经覆盖到原始输入的 32×32 像素网格，可以说代表了一个相当大的感知区域。

与之前的低层不同，高层的激活不再简单对应边缘、线条等低级特征，而是体现了对高级语义概念的响应。在这种 7×7 的小尺寸特征图上，每个激活点都可能对应着物体、人脸、场景等复杂的高级视觉模式。

整个网络经过从少量低级特征检测器（如 GoogleNet 的 64 个）逐渐发展到大量高级特征检测器（最终 1024 个卷积核）的过程。高层的每个卷积核都在寻找极其特定的高级语义特征模式。然后经过一个全局池化层，将每个 7×7 特征图折叠为单个像素，形成感受野覆盖整个输入图像的特征向量。

与标准的全连接前馈网络相比，这种先从低级到高级、再全局池化的架构设计令人惊叹。传统前馈网络直接从原始像素拼凑抽象特征向量，需要大量数据支撑；而卷积网络则先从低级视觉特征入手，利用局部感受野和层次结构，逐步构建和组合成高级语义特征表示，最终能高效学习到针对整个图像的高层次视觉概念，如物体、场景等。

这正是卷积网络在图像领域表现卓越、高效学习的根本原因所在。通过层层递进的局部模式与高层语义特征的组合与构建，使得网络能够高效捕捉输入数据的内在统计规律，并形成对应的视觉表示。

## 9.3 图像物体边缘检测

视觉处理的初期阶段，模型会识别图像中的特征，这些特征与估计场景中物体的结构和属性密切相关。边缘检测就是这样一个关键特征。边缘是图像中重要的局部变化，是分析图像的重要特征，通常出现在图像中两个不同区域之间的边界上。边缘检测通常是从图像中恢复信息的第一步，由于其重要性，边缘检测一直是一个活跃的研究领域[10]。本节仅介绍边缘的检测和定位，讨论边缘检测的基本概念，并使用几种常见的边缘检测器来说明边缘检测中的基本问题。

边缘可能同时具有阶跃和直线特征[11]。例如，将方向从一个平面更改为另一个平面的曲面将生成阶梯边，但如果曲面具有镜面反射分量，并且曲面角被环绕，则当圆角的曲面方向通过镜面反射的精确角度时，可能会由于镜面反射分量而出现高光。由这种情况生成的边轮廓看起来像带有重叠线边的阶梯边。边缘还可能是与图像强度一阶导数变化相关的边，如凹角两侧的相互反射会生成屋顶边缘。边缘是重要的图像特征，因为它们可能对应于场景中对象的重要特征。例如，由于对象的图像强度不同于背景的图像强度，对象的边界通常会生成阶跃边。

边缘点的坐标可以是检测到边缘的像素的整数行和列索引，或者是亚像素分辨率下边缘位置的坐标。边缘坐标可以在原始图像的坐标系中，但更可能在由边缘检测滤波器产生的图像的坐标系中，因为滤波可以平移或缩放图像坐标。可以将边缘片段概念化为像素大小的小线段，或具有方向属性的点。

边缘检测器生成的边缘集可以划分为两个子集：与场景中的边缘相对应的正确边缘和与场景中的边缘不相对应的假边缘。第三组边可以定义为场景中应该检测到的边，这是缺失边缘的集合。假边缘称为假阳性，缺失边缘称为假阴性。

边链接与边跟踪之间的区别在于：

边链接将边缘检测器生成的一组无序边缘作为输入，并将它们连接形成一个有序的边缘列表。

边跟踪则直接以图像作为输入，利用局部和全局信息，自动生成一个有序的边缘列表，而无须依赖单独的边缘检测结果。

边链接是在已有的边缘检测结果基础上进行的一种后处理方法，目的在于将分散的边缘连接成完整的轮廓。边跟踪则是一种端到端的边缘提取方法，能够直接从原始图像中识别和遍历轮廓边缘。

总的来说，边链接和边跟踪都旨在获取有序边缘列表，但边链接是对边缘检测结果的进一步处理，而边跟踪则能够直接从图像提取和遍历边缘，不依赖独立的边缘检测步骤。

### 9.3.1 边缘检测的步骤

边缘检测算法包括4个步骤[12]：

1）滤波。由于仅基于两点强度值的梯度计算在离散计算中容易受到噪声和其他异常情况的影响，因此通常使用滤波来提高边缘检测器在噪声方面的性能。然而，在边缘强度和噪声降低之间需要权衡，减少噪声的过滤会导致边缘强度损失。

2）增强。为了便于检测边缘，必须确定点附近的强度变化。增强强调局部强度值发生显著变化的像素，通常通过计算梯度大小来执行。

3）检测。通常只需要具有强边缘内容的点，但图像中的许多点具有非零值的梯度，并非所有点都是特定应用程序的边。因此，应该使用某种方法来确定哪些点是边缘点。阈值化提供了用于检测的标准。

4）定位。如果应用需要，可以使用亚像素分辨率估计边缘的位置。边缘方向也可以估计。需要注意的是，检测仅指示图像中像素附近存在边缘，但不一定提供边缘位置或方向的准确估计。在边缘检测过程中，错误主要表现为两类：错误识别的边缘（假边缘）和未被识别的边缘（缺失边缘）。边缘估计的误差则通过模拟位置和方向估计的概率分布来描述。需要区分边缘检测与边缘估计是因为这些步骤涉及不同的计算过程，并且伴随着不同的误差模型。

## 9.3.2 边缘检测器

在过去的 20 年中,已经开发了许多边缘检测器,这里讨论一些常用的边缘检测器[13]。

### 1. Roberts 算子

Roberts 算子提供了梯度幅值的简单近似值。

$$G(f(i,j)) = |f(i,j) - f(i+1,j+1)| + |f(i+1,j) - f(i,j+1)| \tag{9-1}$$

使用卷积掩模,这将成为

$$G(f(i,j)) = |G_x| + |G_y| \tag{9-2}$$

式中,$G_x$ 和 $G_y$ 使用以下掩码计算:

$$G_x = \begin{bmatrix} 1 & 0 \\ 0 & -1 \end{bmatrix}, \quad G_y = \begin{bmatrix} 0 & -1 \\ 1 & 0 \end{bmatrix} \tag{9-3}$$

与前面的 2×2 梯度算子一样,在插值点 $\left(i+\dfrac{1}{2}, j+\dfrac{1}{2}\right)$ 处计算差异。Roberts 算子是该点处连续梯度的近似值,而不是如预期的在点 $(i,j)$ 处。

### 2. Sobel 算子

该方法使用了一个更强调过滤器中心的过滤器,它是最常用的边缘检测器之一,有助于降低噪声,同时提供边缘响应。如前所述,避免关于像素之间的插值点计算梯度的方法是使用 3×3 邻域进行梯度计算。请注意,此操作符将重点放在更靠近掩模中心的像素上。Sobel 运算符是通过以下公式计算的梯度大小。

$$M = \sqrt{S_x^2 + S_y^2} \tag{9-4}$$

式中

$$\begin{cases} S_x = (a_2 + ca_3 + a_4) - (a_0 + ca_7 + a_6) \\ S_y = (a_0 + ca_1 + a_2) - (a_6 + ca_5 + a_4) \end{cases} \tag{9-5}$$

式中,$c$ 为常数,$c = 2$。

与其他梯度算子一样,$S_x$ 和 $S_y$ 可以使用卷积掩模实现:

$$S_x = \begin{bmatrix} -1 & 0 & 1 \\ -2 & 0 & 2 \\ -1 & 0 & 1 \end{bmatrix}, \quad S_y = \begin{bmatrix} 1 & 2 & 1 \\ 0 & 0 & 0 \\ -1 & -2 & -1 \end{bmatrix} \tag{9-6}$$

### 3. Prewitt 算子

该方法是一种常用的边缘检测方法,主要用于检测图像中的水平边缘和垂直边缘。Prewitt 算子使用与 Sobel 算子相同的方程,只是常数 $c = 1$,因此

$$S_x = \begin{bmatrix} -1 & 0 & 1 \\ -1 & 0 & 1 \\ -1 & 0 & 1 \end{bmatrix}, \quad S_y = \begin{bmatrix} 1 & 1 & 1 \\ 0 & 0 & 0 \\ -1 & -1 & -1 \end{bmatrix} \tag{9-7}$$

请注意,与 Sobel 算子不同的是,Prewitt 算子不强调更靠近掩模中心的像素。

### 4. 比较 3 种算子

根据前面描述的 3 个步骤(滤波、增强和检测)比较目前讨论的不同边缘检测器。将给

出两种特定情况（使用滤波步骤和省略滤波步骤）下噪声图像的边缘检测结果，还将给出使用不同滤波量的边缘检测结果。

对于图 9.7~图 9.10 中的每一幅，梯度的 $x$ 分量和 $y$ 分量的绝对值之和被用作梯度大小，使用的滤波器是 7×7 高斯滤波器。

a）原始图像　　b）滤波图像　　c）简单渐变图像

d）梯度图像　　e）Roberts算子图像

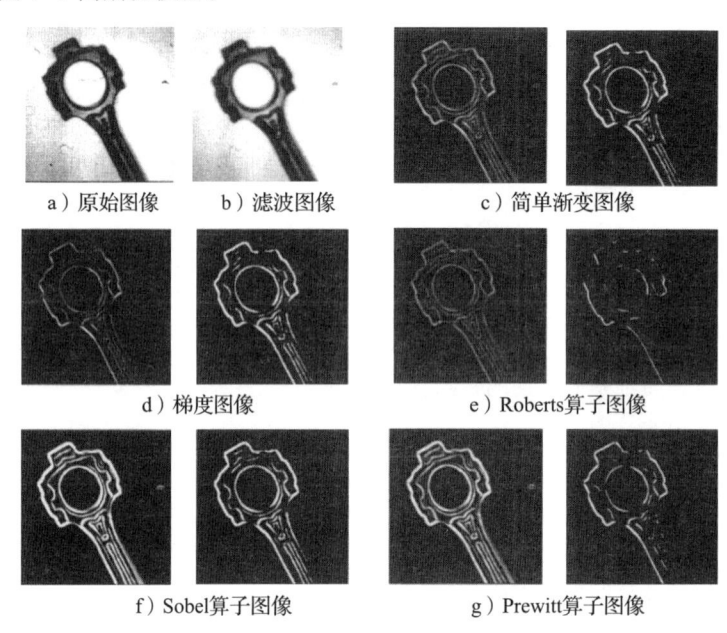

f）Sobel算子图像　　g）Prewitt算子图像

图 9.7　各种边缘检测器的比较

a）原始图像　　b）简单渐变图像

c）梯度图像　　d）Roberts算子图像

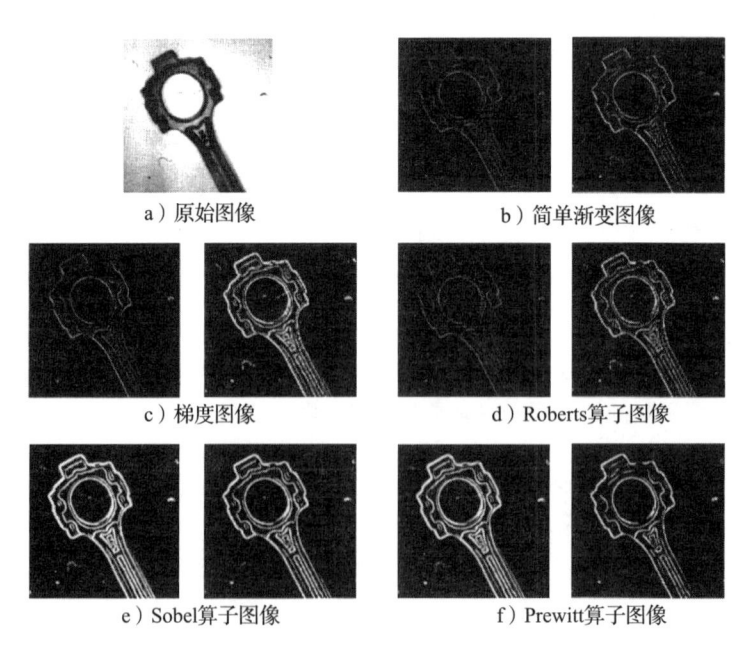

e）Sobel算子图像　　f）Prewitt算子图像

图 9.8　无滤波的各种边缘检测器的比较

a）噪声图像　　　b）滤波图像　　　c）简单渐变图像

d）梯度图像　　　　　　　e）Roberts算子图像

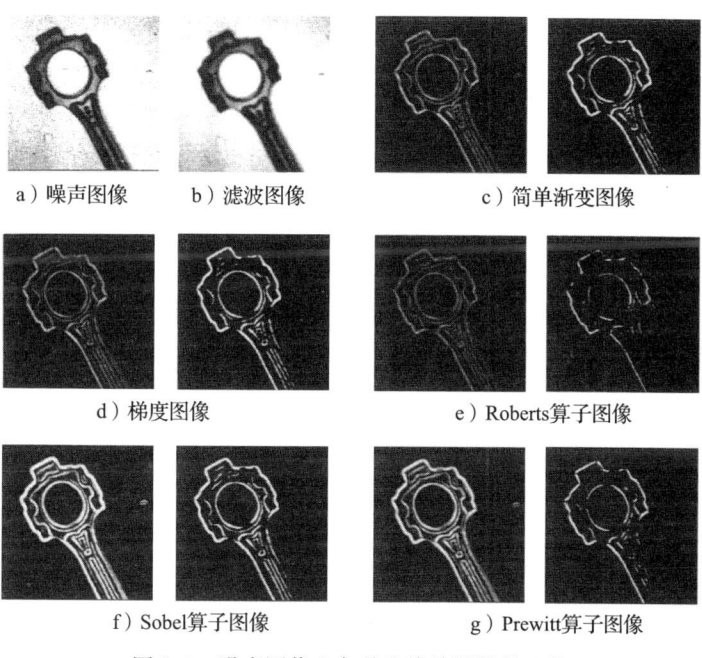

f）Sobel算子图像　　　　g）Prewitt算子图像

图 9.9　噪声图像上各种边缘检测器的比较

a）嘈杂图像　　　　　　　b）简单渐变图像

c）梯度图像　　　　　　　d）Roberts算子图像

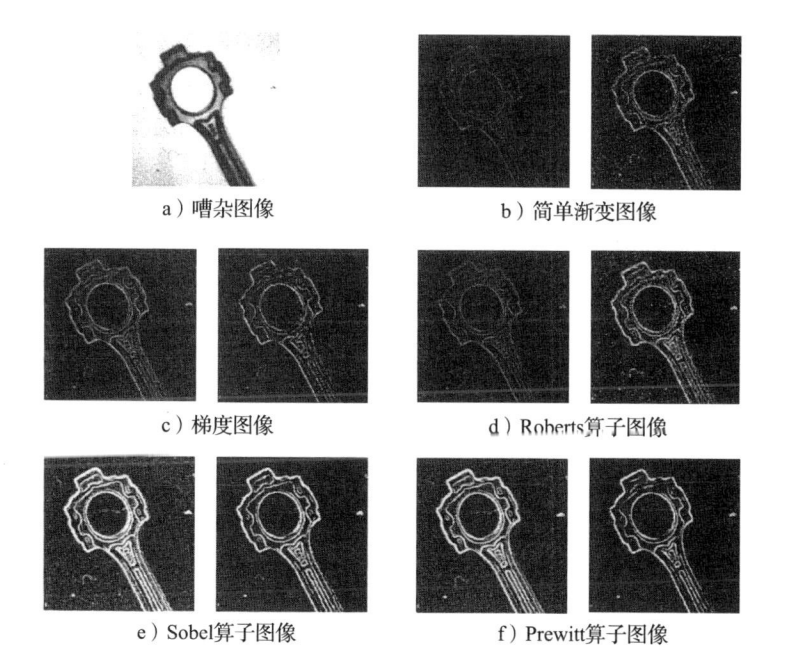

e）Sobel算子图像　　　　f）Prewitt算子图像

图 9.10　无滤波噪声图像上各种边缘检测器的比较

图 9.7 显示了迄今为止讨论的所有边缘检测器的结果，从简单的 1×2 梯度近似到 Prewitt 算子。其中，图 9.7a 和图 9.7b 为原始图像和滤波图像，图 9.7c 为使用 1×2 和 2×1 掩模的简

单渐变图像，图9.7d为使用2×2掩模的梯度图像，图9.7e~g分别为使用Roberts算子、Sobel算子和Prewitt算子的图像。

图9.8显示了省略滤波步骤时边缘检测器的结果。其中，图9.8a为原始图像，图9.8b为使用1×2和2×1掩模的简单渐变图像，图9.8c为使用2×2掩模的梯度图像，图9.8d~f分别为使用Roberts算子、Sobel算子和Prewitt算子的图像。

图9.9显示了加性高斯噪声下同一图像的边缘检测结果。其中，图9.9a和图9.9b为噪声图像和滤波图像，图9.9c为使用1×2和2×1掩模的简单渐变图像，图9.9d为使用2×2掩模的梯度图像，图9.9e~g分别为使用Roberts算子、Sobel算子和Prewitt算子的图像。

图9.10显示了无滤波噪声图像的边缘检测结果。其中，图9.10a为嘈杂的图像，图9.10b为使用1×2和2×1掩模的简单渐变图像，图9.10c为使用2×2掩模的梯度图像，图9.10d~f分别为使用Roberts算子、Sobel算子和Prewitt算子的图像。对于这些图像，过滤步骤被省略。请注意，由于存在噪声，会检测到许多假边。

## 9.4 互相关运算和卷积运算

互相关和卷积是图像信息提取的基本操作[14]。在某种意义上，它们构成了对图像进行处理的最基本的形式，却极为有效。这些操作之所以简单，是因为它们不仅便于分析和理解，而且易于实现，能够高效地进行计算。本节的主要目标是深入准确地把握互相关和卷积的功能，以及它们重要的原因。此外，还将探讨它们的一些理论特性。

这些操作具备两个核心特性：平移不变性和线性。平移不变性指的是在图像的任意位置执行的操作都是一致的。而线性则表明这些操作遵循线性原则，即每个像素的值可以表示为其相邻像素值的线性组合。这两个属性极大地简化了这些操作的复杂性。

首先探讨这些操作的最简形式，然后逐步推广。互相关性和卷积本质上是相似的操作，尽管通常卷积给人的感觉更为复杂。因此，讨论将从互相关开始，继而转向卷积。讨论之初将聚焦于一维图像，即视为一行像素的图像。虽然二维情形在某些方面比一维复杂，但互相关和卷积的性质并不会因图像维度的增加而有太大变化，理解一维情形对于掌握更高维度的情况很有帮助。此外，将图像视为连续函数在某些情况下具有启发性，但讨论将从离散图像开始，即由一系列像素构成的图像。

### 9.4.1 互相关运算

**1. 实例**

可以用互相关进行的最简单的操作之一是局部平均，这也是一个非常有用的操作。考虑一个基础的平均操作实例，该操作涉及将一维图像中的每个像素替换为该像素及其两侧相邻像素值的平均数。假设存在一个图像 $I$ 为

| 5 | 4 | 2 | 3 | 7 | 4 | 6 | 5 | 3 | 6 |
|---|---|---|---|---|---|---|---|---|---|

平均是一种将图像作为输入并生成新图像作为输出的操作。例如，当平均第四个像素（3）时，用2、3和7的平均值替换值3。如果把生成的新图像称为 $J$，可以写为：$J(4) = [I(3)+I(4)+I(5)]/3 = (2+3+7)/3 = 4$。用这种方法还可以得到：$J(3) = [I(2)+I(3)+$

$I(4)]/3=(4+2+3)/3=3$。注意，新图像中的每个像素都依赖于旧图像中的像素。在计算$J(4)$时，使用$J(3)$可能会出现错误，$J(4)$应该只依赖于$I(3)$、$I(4)$和$I(5)$。这样的平均是平移不变量，因为相当于在每个像素上执行相同的操作。每个新像素是它自身和它的两个相邻像素的平均值。平均是线性的，因为每个新像素都是旧像素的线性组合，等同于缩放旧的像素（在本例中，将所有邻近的像素乘以1/3）并将它们相加。此例子展示了互相关和卷积操作的一个共同特性：输出图像中任一个像素的值仅取决于输入图像中该像素周围的一个小范围邻域。在此情形中，该邻域仅包含3个像素，虽然有时可能会采用稍大的邻域，但一般范围不会过大。

到目前为止，还没有完全描述互相关，因为还未明确其在图像边界处的处理方式。例如，无法计算位置$J(1)$的值，因为其左侧不存在可用于平均计算的像素。针对这一问题，通常有4种常用的解决方案。

1）想象$I$是一个无限长图像的一部分，这个图像在任何地方都是零，除了指定的地方。在这种情况下，有$I(0)=0$，因此$J(1)=[I(0)+I(1)+I(2)]/3=(0+5+4)/3=3$，同理有$J(10)=[I(9)+I(10)+I(11)]/3=(3+6+0)/3=3$。

| … | … | … | 0 | 0 | 5 | 4 | 2 | 3 | 7 | 4 | 6 | 5 | 3 | 6 | 0 | 0 | … | … | … |
|---|---|---|---|---|---|---|---|---|---|---|---|---|---|---|---|---|---|---|---|

2）想象$I$是无限长图像的一部分，但使用图像中的第一个和最后一个像素来扩展它。在本例中，第一个像素左侧的任何像素的值均为5，最后一个像素右侧的任何像素的值均为6。所以，通过计算得到$J(1)=[I(0)+I(1)+I(2)]/3=(5+5+4)/3=14/3$，$J(10)=[I(9)+I(10)+I(11)]/3=(3+6+6)/3=5$。

| … | … | … | 5 | 5 | 5 | 4 | 2 | 3 | 7 | 4 | 6 | 5 | 3 | 6 | 6 | 6 | … | … | … |
|---|---|---|---|---|---|---|---|---|---|---|---|---|---|---|---|---|---|---|---|

3）把图像想象成一个圆，则像素值就会一遍又一遍地重复。那么，第一个像素左侧的像素将是图像中的最后一个像素。也就是说，在本例中，将$I(0)$定义为$I(10)$。可以得到$J(1)=[I(0)+I(1)+I(2)]/3=(6+5+4)/3=5$，$J(10)=[I(9)+I(10)+I(11)]/3=(3+6+5)/3=14/3$。

| … | … | … | 3 | 6 | 5 | 4 | 2 | 3 | 7 | 4 | 6 | 5 | 3 | 6 | 5 | 4 | … | … | … |
|---|---|---|---|---|---|---|---|---|---|---|---|---|---|---|---|---|---|---|---|

4）图像在给定的值之外是无定义的。在这种情况下，不能用这些未定义的值来计算任何平均值，所以$J(1)$和$J(10)$将是未定义的，并且$J$将小于$I$。

接下来，将从其他的角度探讨这一平均运算，采用更图形化的方法，能够增强直观理解。在计算平均值时，对于每个特定像素，将其与相邻像素各自乘以权重1/3，再将这3个结果相加。所乘的系数（1/3, 1/3, 1/3）构成了一个滤波器，这种特殊的滤波器被称为盒式滤波器。可以将其想象为一个1×3的构造，沿着图像滑动。在每个位置，滤波器上的每个系数都与下方图像中的相应像素值相乘，然后将乘积相加，得到一个新的数值，代表滤波器中心正下方像素的新值。图9.11展示了使用这种方法生成$J(1)$的过程。

```
I  … … 5  5  4  2  3  7  4  6  5  3  6  6  … …
          ×  ×  ×
         1/3 1/3 1/3
          =
         5/3 5/3 4/3
          Σ
J            14/3
```

图 9.11　一维中的互相关

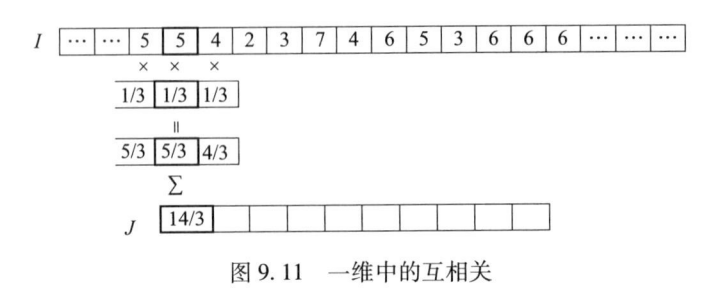

为了在滤波后的图像中产生下一个数字，将滤波器滑动到下一个像素上，然后执行相同的操作，直到生成 J 中的每个像素。有了这种相关性的观点，可以通过定义一个新的过滤器来定义一个新的平均过程。例如，假设不是对一个像素和它的近邻点进行平均，而是对每个像素和它的近邻点以及它们的近邻点进行平均。可以定义一个过滤器为（1/5,1/5,1/5,1/5,1/5），然后执行与上面相同的操作，不同之处是使用 5 像素宽的过滤器。输出图像中的第一个像素是：J(1)=I(-1)/5+I(0)/5+I(1)/5+I(2)/5+I(3)/5=1+1+1+4/5+2/5=21/5。

**2. 互相关运算的数学定义**

接下来给出了使用滤波器 F 对图像 I 进行一维互相关运算的数学公式[15]。假设 F 具有奇数个元素会很方便，因此可以假设当它移动时，它的中心正好在图像 I 的一个元素的顶部。所以说 F 有 2N+1 个元素，这些元素的索引从 -N~N，因此 F 的中心元素是 F(0)。可以得出

$$F*I(x)=\sum_{i=-N}^{N}F(i)I(x+i) \tag{9-8}$$

可以将概念扩展到二维。基本思想相同，只是图像和过滤器是二维的。可以假设过滤器有奇数个元素，所以它由（2N+1）×（2N+1）的矩阵表示。

$$F*I(x,y)=\sum_{j=-N}^{N}\sum_{i=-N}^{N}F(i,j)I(x+i,y+j) \tag{9-9}$$

二维中的互相关运算非常简单，只需采用给定大小的过滤器，并将其放置在图像中与过滤器具有相同大小的局部区域上。继续这个操作，在整个图像中移动相同的过滤器。这也有助于实现两个常见的属性：①平移不变性，视觉系统应该能够感知、响应或检测同一个物体，不管它出现在图像中的什么位置；②局部性，视觉系统专注于局部区域，而不考虑图像其他部分发生的情况。

互相关函数有一个限制或特性，即当它应用于离散单位脉冲（全零且只有单个 1 的二维矩阵）时，产生的结果是滤波器的副本，但旋转了 180°。图 9.12 说明了完整的关联操作。

### 9.4.2　卷积运算

在最一般的形式中，卷积是对实值参数的两个函数的一种操作[16]。为了引出卷积的定义，介绍两个可能使用的函数的例子。

假设用激光传感器跟踪宇宙飞船的位置。激光传感器提供单一输出 $x(t)$，即时间 $t$ 时宇宙飞船的位置。$x$ 和 $t$ 都是实值，即可以在任何时刻从激光传感器获得不同的读数。

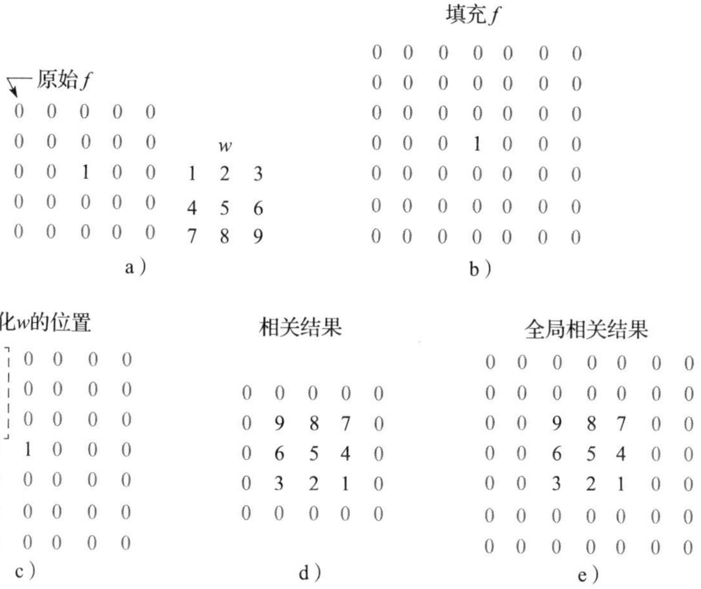

图 9.12　完整的关联操作

现在假设激光传感器有噪声。为了获得对宇宙飞船位置的一个噪声较小的估计，可以将几个测量值做平均。最近的测量结果更具相关性，所以希望这是一个加权平均值，为最近的测量结果赋予更多权重。可以用加权函数 $w(a)$ 来实现这一点，其中 $a$ 是测量的年龄。如果在每一时刻都应用这种加权平均运算，我们会得到一个新函数 $s$，它提供了对宇宙飞船位置的平滑估计：

$$s(t)=\int x(a)w(t-a)\mathrm{d}a \tag{9-10}$$

这种运算叫作卷积。卷积运算通常用星号表示：

$$s(t)=(x*w)(t) \tag{9-11}$$

在本例中，$w$ 需要是一个有效的概率密度函数，否则输出不是加权平均值。此外，对于所有负参数，$w$ 都需要为 0。然而，这些限制是本例所特有的。一般来说，卷积是为任何定义了上述积分的函数定义的，并且可以用于除加权平均之外的其他目的。

在卷积网络术语中，卷积的第一个参数（在本例中为函数 $x$）通常称为输入，第二个参数（在本例中为函数 $w$）通常称为内核，输出有时被称为特征映射。

在本例中，一个能够在任何时刻提供测量的激光传感器的想法是不现实的。通常，在计算机上处理数据时，时间会被离散化，传感器会定期提供数据。假设本例中激光每秒提供一次测量可能更现实。然后，时间索引 $t$ 只能采用整数值。如果假设 $x$ 和 $w$ 只定义在整数 $t$ 上，可以定义离散卷积：

$$s(t)=(x*w)(t)=\sum_{a=-\infty}^{\infty}x(a)w(t-a) \tag{9-12}$$

在机器学习应用中，输入通常是多维数据数组，而内核通常是由学习算法调整的多维参数数组，将这些多维数组称为张量。因为输入和内核的每个元素都必须分别显式存储，所以通常假设这些函数在任何地方都是零,但存储值的有限点集除外。这意味着在实践中,可以将无限和作为有限个数组元素的和来实现。

通常在多个轴上使用卷积。例如,如果使用二维图像 $I$ 作为输入,则可以使用二维内核 $K$:

$$S(i,j) = (I*K)(i,j) = \sum_m \sum_n I(m,n)K(i-m,j-n) \tag{9-13}$$

卷积是可交换的,这意味着可以将式(9-13)等价地表示为

$$S(i,j) = (K*I)(i,j) = \sum_m \sum_n I(i-m,j-n)K(m,n) \tag{9-14}$$

通常,式(9-14)更容易在机器学习库中实现,因为 $m$ 和 $n$ 的有效值范围变化较小。

卷积的交换性质之所以产生,是因为将核相对于输入翻转,也就是说,随着 $m$ 的增加,输入的指数增加,但进入核的指数减少。翻转内核的唯一原因是为了获得交换性质。虽然交换性质对编写证明很有用,但它通常不是神经网络实现的重要性质。相反,许多神经网络库实现了一个称为互相关的相关函数,它与卷积相同,但不翻转内核:

$$S(i,j) = (I*K)(i,j) = \sum_m \sum_n I(i+m,j+n)K(m,n) \tag{9-15}$$

许多机器学习库实现互相关,但称之为卷积。在本文中,将遵循调用这两个操作卷积的惯例,并指定在与内核翻转相关的上下文中是否要翻转内核。在机器学习的环境中,学习算法将在适当的位置学习核的适当值,因此,基于卷积和核翻转的算法将学习相对于不翻转的算法学习的核翻转的核。卷积在机器学习中单独使用也很少见,是与其他函数同时使用的,无论卷积运算是否翻转其内核,这些函数的组合都不会相互转换。关于应用于二维张量的卷积(无核翻转)示例,请参见图 9.13。

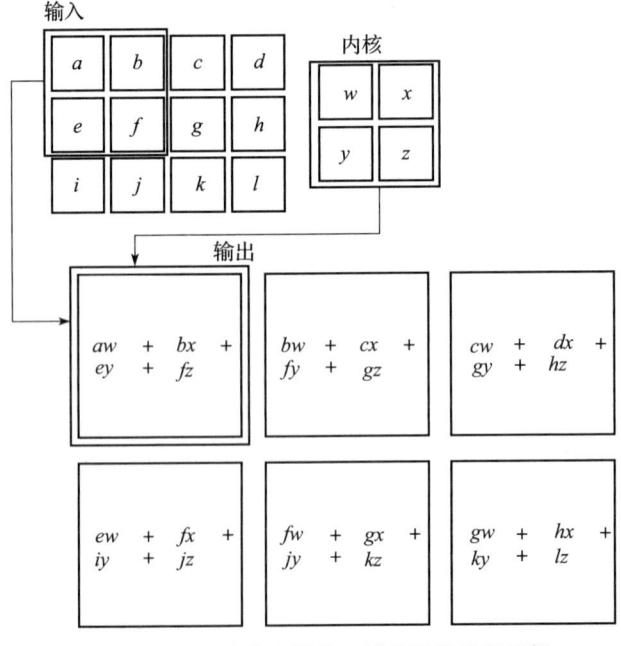

图 9.13 没有内核翻转的二维张量的卷积示例

在这种情况下，将输出限制为内核完全位于图像中的位置，在某些上下文中称为"有效"卷积。绘制带有箭头的方框，以指示输出张量的左上元素，是如何通过将核应用于输入张量相应左上区域而形成的。

离散卷积可以看作矩阵的乘法。然而，矩阵中有几个条目被限制为与其他条目相等。例如，对于单变量离散卷积，矩阵的每一行都被约束为等于上面移动一个元素的行，这被称为Toeplitz矩阵。在二维中，双块循环矩阵对应于卷积。除了几个元素相等的约束之外，卷积通常对应一个非常稀疏的矩阵（其条目大多等于零的矩阵）。这是因为内核通常比输入图像小得多。任何与矩阵乘法一起工作，且不依赖于矩阵结构的特定属性的神经网络算法，都应与卷积一起工作，而无须对神经网络进行任何进一步的更改。典型的 CNN 利用进一步的专门化来有效地处理大输入，但从理论角度来看，这些并不是严格必要的。

卷积是一种数学运算，它将一个函数滑到另一个函数上并测量它们逐点乘法的积分。它与傅里叶变换和拉普拉斯变换有很深的联系，在信号处理中被大量使用。卷积层实际上使用互相关，这与卷积非常相似。在数学中，卷积是对两个函数的数学运算，它产生第三个函数即原始函数之一的修改（卷积）版本。结果函数给出了两个函数的逐点乘法的积分，作为原始函数之一被平移的量的函数。因此，CNN 最重要的构建块是卷积层。第一个卷积层中的神经元并未连接到输入图像中的每个像素，而仅连接到其感受野中的像素。反过来，第二个卷积层中的每个神经元只连接到位于第一层小矩形内的神经元。

所有多层神经网络都有由如此多的神经元组成的层，必须将输入图像展平为一维，然后将它们提供给神经网络。相反在 CNN 中，每一层都以二维形式表示，这使得将神经元与其相应的输入相匹配变得更加容易。CNN 使用感受野概念通过在相邻层的神经元之间强制执行加局部连接模式来利用空间局部性。这种架构允许网络专注于第一个隐藏层的低级特征，然后在下一个隐藏层将它们组装成更高级别的特征，依此类推。这种层次结构在现实世界的图像中很常见，这也是 CNN 在图像识别方面表现如此出色的原因之一。最后，它仅需要少量的神经元，并且显著减少了可训练参数的数量。例如，无论图像大小如何，构建大小为 5×5 的区域，每个区域具有相同的共享权重，只需要 25 个可学习参数。通过这种方式，它使用反向传播解决了训练具有多层的传统多层神经网络时梯度消失或爆炸的问题。

卷积运算是一种线性运算，它合并两个信号：

$$f(x,y) * g(x,y) = \sum_{n_1=-\infty}^{\infty} \sum_{n_2=-\infty}^{\infty} f(n_1, n_2) g(x-n_1, y-n_2) \tag{9-16}$$

二维卷积用于图像处理以实现图像过滤器，例如在图像上查找特定补丁或某些特征。在 CNN 中，卷积层使用一个称为内核的小窗口以类似瓦片的方式过滤输入张量。内核准确定义了卷积运算要过滤的内容，并在找到要查找的内容时产生强烈的响应。图 9.14 显示了使用称为 Sobel 滤波器的特定内核对图像进行卷积的结果，该内核有助于在图像中查找边缘。

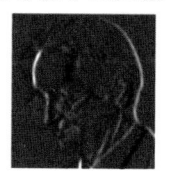

图 9.14 使用称为 Sobel 滤波器的特定内核对图像进行卷积

在卷积层中要学习的参数是层内核的权重。在 CNN 的训练过程中，这些过滤器的值会自动调整，以便为手头的任务提取最有用的信息。

在传统的神经网络中，必须将任何输入数据转换为单个一维向量，从而在将该向量发送到完全连接的层后丢失所有重要的空间信息。此外，每个像素的每个神经元都有一个参数，这会导致模型中的参数数量激增，无论输入大小或深度有多深。

然而在卷积层的情况下，每个内核将在整个输入中滑动"搜索"特定补丁。CNN 中的内核很小，与它们所卷积的内容大小无关。因此就参数而言，使用卷积层的花销通常比传统密集层要少得多。

如果想要卷积层在它的输入中寻找 6 种不同的东西，给卷积层 6 个相同大小的滤波器（在这种情况下为 5×5×3），而不是一个。然后，每个滤波器将在输入中查找特定模式。此特定 6 个滤波器卷积层的输入和输出如图 9.15 所示。

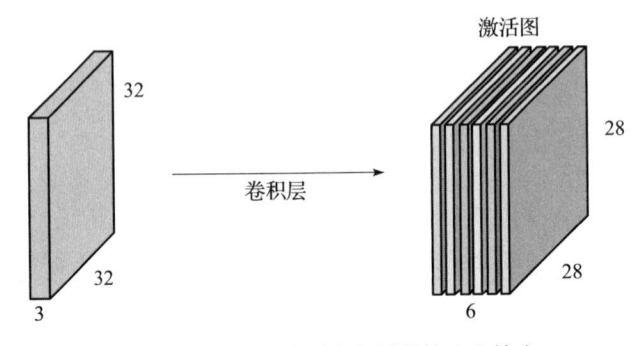

图 9.15　6 个滤波器卷积层的输入和输出

### 9.4.3　互相关与卷积的区别

了解互相关和卷积之间的区别才能理解 CNN 中的反向传播，这是了解 DeconvNet（一种 CNN 可视化技术）所必需的，也是了解 DeconvNet 和显著图（更多可视化）之间的区别所必需的，更是理解引导反向传播和引导注意力推理网络（一种基于 Grad-CAM 的方法，包括一种训练注意力图的新方法）所必需的[17]。

互相关和卷积都是应用于图像的操作。互相关意味着在图像上滑动内核（滤波器），卷积意味着在图像上滑动翻转的内核。机器学习库中的大多数 CNN 实际上都是使用互相关来实现的，但它不会改变实践中的结果，因为如果使用卷积代替，相同的权重值将在翻转方向上学习。

## 9.5　填充和步幅

在卷积神经网络中，滤波器在对输入特征图进行卷积运算时，填充（padding）和步幅（stride）是两个重要的控制参数。它们的设置将直接影响卷积的计算过程及输出特征图的尺寸变化。

### 9.5.1　填充

填充策略决定了在滤波器滑动窗口超出输入边界时对输入数据边缘的处理方式。常用的填充方法有：

（1）有效填充（Valid Padding）采用有效填充时，当滤波器滑动到输入边界时，超出范围的部分将被直接舍弃，不予卷积计算。因此，输出特征图的空间维度将小于输入特征图。

（2）相同填充（Same Padding）相同填充的做法是在输入特征图的边缘周围填充合适的虚拟像素值（通常填0），使得卷积运算可以在边界区域进行，确保输出特征图的高度和宽度与输入保持一致。

不同填充策略适合不同场景，取舍需基于任务目标和效率权衡：有效填充简单直接，不引入冗余计算，适合对边缘信息不太敏感的任务如图像分类等。但相同填充能最大限度保留特征信息，适用于语义分割、目标检测等对边缘信息敏感的密集预测任务，且输出保持输入分辨率，有助于后续处理，缺点是引入了冗余计算。

### 9.5.2 步幅

步幅指滤波器在输入特征图上滑动时，每次在高度和宽度方向上移动的像素步数。如水平和垂直步长均设为1，则滤波器将在输入上按像素顺序进行严格的局部邻域扫描。较大的步幅值如2或更大，将跳过中间某些邻域的计算，减小了卷积运算的计算量，但也造成了感受野和输出分辨率的下降。

步幅的值会影响输出特征图相对于输入的尺寸变化规模。设输入特征图的尺寸为 $H \times W$，所使用的滤波器尺寸为 $F \times F$，滤波器在水平和垂直方向上的步长均为 $S$，则有：

有效填充时，输出特征图尺寸为

$$\lfloor (H-F+1)/S \rfloor * \lfloor (W-F+1)/S \rfloor$$

相同填充时，输出特征图尺寸为

$$\lfloor H/S \rfloor * \lfloor W/S \rfloor$$

式中，$\lfloor \cdot \rfloor$ 为向下取整操作。可以看出，较大的步幅值会使输出特征图在空间维度上比输入特征图分辨率更低，但计算量也会相应减小。

通过适当设置填充策略和步幅大小，可以更好地控制卷积神经网络的感受野范围以及特征图在不同层之间的尺寸变化，对于提高网络性能和优化模型计算量具有重要意义。在实际应用中，需要根据具体任务目标和硬件资源情况，选择合理的填充和步幅参数配置。

## 本章习题

1. 什么是卷积神经网络？
2. 列举3种卷积网络模型，并进行简要说明。
3. 卷积神经网络是如何工作的？
4. 什么是二维卷积？
5. 卷积核的特征有哪些？
6. 什么是感受野？
7. 图像边缘检测算法的步骤是什么？
8. 图像边缘检测器有哪些？它们之间有什么区别？
9. 请简述互相关运算和卷积运算，并给出它们的区别。
10. 什么是填充和步幅？

## 参考文献

[1] KRIZHEVSKY A, SUTSKEVER I, HINTON G. ImageNet classification with deep convolutional neural networks [J]. Advances in neural information processing systems, 2012, 25 (2), 84-90.

[2] LECUN Y, BOSER B, DENKER J, et al. Backpropagation applied to handwritten zip code recognition [J]. Neural computation, 1989, 1 (4): 541-551.

[3] TRASK A W. Grokking deep learning [M]. New York: Simon and Schuster, 2019.

[4] CUN Y L, BOSER B, DENKER J S, et al. Handwritten digit recognition with a back-propagation network [J]. Advances in neural information processing systems, 1990, 2 (2): 396-404.

[5] HEATON J. Ian Goodfellow, Yoshua Bengio, and Aaron Courville: deep learning [J]. Genetic programming and evolvable machines, 2017, 19 (1/2): 305-307.

[6] HE K, ZHANG X, REN S, et al. Deep residual learning for image recognition [C] // 2016 IEEE Conference on Computer Vision and Pattern Recognition. New York: IEEE, 2016.

[7] YUN X, BOHN T, LING C. A deeper look at bongard problems [C] // 33rd Canadian Conference on Artificial Intelligence Cham: Springer, 2020.

[8] MICHELUCCI U. Advanced applied deep learning: convolutional neural networks and object detection [M]. [S.l.]: [s.n.], 2019.

[9] VENKATESAN R, LI B. Convolutional neural networks in visual computing: a concise guide [M]. Boca Raton: CRC Press, 2017.

[10] FOLORUNSO O, VINCENT O R, DANSU B M. Image edge detection: a knowledge management technique for visual scene analysis [J]. Information management and computer security, 2013, 15 (1): 23-32.

[11] RUI-LING D, XIANG Q L, HE L Y. Summary of image edge detection [J]. Optical technique, 2005.

[12] JI H. The algorithm for image edge detection and prospect [J]. Computer engineering and applications, 2004, 40 (4): 70-73.

[13] RAMAN M, AGGARWAL H. Study and comparison of various image edge detection techniques [J]. International journal of image processing, 2009, 3 (1): 1-11.

[14] SULLIVAN B. Charniak, E. An introduction to deep learning [J]. Perception, 2019, 48 (8): 759-761.

[15] TSAI D M, LIN C T. Fast normalized cross correlation for defect detection [J]. Pattern recognition letters, 2003, 24 (15): 2625-2631.

[16] STRÖMBERG T. The operation of infimal convolution [J]. Dissertationes mathematicae, 1996, 352 (2): 58.

[17] WANG J, HAO S, MIN L, et al. Image semantic segmentation algorithm based on self-learning super-pixel feature extraction [M]. Cham: Springer, 2018.

CHAPTER 10

# 第 10 章

# 群智能算法之粒子群算法

本章将系统介绍粒子群算法这一重要的群智能优化方法。10.1 节将学习基本粒子群算法的核心思想和基本原理，这是理解该算法的基础。

10.2 节将深入探讨粒子群优化算法的基本框架，重点介绍粒子更新公式的推导和应用。通过这一节的学习，读者将理解粒子群算法的数学基础和理论框架。

10.3 节将详细介绍粒子群算法的不同类型，将依次学习粒子群算法的基本形式、网络拓扑结构的进化模型，以及改进的粒子群算法。这些内容将帮助读者全面了解粒子群算法的多种形式。10.4 节将通过实例分析，展示粒子群算法在实际问题中的应用效果和性能表现。

通过本章的学习，读者将全面掌握粒子群算法的基础理论和关键技术，为后续研究和应用群智能优化算法奠定必要的理论基础。

## 10.1　基本粒子群算法

粒子群优化（PSO）算法是一种受鸟群或鱼群的启发而产生的群体智能算法，用于解决许多科学和工程领域中出现的非线性、非凸性或组合优化问题。在文献［1］中，利用粒子群算法优化了径向基函数（RBF）网络的参数。文献［2］对粒子群算法进行了改进，以解决双边 U 形装配线平衡问题。结果表明，采用 U 形布局设计双边装配线时，生产线长度较短。文献［3］中应用粒子群算法对季节性多产品库存系统的供应链网络进行了优化，该系统具有多个买家、多个供应商和供应商拥有的有限容量仓库。除了连续版本的粒子群算法外，二进制粒子群算法也得到了广泛的应用。文献［4］提出了一种改进的二进制粒子群算法，并将其应用于求解各种形式的背包问题。文献［5］提出了一种改进的二进制粒子群算法（Improved Binary Particle Swarm Optimization，IBPSO）用于癌症分类。

由于各种原因，许多鸟类是群居的并形成群体。鸟群可能有不同的规模，出现在不同的季节，甚至可能由不同的物种组成，这些物种可以在一个群体中很好地合作。更多的眼睛和耳朵意味着找到食物的机会增加了，及时发现捕食者的机会也增加了。鸟群在许多方面对其成员的生存总是有利的[6]：

鸟群效应是群体智能的一种典型体现。鸟群飞行时会自发形成特定队形，通过协作方式带来许多优势，如提高觅食效率、防御捕食者、节省飞行能耗等。这些群体行为特征为群体智能算法的发展提供了重要启发。

鸟群协作的主要优势包括：

1) 提高觅食效率。群体中更多的"耳朵和眼睛"能更快发现食物来源，个体从其他鸟发现的经验中获益。非竞争性群体利用了整体的觅食能力。

2) 防御捕食者。群体数量多，易发现并应对捕食威胁。鸟群还可通过集中围攻或迷惑飞行制衡捕食者。个体在群体中所承担的风险较小。

3) 节省飞行能耗。适当排列的队形利用群体气动效应，减少个体飞行阻力。鸟类通过不断变换位置，共享这一效应带来的能量节省。

然而，群集行为也存在一些缺陷，如噪声干扰加剧、需要更多食物资源等。这为粒子群算法提供了区别于其他算法的特点：

粒子群算法模拟了鸟群协作优势，但忽略了噪声等缺陷。算法中所有粒子（个体）在整个搜索过程中都保持存活，不会被"淘汰"。粒子借鉴其他粒子的优秀位置，通过相互合作不断改善自身，使群体整体向最优解逼近。这一合作性特征区别于遗传算法中通过竞争淘汰较差个体的方式。Mataric[6]总结了鸟群聚集行为需遵循的规则：

1) 安全漫游：鸟儿飞行时，不得相互碰撞，不得与障碍物相撞。
2) 分散：每只鸟与其他鸟保持最小距离。
3) 聚合：每只鸟还将保持与任何其他鸟的最大距离。
4) 归巢：所有鸟类都有可能找到食物来源或巢穴。

在设计 PSO 算法时，并非直接将 Mataric 提出的 4 条鸟群聚集规则全部应用于智能体（粒子）的行为建模。Kennedy 和 Eberhart 最初提出的基本 PSO 模型中，粒子的运动未遵循"安全漫游"和"分散"这两条规则，即允许粒子在搜索空间内相互靠近。

而"聚合"和"归巢"规则在 PSO 算法中得到了体现：聚合指每个粒子都将保持与其他粒子的一定最大距离，这相当于让粒子在整个过程中保持在搜索空间的边界范围内运动；归巢指任何一个粒子都有可能最终到达全局最优解的位置。

简单来说，基本 PSO 模型的粒子运动主要借鉴了鸟群的聚合和归巢行为特征，即使粒子群内部存在局部聚集，但整体仍将向全局最优解区域靠拢和收敛。

由此可见，PSO 算法并非直接对鸟群行为进行完全模拟，而是抽象吸收了其中的某些有益特性，并结合数学方法，从而形成了一种高效的智能优化算法。PSO 在保留群体智能的基础上，避免了鸟群噪声等缺陷，使得算法收敛性更强、效率更高。因此，PSO 算法被视为群体智能算法与数学优化方法的完美结合。

对于 PSO 模型的发展，Kennedy 和 Eberhart 遵循了决定一组智能体是否为群体的 5 个基本原则：

1) 邻近原则：群体应该能够进行简单的空间和时间计算。
2) 质量原则：人口应能对环境中的质量因素做出反应。
3) 多元化回应原则：民众不应在过于狭窄的渠道上进行活动。
4) 稳定原则：人口不应因环境改变而改变其行为模式。
5) 适应性原则：人口应该能够在值得计算代价的情况下改变其行为模式。

在粒子群算法中，一些简单的实体（粒子）被放置在某个问题或函数的搜索空间中，每个粒子在其当前位置评估目标函数。然后，每个粒子通过将其自身当前和最佳（最佳适合度）位置的历史的某些方面与群中一个或多个成员的历史的某些方面结合，并带有一些随机扰动，来确定其在搜索空间中的运动。下一次迭代发生在所有粒子都已移动之后。最终，群体作为一个整体，就像一群鸟集体觅食一样，很可能会接近适应度函数的最佳值。

粒子群中的每个个体由3个$D$维向量组成，其中$D$是搜索空间的维数。当前的位置是$x_i$，之前的最佳位置是$p_i$，速度是$v_i$。

当前位置$x_i$可以被认为是描述空间中一个点的一组坐标。在算法的每一次迭代中，将当前位置作为问题解进行评估。如果该位置比到目前为止找到的任何位置都要好，则将坐标存储在第二个矢量$p_i$中。到目前为止，最佳函数结果的值存储在一个变量中，该变量可以称为$pbest_i$（代表"以前的最佳"），以便在以后的迭代中进行比较。当然，目标是不断寻找更好的位置，并不断更新$p_i$和$pbest_i$。通过将$v_i$坐标与$x_i$相加来选择新的坐标，算法通过调整$v_i$来操作，可以有效地将其视为步长。

粒子群不仅是粒子的集合。粒子本身几乎没有解决任何问题的能力，只有当粒子相互作用时，才会有进步。问题解决是一种普遍的现象，它是通过粒子之间的相互作用产生于粒子的个体行为。在任何情况下，人口都是根据某种通信结构或拓扑（通常被认为是一个社会网络）来组织的。拓扑通常由连接粒子对的双向边组成，因此如果$j$在$i$的邻域内，$i$也在$j$的邻域内。

每个粒子与其他粒子通信，并受其拓扑邻域中任何成员找到的最佳点的影响。这就是最好邻居的向量$p_i$，用$p_g$表示。潜在的人群"社交网络"种类千差万别，但在实践中，某些类型的社交网络被更频繁地使用。

在粒子群优化过程中，对每个粒子的速度进行迭代调整，使粒子在$p_i$和$p_g$位置附近随机振荡。实现PSO的（原始）过程与算法10.1相同。

### 算法10.1 原始粒子群算法

1) 在搜索空间中初始化在$D$维上具有随机位置和速度的粒子的种群阵列。
2) 循环。
3) 对于每个粒子，在$D$变量中评估所需的优化适应度函数。
4) 将粒子的适合度评价与其$pbest_i$进行比较。如果当前值优于$pbest_i$，则设置$pbest_i$等于当前值，$p_i$等于$D$维空间中的当前位置$x_i$。
5) 识别到目前为止最成功的邻域中的粒子，并将其索引指定给变量$g$。
6) 根据式（10-1）更改粒子的速度和位置。

$$\begin{cases} v_i \leftarrow v_i + U(0,\phi_1) \otimes (p_i - x_i) + U(0,\phi_2) \otimes (p_g - x_i) \\ x_i \leftarrow x_i + v_i \end{cases} \quad (10\text{-}1)$$

式中，$U(0,\phi_1)$为在$[0,\phi_1]$中均匀分布的随机数向量，它是在每次迭代时为每个粒子随机生成的；$\otimes$为基于组件的乘法。

7) 如果满足某个条件（通常是足够好的适合度或最大迭代次数），则退出循环。
8) 结束循环。

上述基本 PSO 具有少量需要修正的参数。其中一个参数是人口规模。这通常是根据问题的维度和感知的难度进行经验设置的，通常设置为 20~50。

算法 10.1 中的参数 $\phi_1$ 和 $\phi_2$ 决定了单个最佳 $p_i$ 和相邻最佳 $p_g$ 方向上的随机力的大小。这些通常被称为加速度系数。PSO 的行为随着 $\phi_1$ 和 $\phi_2$ 的值而发生根本变化。可以将式（10-1）中的分量 $U(0,\phi_1)\otimes(p_i-x_i)$ 和 $U(0,\phi_2)\otimes(p_g-x_i)$ 解释为随机刚度弹簧产生的吸引力，将粒子的运动近似解释为牛顿第二定律的积分。在这种解释中，$\phi_1/2$ 和 $\phi_2/2$ 表示拉动粒子的弹簧的平均刚度。通过改变 $\phi_1$ 和 $\phi_2$ 可以使 PSO "响应"，甚至可能不稳定，粒子速度不受控制地增加。在早期 PSO 研究中，普遍采用设置 $\phi_1=\phi_2=2.0$ 的方案。但是，这通常会对搜索增加难度，需要加以控制。最初提出的用于执行此操作的技术是限制速度，以使 $v_i$ 的每个分量保持在 $[-V_{max},V_{max}]$ 范围内。参数 $V_{max}$ 的选择需要小心，因为它会影响探索和开发之间的平衡。

然而，对速度使用硬界限会带来一些问题。$V_{max}$ 的最佳值是特定于问题的，目前无法靠经验设定或者获取。此外，当实现 $V_{max}$ 时，粒子的轨迹未能收敛。人们希望从典型的探索性搜索的大规模步骤转向更精细、更集中地利用搜索，$V_{max}$ 只是简单地切断了粒子的振荡，因此在整个运行过程中看到了一些合适的折中方案。

## 10.2 粒子群优化算法的基本框架

Kennedy 和 Eberhart 提出了函数优化的粒子群算法模型。在粒子群算法中，解是通过配备群体智能的随机搜索来获得的。换言之，粒子群算法是一种群体智能搜索算法。这种搜索是通过一组随机生成的潜在解来完成的。这种潜在解决方案的集合被称为群，每个单独的潜在解决方案被称为粒子。

在粒子群算法中，粒子的搜索受到两种学习方式的影响。每个粒子都向其他粒子学习，也从运动过程中自己的经验中学习。向他人学习可称为社会学习，向自身经验学习可称为认知学习。作为社会学习的结果，粒子在其存储器中存储了群中任何粒子访问的最佳解决方案，称为 $G_{best}$。作为认知学习的结果，粒子在它的内存中存储了迄今为止它自己访问过的最好的解决方案，称为 $P_{best}$。

任何粒子的方向和大小的改变都由速度决定，它是位置相对于时间的变化率。参考粒子群算法，时间就是迭代。对于 PSO，速度可以被定义为位置相对于迭代的变化率。由于迭代计数器增加 1，所以速度 $v$ 和位置 $x$ 的维度变得相同。

对于 $D$ 维搜索空间，在时间步长为 $t$ 的群的第 $i$ 个粒子是一个 $D$ 维向量 $x_i^t=[x_{i1}^t,x_{i2}^t,\cdots,x_{iD}^t]^T$，该粒子在时间步长 $t$ 的速度是另一个 $D$ 维向量 $v_i^t=[v_{i1}^t,v_{i2}^t,\cdots,v_{iD}^t]^T$。第 $i$ 个粒子在时间步长 $t$ 的先前最佳访问位置被表示为 $p_i^t=[p_{i1}^t,p_{i2}^t,\cdots,p_{iD}^t]^T$。设 $g$ 是群中最佳的粒子的索引，使用速度更新方程来更新第 $i$ 个粒子的速度。

1）速度更新方程为

$$v_{id}^{t+1}=v_{id}^t+c_1r_1(p_{id}^t-x_{id}^t)+c_2r_2(p_{gd}^t-x_{id}^t) \qquad (10-2)$$

使用位置更新方程更新位置。

2）位置更新方程为

$$x_{id}^{t+1}=x_{id}^t+v_{id}^{t+1} \qquad (10-3)$$

式中，$d$ 为尺寸，$d=1,2,\cdots,n$；$i$ 为粒子索引，$i=1,2,\cdots,n$；$x$ 为蜂群的大小；$c_1$ 和 $c_2$ 为常

数，分别称为认知和社会比例参数，或简称为加速度系数；$r_1$、$r_2$ 为从均匀分布中抽取范围 [0,1] 内的随机数。它出现在均衡器里，每个粒子的每个维度都独立于其他维度进行更新。问题空间维度之间的唯一联系是通过目标函数引入的，即通过到目前为止找到的最佳位置 $G_{best}$ 和 $P_{best}$ 的位置。

速度更新方程式 (10-2) 的右侧，由 3 个项组成：

1) 上一个速度 $v$，可以看作一个动量项，它是对上一个运动方向的记忆。这一项可以防止粒子剧烈改变方向。

2) 第二项称为认知成分或利己主义成分。由于这一组成部分，$a$ 的当前位置被吸引到其局部最佳位置。因此，在整个搜索过程中，粒子会记住自己的最佳位置，从而阻止自己游荡。这里，应该注意 $p_{id}-x_{id}$（上标 $t$ 只是为了简单）是一个方向是从 $x_{id}$ 到 $p_{id}$ 的向量，其结果是将当前位置吸引到粒子的最佳位置。必须保持这个 $x_{id}$ 和 $p_{id}$ 的顺序，以将当前位置吸引到粒子的最佳位置。如果使用向量 $x_{id}-p_{id}$ 写第二项，那么当前位置将排斥粒子的最佳位置。

3) 第三项称为社交组件，负责在整个群体中共享信息。由于这一项，一个粒子被吸引到群体中最好的粒子，即每个粒子向群体中的其他粒子学习。同样，也要保持向量 $p_{gd}-x_{id}$ 中 $x_{id}$ 和 $p_{gd}$ 的顺序。

从速度更新方程中还可以清楚地看出 PSO 的 5 个基本原则，如 10.1 节所述。在 PSO 过程中，计算是在 $D$ 维空间中的一系列时间步长上进行的。种群在任何时间步都遵循 $G_{best}$ 和 $P_{best}$ 的指导方向，即种群对质量因素做出反应，从而坚持质量原则。由于速度更新方程中的随机数 $r_1$ 和 $r_2$ 均匀分布，所以当前位置在 $P_{best}$ 和 $G_{best}$ 之间的随机分配证明了多样化响应原则的合理性。稳定原理在粒子群算法中也是合理的，因为群体中的粒子没有随机运动，但只有当它从 $G_{best}$ 接收到更好的信息时才能运动。群体随着 $G_{best}$ 的变化而变化，因此遵循适应性原则。

种群算法参数的选择对算法的收敛速度和寻优能力有很大影响。通常，这些算法的参数设置的一般建议是不可能的，因为它高度依赖于问题参数。然而，已经进行了理论和/或实验研究来推荐参数值的一般范围。与其他基于群体的搜索算法一样，由于搜索过程中随机因素 $r_1$ 和 $r_2$ 的存在，PSO 一般版本的参数调整一直是一项具有挑战性的任务。基本版 PSO 只有很少的参数。

一个基本参数是群体大小，它通常是根据问题中的决策变量的数量和问题的复杂性进行经验设置的。一般情况下，建议使用 20~50 个颗粒。

另一个参数是比例因子 $c_1$ 和 $c_2$。如前所述，这些参数决定下一次迭代的粒子步长。换句话说，$c_1$ 和 $c_2$ 决定粒子的速度。在基本版 PSO 中，选择 $c_1=c_2=2$。在这种情况下，不加控制地提高了粒子的速度，这有利于加快收敛速度，但不利于更好地利用搜索空间。如果设置 $c_1=c_2>0$，那么粒子将吸引到 $P_{best}$ 和 $G_{best}$ 的平均值。设置 $c_1>c_2$ 对多峰问题有利，设置 $c_2>c_1$ 对单峰问题有利。较小的 $c_1$ 和 $c_2$ 值将在搜索过程中提供平滑的粒子轨迹，而较大的 $c_1$ 和 $c_2$ 值将导致具有更多加速度的突然运动。

停止准则不仅是 PSO 算法的参数，也是任何基于种群的元启发式算法的参数。常用的停止准则通常基于函数求值或迭代的最大次数，这些次数与算法所花费的时间和可接受的误差成正比。更有效的停止准则是基于算法的可用搜索能力。如果算法在迭代次数达到一定数量时不能显著改善解，则应停止搜索。

## 10.3 粒子群算法分类

本节将讨论 PSO 算法、两种基本的进化模型以及改进的 PSO 算法。粒子群算法是一种优化算法，受到鸟群或鱼群等群体行为的灵感。现在逐个了解这些内容。

### 10.3.1 PSO 算法

PSO 算法是由美国社会心理学家 Kennedy 和电气工程师 Eberhart 在 1995 年共同提出的，是继蚁群算法之后的又一种新的群体智能算法，目前已成为进化算法的一个重要分支。经典粒子群算法的基本思想是模拟鸟类群体行为，并利用了生物学家的生物群体模型，因为鸟类的生活使用了简单的规则：飞离最近的个体、飞向目标、飞向群体的中心来确定自己的飞行方向和飞行速度，并且成功地寻找到栖息地。Heppner 受鸟类的群体智能启发，建立了模型。Kennedy 和 Eberhart 对 Heppner 的模型进行了修正，同时引入了人类的个体学习和整体文化形成的模式，一方面个体向周围优秀者的行为学习，另一方面个体不断总结自己的经验形成自己的知识库，从而提出了 PSO 算法。该算法由于运算速度快，局部搜索能力强，参数设置简单，近些年已受到学术界的广泛重视，现在 PSO 算法在函数优化、神经网络训练、模式分类、模糊系统控制以及其他工程领域都得到了广泛的应用。

经典粒子群算法和其他的进化算法相似，也采用"群体"与"进化"的概念，同样是根据个体即粒子（Particle）的适应度大小进行操作。所不同的是，PSO 算法不像其他进化算法那样对个体使用进化算子，而是将每个个体看作 $N$ 维搜索空间中一个无重量、无体积的粒子，并在搜索空间中以一定的速度飞行。该飞行速度是根据个体的飞行经验和群体的飞行经验来进行动态地调整。

Kennedy 和 Eberhart 最早提出的 PSO 算法的进化方程为

$$\begin{cases} v_{ij}^{t+1} = v_{ij}(t) + c_1 r_1 [p_{ij}(t) - x_{ij}(t)] + c_2 r_2 [p_{gj}(t) - x_{ij}(t)] \\ x_{ij}^{t+1} = x_{ij}^t + v_{ij}^{t+1} \end{cases} \tag{10-4}$$

式中，下标 $i$ 为第 $i$ 个粒子；下标 $j$ 为粒子 $i$ 的第 $j$ 维分量；$t$ 为第 $t$ 代；$c_1$ 和 $c_2$ 为学习因子，是非负常数，$c_1$ 用来调节粒子向本身最好位置飞行的步长，$c_2$ 用来调节粒子向群体最好位置飞行的步长，通常 $c_1$ 和 $c_2$ 在 [0,2] 间取值。

迭代终止条件根据具体问题一般选为最大迭代次数或粒子群搜索到的最优位置满足于预先设定的精度。经典 PSO 算法的算法流程如下：

1) 依照如下初始化过程，对粒子群的随机位置和速度进行初始设定：
①设定群体规模，即粒子数为 $N$。
②对任意 $i$、$j$，随机产生 $x_{ij}$、$v_{ij}$。
③对任意 $i$ 初始化局部最优位置为

$$p_i = x_i \tag{10-5}$$

④初始化全局最优位置 $P_g$。

2) 对于每个粒子，将其适应度值与其本身所经历过的最好位置 $p_i$ 的适应度值进行比较，如果现在适应度值更好，则将现在 $x_i$ 的位置作为新的 $p_i$ 的适应度值，群 $p_i$ 的位置作为新的 $p_i$。

3) 对每个粒子，将其经过的最好位置 $p_i$ 适应度值与群体的最好位置的适应度值比较，如

果 $p_i$ 适应度值更好，则将 $p_i$ 的位置作为新的 $P_g$。

4）对粒子的速度和位置进行更替。

如未达到结束条件，则返回 2）。

## 10.3.2 两种基本的进化模型

在基本的 PSO 算法中，根据直接相互作用的粒子群定义可构造 PSO 算法的两种不同版本，也就是说，可以通过定义全局最好粒子（位置）或局部最好粒子（位置）构造具有不同行为的 PSO 算法。

（1）$G_{best}$ 模型（全局最好模型）  $G_{best}$ 模型以牺牲算法的鲁棒性为代价提高算法的收敛速度，基本 PSO 算法就是典型的该模型的体现。在该模型中，整个算法以该粒子（全局最好的粒子）为吸引子，将所有粒子拉向它，使所有的粒子最终收敛于该位置。如果在进化过程中，该全局最优解得不到更新，则粒子群将出现类似于遗传算法早熟的现象。

（2）$L_{best}$ 模型（局部最好模型）  为了防止 $G_{best}$ 模型可能出现早熟现象，$L_{best}$ 模型采用多个吸引子代替 $G_{best}$ 模型中的单一吸引子。首先将粒子群分解为若干个子群，在每个粒子群中保留其局部最好粒子 $p_i(t)$，称为局部最好的位置或邻域最好位置。

实验表明，局部最好模型的 PSO 算法比全局最好模型收敛慢，但不容易陷入局部最优解。

## 10.3.3 改进的 PSO 算法

最初的 PSO 算法是从解决连续优化问题发展起来的，Eberhart 等又提出了 PSO 的二进制版本，来解决工程实际中的优化问题。

PSO 算法是一种局部搜索效率高的搜索算法，收敛快，特别是在算法的早期，但也存在着精度较低、易发散等缺点。若加速系数、最大速度等参数太大，粒子群可能错过最优解，算法不能收敛；而在收敛的情况下，由于所有粒子都同时向最优解的方向飞去，所以粒子趋向同一化（失去了多样性），这样就使算法容易陷入局部最优解，即算法收敛到一定精度时，无法继续优化，因此很多学者致力于提高 PSO 算法的性能。

Y. Shi 和 Eberhart 在 1998 年对 PSO 算法引入了惯性权重 $w(t)$，并提出了在进化过程中线性调整惯性权重的方法，来平衡全局和局部搜索的性能，该方程已被学者们称为标准 PSO 算法，其方程为

$$\begin{cases} v_{ij}^{t+1} = w(t)v_{ij}(t) + c_1 r_1 [p_{ij}(t) - x_{ij}(t)] + c_2 r_2 [p_{gj}(t) - x_{ij}(t)] \\ x_{ij}^{t+1} = x_{ij}^{t} + v_{ij}^{t+1} \end{cases} \tag{10-6}$$

式中，$w$ 为惯性权重；$c_1$ 和 $c_2$ 为加速常数。速度的计算以下面 3 个基值为基础：

1）其第一部分 $v_{i,k}(t)$ 为粒子先前的速度。

2）第二部分 $pbest_{i,k}(t)$ 为"认知"部分，因为它仅考虑了粒子自身的经验，是局部最优位置。

3）第三部分 $pbest(t)$ 是"社会"部分，表示粒子间的社会信息共享，是全局最优位置。下面实验中 $c_1 = 1.3$，$c_2 = 1.9$。当惯性权重 $w(t) = 1$ 时，两种算法相同，从而表明代惯性权重的 PSO 算法是基本 PSO 算法的扩展，建议 $w(t)$ 的取值范围为 [0, 1.4]，但实验结果表明当 $w(t)$ 取 [0.8, 1.2] 时，算法收敛速度更快，而当 $w(t) > 1.2$ 时，算法则较多的陷入局部极

值。惯性权重 $w(t)$ 表明粒子原来的速度能在多大的程度上得到保留，较大的 $w(t)$ 有较好的全局搜索能力，而较小的 $w(t)$ 则有较强的局部搜索能力。因此，随着迭代次数的增加，线性地减小惯性权重 $w(t)$，就可以使得 PSO 算法在初期具有较强的全局收敛能力，而在晚期具有较强的局部收敛能力。

惯性权重系数线性更新公式为

$$w = w_{\max} - t \frac{w_{\max} - w_{\min}}{t_{\max}} \tag{10-7}$$

## 10.4 实例分析

在这一部分中，为了更好地理解 PSO 算法的工作原理，给出了一个数值算例。为简单起见，考虑使用 PSO 算法最小化二维跟随球函数。

首先，使用范围（-5,5）中均匀分布、随机生成大小为 5 的群，见表 10.1。

表 10.1 随机生成大小为 5 的群

| $x_{ij}$ | 1 | 2 |
|---|---|---|
| 1 | 4.7059 | -0.7824 |
| 2 | 4.5717 | 4.1574 |
| 3 | -0.1462 | 2.9221 |
| 4 | 3.0028 | 4.5949 |
| 5 | -3.5811 | 1.5574 |

对应于粒子的速度在 $[-V_{\max}, V_{\max}]$ 范围内初始化。这里 $V_{\max}$ 最大速度界限是 PSO 参数，通常设置为 $V_{\max} = X_{\max}$。因此，在本例中，速度矢量在范围 $[-5,5]$ 内均匀生成，速度矩阵 $V$ 见表 10.2。

表 10.2 速度矩阵

| $v_{ij}$ | 1 | 2 |
|---|---|---|
| 1 | 4.0579 | -2.215 |
| 2 | -3.7301 | 0.4688 |
| 3 | 4.1338 | 4.5751 |
| 4 | 1.3236 | 4.6489 |
| 5 | -4.0246 | -3.4239 |

下一步是对当前位置矩阵进行目标函数评估。适应度通常是正在求解的优化问题中目标函数的值。具有较好目标函数值的解代表较适合的解。由于所考虑的问题是一个极小化问题，如果目标函数值较小，将考虑更适合的解。在目标函数 $f = x_1^2 + x_2^2$ 中替换 $x_{11} = 4.7059$ 和 $x_{12} = -0.7824$，得到 22.7576。类似地，计算其他位置向量的目标函数值，得到以下初始适应度矩阵：可以观察到，这 5 个目标函数值中与 5 个粒子相对应的最小值是 8.5600。因此，这个群体最合适的解是 $x_3 = (-0.1462, 2.9221)$，称之为 $G_{\text{best}}$。由于这是第一次迭代，因此不存在用于比较的先前迭代，因此每个粒子的当前位置也是 $P_{\text{best}}$ 位置。

现在，使用 PSO 更新方程进行下一次迭代。这里应该注意的是，速度和位置更新的所有计算都是按组件执行的。

现考虑更新第一个粒子 $x_1 = (4.7059, -0.7824)$。首先，将更新其第一个组件 $x_{11} = 4.7059$。因此，将速度更新方程应用于 $v_{11}$ 得到更新后的速度分量 $-4.2877$，其在范围 $[-5,5]$ 内，因此接受更新的值。如果更新的速度分量值超出预先指定的范围，将考虑最近的边界值。例如，假设更新后的速度分量为 $-5.8345$，则将其设置为 $-5$，因为这一侧的最大速度界限为 $-5$。现在，如果分量为 $6.8976$，则由于类似的原因，更新后的速度将设置为 $5$。

现在 $x_{11}$ 的更新公式是：$x_{11} = 4.7059 + (-4.2877) = 0.4182$，由于更新后的解决方案组件位于搜索空间 $(-5,5)$ 中，因此接受该解决方案。如果更新的位置不在给定的搜索空间内，研究人员提出了许多方法来处理这种情况，本节将讨论其中的一些方法。对于本例，如果更新值落在搜索空间边界之外，将随机重新初始化粒子。

同样，将更新第二个组件 $x_{12} = -0.7824$。为了更新这一点，首先在 $v_{12} = -2.215$ 上应用速度更新公式。更新的 $v_{12} = 4.5272$ 在 $[-5,5]$ 范围内，因此将使用此值更新 $x_{12} = -0.7824 + 4.5272 = 3.7448$，更新的 $x_{12}$ 再次在搜索空间 $(-5,5)$ 内，从而接受解决方案。

因此，应用 PSO 更新方程后的第一个粒子变为 $x_1 = (0.4182, 3.7448)$。使用相同的过程更新所有粒子。在该初始迭代之后，表 10.3 给出了更新后的速度矩阵 $V$，表 10.4 和表 10.5 分别给出了更新后的位置矩阵 $X$ 和适应度矩阵。

表 10.3 更新的速度矩阵

| $v_{ij}$ | 1 | 2 |
|---|---|---|
| 1 | -4.2877 | 4.5272 |
| 2 | -11.8449 | 0.3206 |
| 3 | 4.1338 | 4.5751 |
| 4 | -0.1249 | 1.504 |
| 5 | -1.3454 | -3.151 |

表 10.4 更新的位置矩阵

| $x_{ij}$ | 1 | 2 |
|---|---|---|
| 1 | 0.4182 | 3.7448 |
| 2 | 3.4913 | 4.4780 |
| 3 | 3.9876 | 4.3399 |
| 4 | 2.8779 | 2.5774 |
| 5 | -4.9265 | -2.4672 |

表 10.5 更新的适应度矩阵

| | |
|---|---|
| $f_1$ | 14.1984 |
| $f_2$ | 32.2416 |
| $f_3$ | 34.7356 |
| $f_4$ | 14.9252 |
| $f_5$ | 30.3574 |

显然，可以看到最小目标函数值是 14.1984，它对应于第一个粒子。因此，更新的群组的 $G_{\text{best}}$ 是第一个粒子 $x_1$。

现在将此 $G_{\text{best}}$ 与前一次 $G_{\text{best}}$ 进行比较，显然更新后的 $G_{\text{best}}$ 并不比前一次更好，因此为了进行下一次迭代,考虑上一次迭代的 $G_{best}(-0.1462, 2.9221)$。

现在,对于每个粒子,观察 $P_{best}$ 的选择。应该注意的是,$G_{best}$ 是针对整个群的,$P_{best}$ 是针对特定粒子的。

对于第一个粒子,前一群中的适应度为 22.7576,当前群中的适应度为 14.1984,显然,当前群的适应度比前一群好,所以设置 $pest_1 = (0.4182, 3.7448)$。如果当前群的适应度比前一群的适应度差,那么现在的最好和旧的最好是一样的。

同样的,对于第二个粒子,$Pest_2 = (3.4913, 4.4780)$;对于第三个粒子,$Pest_3 = (2.2534, 3.1379)$;对于第四个粒子 $Pest_4 = (1.6400, 1.3202)$;对于第五个粒子,$Pest_5 = (2.2668, 2.0009)$。继续相同的过程,直到达到终止标准。

PSO 是一个动态、活跃、交互的群体,没有固有的智能。在 PSO 算法中,每个人都会教自己的邻居,每个人都会向邻居学习。在搜索过程中,潜在的解决方案比使用协作试验和错误策略的随机猜测更好。这些猜测比随机搜索好,因为它们是由社会学习提供信息的。自产生以来,PSO 算法发生了许多变化,使其成为数值优化的有力候选者。研究人员已将 PSO 应用于大多数需要数值优化技术的问题。

PSO 算法具有很强的灵活性,可以根据问题的需要进行修改。因此,即使在 PSO 发明了 20 多年后,仍有足够的空间对其进行修改,并将其应用于新的复杂优化问题。

## 本章习题

1. 在日常生活或学习中有哪些行为或者实例运用了粒子群算法?
2. 写出原始粒子群算法的伪代码。
3. 计算函数 $f(x) = \sum_{i=1}^{n} x_i^2 (-20 \leq x_i \leq 20)$ 的最小值,其中个体 $x$ 的维数 $n = 10$。
4. 探索 $G_{best}$ 模型的应用实例。
5. 探索 $L_{best}$ 模型的应用实例。

## 参考文献

[1] FENG J, TIAN F, JIA P, et al. Improving the performance of electronic nose for wound infection detection using orthogonal signal correction and particle swarm optimization [J]. Sensor review, 2014, 34(4): 389-395.

[2] DELICE Y, AYDOĞAN E K, ÖZCAN U, et al. Balancing two-sided U-type assembly lines using modified particle swarm optimization algorithm [J]. A quarterly journal of operation research, 2017, 15 (1): 37-66.

[3] MOUSAVI S M, BAHREININEJAD A, MUSA S N, et al. A modified particle swarm optimization for solving the integrated location and inventory control problems in a two-echelon supply chain network [J]. Journal of intelligent manufacturing, 2017, 28 (1): 191-206.

[4] BANSAL J C, DEEP K. A modified binary particle swarm optimization for knapsack problems [J]. Applied mathematics and computation, 2012, 218 (22): 11042-11061.

[5] JAIN I, JAIN V K, JAIN R. Correlation feature selection based improved-binary particle swarm optimization for gene selection and cancer classification [J]. Applied soft computing, 2018, 62: 203-215.

[6] MATARIC M J. Interaction and intelligent behavior [D]. Cambridge: Massachusetts Institute of Technology, 1994.

# 第 11 章 优化算法

本章将系统介绍深度学习中的优化算法。11.1 节探讨优化与深度学习的关系，包括优化目标、优化过程以及深度学习中的优化挑战。通过这些基础内容的学习，读者将理解深度学习优化问题的本质。

11.2 节将介绍梯度下降和随机梯度下降这两种基本的优化方法。深入分析梯度下降的实现原理和算法特点，并详细讨论随机梯度下降的工作机制。

11.3 节将介绍动量法这一重要的优化技术。读者将了解如何利用动量来提升优化算法的性能。

11.4 节将系统学习自适应学习率算法，包括 AdaGrad 算法、RMSProp 算法、Adam 算法以及选择正确的优化算法等内容。通过这些先进优化方法的学习，读者将掌握如何根据具体问题选择合适的优化策略。

通过本章的学习，读者将系统掌握深度学习中各种优化算法的原理和应用，为实际开发和优化深度学习模型提供必要的理论指导。

## 11.1 优化与深度学习

如果从头开始训练一个神经网络，很可能最初的几次尝试都得不到合理的结果。怎样做才能改变这样的状况呢？在更高的层面上，你需要 3 样东西（除了强大的硬件）：合适的神经网络、合适的训练算法和合适的训练技巧[1]。

（1）神经网络　神经网络包括神经结构和激活函数。对于神经结构，可能要用至少 5 层和足够神经元的卷积网络来替换完全连接的网络。为了获得更好的性能，可能将深度增加到 20 甚至 100。对于激活函数，使用 ReLU 激活函数是很好的选择，但是使用 tanh 或 swish 激活函数也是合理的。

（2）训练算法　使用随机梯度下降是十分重要的。选择一个合适的恒定步长即可，而动量和自适应步长可以提供额外的好处。

（3）训练技巧　适当的初始化对算法的训练非常重要。要训练具有 10 层以上的网络，通常需要两个额外的技巧——添加标准化层和添加跳过连接。

哪些设计选择是必要的？目前，对一些设计选择如初始化策略、标准化方法、跳过连接、超参数化（大宽度）和随机梯度下降有了一些了解[2]。优化领域大致可分为 3 个主要方向：控制 Lipschitz 常数、实现更快的收敛速度以及改善地形适应性。除此之外，还有众多其他设计选择，尤其是涉及神经结构的方面，这些往往难以把握。尽管如此，要完全理解这个复杂系统的每一部分几乎是不可能的任务，但目前所获得的理解已经能够提供一些有价值的见解。

本节将讨论优化与深度学习之间的关系，以及在深度学习中使用优化的挑战。对于深度学习问题，通常首先定义损失函数。一旦有了损失函数，就可以使用优化算法来尝试最小化损失。在最优化中，损失函数通常被称为最优化问题的目标函数。根据传统和惯例，大多数优化算法都与最小化有关。如果需要最大化一个目标，一个简单的解决方案是翻转目标上的符号。

### 11.1.1 优化目标

虽然优化为深度学习提供了一种最小化损失函数的方法，但本质上，优化和深度学习的目标是不同的，优化主要关注最小化目标，而深度学习关注在有限的数据量下找到合适的模型[3]。例如，训练误差和泛化误差通常不同：由于优化算法的目标函数通常是基于训练数据集的损失函数，因此优化的目标是减少训练误差；然而，深度学习（或者更广泛地说，统计推断）的目标是减少泛化误差。为了实现深度学习，除了使用优化算法来减少训练误差外，还需要注意过度拟合。下面将详细介绍优化和深度学习之间的两个主要区别[4]，这些区别对于在深度学习中取得更好的结果很重要。

第一个主要区别是度量函数。在优化中有一个明确定义的指标，即最小化（或最大化），而在深度学习中，经常使用很难优化的指标。例如，在分类问题中，可能对模型的"准确率"或"F1-Score"感兴趣。由于准确率和 F1-Score 不是可微函数，所以不能使用梯度下降，因为无法计算梯度。出于这个原因，使用负对数似然（或交叉熵）等代理指标，希望最小化代理函数将最大化原始指标。这些代理指标并非全是缺点，可能有一些优势，但需要记住我们关心的真正价值。

确保我们关心原始指标的方法之一是使用 Early Stopping。每个时期在一些验证集上使用原始指标（准确率或 F1-Score）评估模型，并在开始过度拟合时停止训练。在每个 epoch 打印准确率（或任何其他指标）以更好地了解模型的性能也是一个很好的做法。

第二个主要区别是数据。在优化过程中，重点在于处理当前可用的数据。目标是寻找这些数据的最大值（或最小值），以获得问题的最佳解决方案。在深度学习领域，泛化能力是关键，即模型对未见数据的预测能力。即便模型在训练集上达到了最优性能，也可能在新的、未见过的数据集上表现不佳。因此，将数据划分为不同部分，并把测试集视作未知数据至关重要。由于不能基于测试集做出任何调整，验证集在此过程中扮演了决策辅助的角色，用于确定超参数、模型架构或提前停止的标准。

不仅如此，模型训练中常采用梯度下降法来调整参数，以推动模型向"正确"的方向优化。然而，何为"正确"的方向？这一方向是否适用于所有数据，还是仅限于训练集？例如，批量大小的选择与之息息相关。有人认为，使用全部训练数据（即批量梯度下降）能够获得"真实"的梯度，但这仅反映了现有数据的情况。为了使模型适应未知数据的梯度，可以采用更小批量的数据（小批量梯度下降或随机梯度下降）。在某些情况下，使用大小为 1 的批量（有时称为在线训练）可能会带来最佳效果。减小批量大小，虽然在梯度估计中引入了一定噪声，但这有助于提高模型的泛化能力，并减少过拟合的风险。

适用于我们的训练集？例如，当选择批量大小时，它是相关的。有些人可能会声称，通过使用整个训练数据（即批量梯度下降）将获得"真实"的梯度，但这仅适用于拥有的数据。为了将模型推向"正确"的方向，需要近似没有的数据的梯度。这可以通过使用更小的批量大小（即小批量或随机梯度下降）来实现，使用仅为 1 的批量大小（有时称为在线训练）可能会获得最佳结果。通过使用较小的批量大小，在梯度中引入了噪声，并且可以提高泛化能力并减少过度拟合。

### 11.1.2 优化过程

典型的工程设计优化过程如图 11.1 所示。设计师的作用是提供一个问题规范，详细说明要实现的参数、常数、目标和约束。设计师负责设计问题并量化潜在设计的优点，通常还为优化算法提供基线设计或初始设计点。

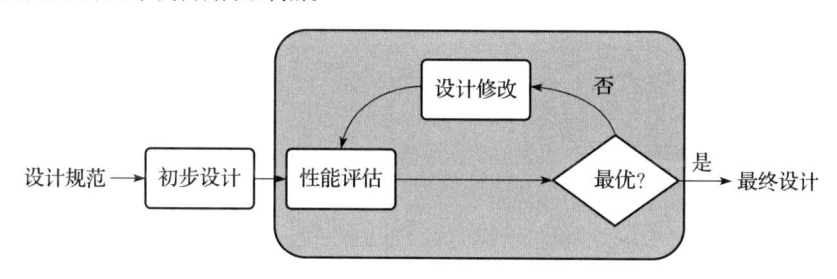

图 11.1　工程设计优化过程图

优化算法用于逐步改进设计，直到无法再改进或达到预算时间或成本。设计者负责分析优化过程的结果，以确保其适用于最终应用。问题中的错误规范、糟糕的基线设计以及实施不当或不合适的优化算法都可能导致次优或危险的设计。

工程设计优化方法具有以下 4 个主要优点：

1) 提供了系统化、合乎逻辑的设计过程。优化算法能够减少人为失误，使设计更加规范和精确。

2) 优化设计可以克服人类直觉判断的局限性，数据驱动的方式可能会带来更优的解决方案。

3) 优化设计有助于加快设计流程，特别是当算法程序可被重复应用于其他问题时，效率将大大提升。

4) 现代优化技术能够应用于高维度、数百万变量和约束的复杂问题，这超越了传统人工可视化和推理的能力范围。

然而，使用优化进行设计也面临一些挑战和局限性。首先，计算资源和时间通常有限，因此算法必须合理地探索设计空间，达成性能与效率的权衡。其次，优化算法的性能受限于建模方法的能力，可能由于建模误差或不完备而无法获得理想的最优解。再次，某些算法产生的设计可能违背人类的直觉判断，这使得结果的可解释性和可信度受到质疑。最后，许多优化算法并不能完全保证产生全局最优设计，只能获得局部最优或次优解。

总的来说，优化算法在工程设计领域展现出巨大的潜力，但仍需要与人类专家经验相结合，权衡利弊，才能最大限度地发挥优化设计的作用。

### 11.1.3 深度学习中的优化挑战

本小节将特别关注优化算法在最小化目标函数方面的性能，而不是模型的泛化误差。在深度学习中，大多数目标函数很复杂，没有解析解[5]，必须使用数值优化算法，本小节中的优化算法都属于这一类。深度学习优化存在很多挑战，但其中大部分与模型梯度的性质有关。下面列出了一些可能会遇到的深度学习优化中最常见的挑战：

（1）局部最小值　对于所有优化问题，局部最小值是任何深度学习算法在优化上的永久挑战。深度学习模型的目标函数通常具有许多局部最优解，当优化问题的数值解接近局部最优值时，随着目标函数解的梯度接近或变为零，通过最终迭代获得的数值解可能只会局部最小化目标函数，而不是全局最小化目标函数[6]。只有一定程度的噪声可能会使参数超出局部最小值。事实上，这是小批量随机梯度下降的有利特性之一，其中，小批量上梯度的自然变化能够将参数从局部极小值中移除。

（2）鞍点　除了局部极小值，鞍点是梯度消失的另一个原因。鞍点是函数的所有梯度都消失，但既不是全局极小值也不是局部极小值的临界点[7]。假设一个函数的输入是一个一维向量，其输出是一个标量，因此它的 Hessian 矩阵将具有 $k$ 个特征值。函数的解可以是局部最小值、局部最大值或函数梯度为零的位置处的鞍点：

1) 当函数的 Hessian 矩阵在零梯度位置的特征值都为正时，函数有一个局部极小值。
2) 当函数的 Hessian 矩阵在零梯度位置的特征值都为负时，函数有一个局部极大值。
3) 当函数的 Hessian 矩阵在零梯度位置的特征值为负和正时，可以得到函数的鞍点。

对于高维问题，至少部分特征值为负的可能性很高，这使得鞍点比局部极小值更有可能出现。简单来说，凸函数是 Hessian 函数的特征值永远不为负的函数，但大多数深度学习问题并不属于这一类。尽管如此，它还是研究优化算法一个很好的工具。

1) 平坦区域。在深度学习优化模型中，平坦区域是表示子区域的局部最小值和另一个子区域的局部最大值的公共区域，这种对偶性通常会导致梯度卡住。

2) 不精确的梯度。深度学习模型中有许多成本函数难以处理，这迫使对梯度进行不精确的估计。在这些情况下，不精确的梯度会在模型中引入第二层不确定性。

3) 局部与全局结构。深度模型优化中的另一个非常常见的挑战是成本函数的局部区域与其全局结构不对应，从而产生误导性梯度。

## 11.2　梯度下降和随机梯度下降

大多数深度学习算法都涉及某种优化，优化是指通过改变 $x$ 来最小化或最大化某个函数 $f(x)$ 的任务。通常用最小化 $f(x)$ 来描述大多数优化问题，可以通过最小化 $f(x)$ 的最小化算法来实现最大化。

想要最小化或最大化的函数称为目标函数或准则[8]。当它最小化时，也可以称它为代价函数、损失函数或误差函数。

假设有一个函数 $y=f(x)$，其中 $x$ 和 $y$ 都是实数。该函数的导数表示为 $f'(x)$ 或 $\frac{\mathrm{d}y}{\mathrm{d}x}$。导数 $f'(x)$ 给出了 $f(x)$ 在点 $x$ 处的斜率。换句话说，它指定了如何缩放输入的微小变化以获得输出的相应变化：$f(x+\varepsilon) \approx f(x)+\varepsilon f'(x)$。

因此，导数对于最小化函数很有用，因为它告诉我们如何改变 $x$ 以对 $y$ 进行小幅改进。例如，已知 $f(x-\varepsilon \mathrm{sign}(f'(x)))$ 对于足够小的 $\varepsilon$ 小于 $f(x)$，则可以通过使用相反的导数符号来小步移动 $x$ 以减少 $f(x)$，这种技术称为梯度下降[9]。在狭窄的峡谷中，梯度下降可能会导致 Z 字形弯曲。图 11.2 中可以看到梯度下降对 Rosenbrock 函数的影响。

### 11.2.1 梯度下降的实现和基本分析

神经网络优化的一大类方法是基于梯度下降。梯度下降的基本形式为

$$\theta_{t+1} = \theta_t - \eta_t \nabla F(\theta_t) \tag{11-1}$$

式中，$\eta$ 为步长，又称学习速率；$\nabla F(\theta_t)$ 为第 $t$ 次迭代的损失函数梯度。

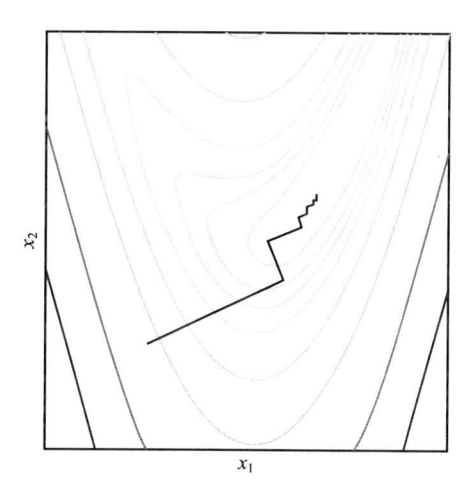

图 11.2 梯度下降对 Rosenbrock 函数的影响

本节先讨论梯度的反向传播计算，然后讨论梯度下降的经典收敛分析。

**1. 梯度的反向传播计算**

反向传播的发现被认为是神经网络历史上的一个重要里程碑。从优化的角度来看，它只是梯度计算的一个有效实现[10]。为了说明反向传播的工作原理，假设损失函数是二次函数，并考虑非线性网络问题 $f_i(\theta) = \|y_i - W^L \varphi(W^{L-1}, \cdots, W^2 \varphi(W^1 x_i))\|^2$ 的采样损失。反向传播的推导适用任何 $i$，因此为简单起见，忽略 $x$ 和 $y$ 的下标。此外，为区分单位样本损失与总损失 $F(\theta)$，用 $F_0(\theta)$ 表示单位样本损失函数，即

$$F_0(\theta) = \|y - W^L \varphi(W^{L-1}, \cdots, W^2 \varphi(W^1 x))\|^2 \tag{11-2}$$

定义一组重要的中间变量：

$$\begin{cases} z^0 = x, h^1 = W^1 z^0 \\ z^1 = \varphi(h^1), h^2 = W^2 z^1 \\ \quad \vdots \\ z^{L-1} = \varphi(h^{L-1}), h^L = W^L z^{L-1} \end{cases} \tag{11-3}$$

式中，$h^l$ 为预激活，它是流入神经元的值，$l=1,2,\cdots,L$；$z^l$ 为后激活，它是来自神经元的值。进一步定义 $D^l = \mathrm{diag}(\varphi'(h_1^l), \cdots, \varphi'(h_{d_l}^l))$，该矩阵是一个对角矩阵，第 $t$ 对角项是激活函数在第 $t$ 次预激活时的导数。

设误差向量为 $e = 2(h^L - y)^2$，权重矩阵 $\boldsymbol{W}^L$ 上的梯度由式（11-4）给出，

$$\frac{\partial F_0}{\partial \boldsymbol{W}^l} = (\boldsymbol{W}^L \boldsymbol{D}^{L-1} \cdots \boldsymbol{D}^{l+2} \boldsymbol{W}^{l+1} \boldsymbol{D}^l)^{\mathrm{T}} \boldsymbol{e}(z^{l-1})^{\mathrm{T}} \quad l=1,\cdots,L \tag{11-4}$$

将反向传播错误序列定义为

$$\begin{cases} e^L = e \\ e^{L-1} = (D^{L-1}W^L)^T e^L \\ \quad\vdots \\ e^1 = (D^1 W^2)^T e^2 \end{cases} \quad (11\text{-}5)$$

那么部分梯度可以写为

$$\frac{\partial F_0}{\partial W^l} = e^l (z^{l-1})^T \quad l = 1, 2, \cdots, L \quad (11\text{-}6)$$

式（11-6）不指定计算的细节。计算所有偏梯度的简单方法需要 $O(L^2)$ 矩阵乘法，因为计算每个偏梯度都需要 $O(L)$ 矩阵乘法。这些乘法中有许多是重复的，因此一个更聪明的算法是重用这些乘法，类似于动态编程中的记忆技巧。更具体地说，反向传播算法在一个前向传递和一个后向传递中计算所有的偏梯度。在正向传递中，从底层 1 到顶层 $L$，激活后的 $z^l$ 是通过式（11-3）递归计算并存储以备将来使用。在计算最后一层输出 $F_\theta(x) = h^L$ 后，将其与 ground-truth 进行比较，得到误差 $e = l(h^L, y)$。在反向传递中，从顶层 $L$ 到底层 1，在每一层 $l$ 上计算两个量。首先，根据式（11-5）计算反向传播误差，即由矩阵 $(D^{l-1}W^l)^T$ 左乘 $e^{l+1}$。其次，第 $l$ 层权重矩阵的部分梯度由式（11-6）计算，即将后向信号与预存储的前馈信号 $(z^{l-1})^T$ 相乘。在前向传递和后向传递之后，计算每个权重（对于一个样本）的部分梯度。

通过对该程序完成一个小修改，可以实现以下随机梯度下降。在向后传递中，对于每个层 $l$，在计算 $W^l$ 的部分梯度后，通过一个梯度步更新 $W^l$。在更新完所有 $W^l$ 后，已经完成了随机梯度下降的一次迭代。在小批随机梯度下降中，实现略有不同：在前馈和向后传递中，多个样本的小批将一起通过网络。

严格地说，术语"反向传播"指的是计算偏梯度的算法，即对于一个小批量的样本，在一次正向传递和一次反向传递中计算偏梯度。然而，它也经常被用来描述整个学习算法，特别是随机梯度下降。

**2. 梯度下降的基本收敛分析**

在训练神经网络时，梯度下降（GD）是最常用的优化算法之一。因此，研究梯度下降在神经网络优化问题上的收敛性是非常重要的。本小节将讨论哪些经典收敛结果可以应用于神经网络这一最小假设优化问题。

考虑以下问题：梯度下降是否能够收敛于神经网络的优化过程？对于这个问题，首先需要明确"收敛"的定义和标准。

收敛有多种理解，最理想的情况是迭代收敛到全局最小值。但在经典收敛结果中，更常见的描述是"每个极限点都是一个静止点"。这种说法虽然放宽了要求，但仍然可能存在一些不受欢迎的情况，如迭代序列有多个极限点或根本不存在极限点（发散）。

另一种收敛标准是函数值序列的收敛性，即函数值下界为 0 且序列在单调递减时，必然收敛到某个有限值。但这个标准过于宽松，收敛值可以是任意值，因此对优化器来说意义不大。

因此，需要研究在神经网络优化这一具体问题上，梯度下降能够达到何种程度的收敛性。这不仅关系到训练的成功与否，也是分析 GD 作为优化算法性能的关键。

本节将重点讨论一个有意义且简单的收敛准则：迭代的梯度收敛到零。在大多数机器学习问题中，目标函数 F 是存在下界的。即使序列有多个极限点或不存在极限点，经典的收敛结果也保证了 F 是存在下界的，即 $\{\nabla F(\theta_t)\} \to 0$。对于许多从业者来说，这种效果已足够好。

对于梯度下降方法，主要存在两种类型的收敛结果：

第一种类型的收敛结果适用于任何可微分函数的最小化问题，但需要进行线搜索步骤，而在大规模神经网络训练中很少采用线搜索，因此暂不讨论这一类结果。

第二种类型的收敛结果则要求目标函数的梯度满足 Lipschitz 平滑条件。所谓 Lipschitz 平滑是指函数梯度在整个定义域上是 Lipschitz 连续的，如果 $\|\nabla F(w) - \nabla F(v)\| \leq \beta \|w - v\|$，对于所有 $w$、$v$ 均成立，那么对于恒定步长小于 $2/\beta$ 的梯度下降，每个极限点都是一个驻点；此外，如果函数值为下限，则梯度收敛到 0.4。这些定理要求梯度的整体 Lipschitz 常数 $\beta$ 存在。然而，对于神经网络问题，不存在全局 Lipschitz 常数，因此理论假设与实际问题之间存在差距。

似乎没有简单的方法来弥补这个差距。缺乏全局 Lipschitz 常数是非线性优化的一个普遍挑战。对于从业者来说，以下声明可能足以从概念上理解收敛理论：如果所有迭代都是有界的，那么具有适当恒定步长的梯度下降收敛。有界 Lipschitz 常数仅有助于生成序列的收敛，但不能保证快速的收敛速度。Lipschitz 常数的一个更严重的问题是，即使它是有界的，也可能呈指数级增大或呈指数级减小。

### 11.2.2 随机梯度下降

几乎所有的深度学习都有一个非常重要的算法：随机梯度下降[11]。随机梯度下降是 11.2.1 节中介绍的梯度下降算法的扩展。

机器学习中一个反复出现的问题是，良好的泛化需要大型训练集，但大型训练集的计算成本高。机器学习算法使用的损失函数通常分解为训练样本上每个样本损失函数的和。例如，训练数据的负条件对数似然可以写为

$$J(\theta) = E_{x,y \sim p_{\text{data}}} L(x, y, \theta) = \frac{1}{m} \sum_{i=1}^{m} L(x^i, y^i, \theta) \tag{11-7}$$

式中，$L$ 为每个示例的损失，$L(x, y, \theta) = -\lg p(y \mid x; \theta)$。

对于这些加性损失函数，梯度下降需要计算：

$$\nabla_\theta J(\theta) = \frac{1}{m} \sum_{i=1}^{m} \nabla_\theta L(x^i, y^i, \theta) \tag{11-8}$$

此操作的计算成本为 $O(m)$。随着训练集的大小增加到数十亿个示例，执行单个梯度步骤的时间变得非常长。

随机梯度下降的观点是梯度是一种期望，可以使用一组小样本近似估计期望值。具体地说，在算法的每一步都可以从训练集中统一抽取一小批示例 $B = \{x^1, \cdots, x^{m'}\}$。小批量 $m'$ 通常被选择为相对较少的示例，范围从 1 到几百。关键是，$m'$ 通常随着训练集大小 $m$ 的增长而保持固定。可以使用仅在 100 个示例上计算的更新，将数十亿个示例用于训练集。

梯度的估计值为

$$g = \frac{1}{m'} \nabla_\theta \sum_{i=1}^{m'} L(x^i, y^i, \theta) \tag{11-9}$$

然后，随机梯度下降算法遵循估计的下坡梯度：

$$\theta \leftarrow \theta - \varepsilon g \tag{11-10}$$

式中，$\varepsilon$ 为学习率。

梯度下降通常被认为是缓慢或不可靠的。在过去，将梯度下降应用于非凸优化问题被认为是鲁莽或没有原则的。现在，机器学习模型在使用梯度下降进行训练时工作得非常好。优化算法可能无法保证在合理的时间内达到局部最小值，但它通常能快速找到非常低的损失函数值，足以发挥作用。

随机梯度下降法在深度学习之外有许多重要用途。它是应用于大规模数据集上训练大型线性模型的主要方法。对于大小固定的模型，每次随机梯度下降更新的成本不取决于训练集大小 $m$。在实践中，随着训练集增大，通常使用更大的模型，但并不需要一定这样做。达到收敛所需的更新次数通常随着训练集增大而增多。然而，当 $m$ 接近无穷大时，在随机梯度下降对训练集中的每个示例进行采样之前，该模型最终将收敛到其可能的最佳测试误差，进一步增大 $m$ 不会延长达到模型最佳测试误差所需的训练时间。从这个观点出发，可以认为训练一个具有随机梯度下降的模型的渐近代价是 $O(1)$ 作为 $m$ 的函数。

在深度学习出现之前，学习非线性模型的主要方法是将核技巧与线性模型结合使用。许多核学习算法需要构造 $m \times m$ 的矩阵 $\boldsymbol{G}_{i,j} = k(x^i, x^j)$。构造此矩阵的计算成本为 $O(m^2)$，这对于具有数十亿示例的数据集来说显然是不可取的。在学术界，从 2006 年开始，深度学习最初很有趣，因为当在具有成千上万个示例的中型数据集上进行训练时，它能够比竞争算法更好地推广到新的示例。不久之后，深度学习在工业界引起了更多的兴趣，因为它提供了一种在大型数据集上训练非线性模型的可伸缩方法。

## 11.3 动量法

虽然随机梯度下降仍然是一种非常流行的优化策略，但使用它进行学习有时会很慢。动量法旨在加速学习，特别是在高曲率、小但一致的梯度或噪声梯度情况下。动量法累积过去梯度的指数衰减移动平均值，并继续向其方向移动[12]。动量效应如图 11.3 所示。

动量主要解决两个问题：Hessian 矩阵条件差和随机梯度中的方差。这里将说明动量如何克服 Hessian 矩阵条件差的问题。等高线描绘了条件较差的 Hessian 矩阵的二次损失函数。穿过轮廓的灰色路径表示动量学习规则遵循的路径，因为它最小化了该函数。在沿途的每一步都画一个箭头，指示梯度下降在该点将采取的步骤。可以看到，一个条件较差的二次目标看起来像一个长而窄的峡谷，两侧陡峭。动量正确地纵向穿过峡谷，而梯度台阶浪费时间在峡谷狭窄的轴线上来回移动。

形式上，动量法引入了一个变量 $v$，代表在参数空间中移动的方向和速度。速度设置为负梯度的指数衰减平均值。动量这个名字来源于一个物理类比，根据牛顿运动定律，负梯度是一种使粒子通过参数空间的力。物理学中的动量表示为质量乘以速度。在动量法中，假设质量为单位质量，因此速度矢量 $v$ 也可以被视为粒子的动量。超参数 $\alpha \in [0,1)$

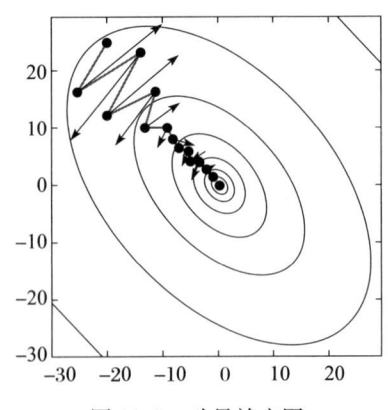

图 11.3 动量效应图

确定先前梯度的贡献指数衰减的速度。更新规则如下所示：

$$v \leftarrow \alpha v - \varepsilon \nabla_\theta \left[ \frac{1}{m} \sum_{i=1}^{m} L(f(x^i;\theta), y^i) \right] \tag{11-11}$$

$$\theta \leftarrow \theta + v \tag{11-12}$$

速度 $v$ 累积梯度元素 $\nabla_\theta \left[ \frac{1}{m} \sum_{i=1}^{m} L(f(x^i;\theta), y^i) \right]$，$\alpha$ 相对 $\varepsilon$ 值越大，先前的梯度对当前方向的影响就越大。

之前，步长的大小只是梯度的范数乘以学习率。现在，步长的大小取决于梯度序列的大小和对齐方式。当许多连续梯度指向完全相同的方向时，步长最大。如果动量法总是观察梯度 $g$，那么它将沿着 $-g$ 下降，直到达到一个终端速度，其中每一步的大小是

$$\frac{\varepsilon \|g\|}{1-\alpha} \tag{11-13}$$

因此，用 $\frac{1}{1-\alpha}$ 来考虑动量超参数是有帮助的。例如，$\alpha = 0.9$ 对应于将最大速度乘以相对于 10 的梯度下降算法。

实践中常用的 $\alpha$ 值包括 0.5，0.9 和 0.99，与学习率一样，$\alpha$ 也可以随时间调整。通常它从一个小值开始，然后被提高。随着时间的推移调整 $\alpha$ 比收缩 $\varepsilon$ 更重要。

可以将动量法视为模拟受连续时间牛顿动力学影响的粒子。物理类比有助于建立对动量和梯度下降算法行为方式的思维。

粒子在任意时间点的位置由 $\theta(t)$ 给出。粒子受到净力 $f(t)$，该力会导致粒子加速。

$$f(t) = \frac{\partial^2}{\partial t^2} \theta(t) \tag{11-14}$$

与其将式（11-14）视为位置的二阶微分方程，不如引入表示时间 $t$ 处粒子速度的变量 $v(t)$，并将牛顿动力学改写为一阶微分方程：

$$v(t) = \frac{\partial}{\partial t} \theta(t) \tag{11-15}$$

$$f(t) = \frac{\partial}{\partial t} v(t) \tag{11-16}$$

动量法包括通过数值模拟求解微分方程。求解微分方程的一种简单的数值方法是 Euler 方法，它包括在每个梯度方向上采取有限的小步骤来模拟由方程定义的动力学。

这解释了动量更新的基本形式，但具体的力是什么？一个力与成本函数的负梯度 $-\nabla_\theta J(\theta)$ 成正比，该力将粒子沿成本函数表面推下山。梯度下降算法将基于每个梯度简单地采取一步，但动量法使用的牛顿场景改为使用该力来改变粒子的速度。可以把粒子想象成一个从冰面上滑下的冰球。每当它下降到陡峭的表面时，就会加速并继续朝那个方向滑动，直到它再次开始上坡。

如果唯一的力是成本函数的梯度，那么粒子可能永远不会停下来。例如，假设一个完全没有摩擦的冰球从山谷的一侧滑下，从另一侧直线上升，它将永远来回摆动。为了解决这个问题，添加一个与 $-v(t)$ 成正比的力。在物理学术语中，这种力对应于黏性阻力，就像粒子必须穿过抗性介质（如糖浆）一样。这会导致粒子随着时间的推移逐渐失去能量并最终收敛

到局部最小值。

在优化算法中，特别选择使用与速度成正比的黏性阻力项，主要有以下几个原因：

（1）数学便利性　速度的一次幂在数学上更容易处理和分析，这为算法的理论研究提供了便利。

（2）中庸性能　与速度二次方成正比的湍流阻力，当速度较小时效果不佳，难以使粒子收敛；与速度无关的干摩擦则过于剧烈，可能导致粒子过早停止。相比之下，黏性阻力既不过于软弱，也不过于强硬，更加适合。

（3）自适应性　黏性阻力随着速度的变化而自动调节，当梯度足够大时不会过多阻碍运动，当梯度趋近零时又能防止振荡。这种自适应性使其在广泛情况下能较为高效。

（4）物理模拟　黏性阻力式源于牛顿力学中模拟粒子在黏性流体中运动时所受到的阻力，具有一定的物理层面上的合理性解释。

因此，尽管选择黏性阻力项并非完全没有替代方案，但从数学便利性、收敛性能、自适应性和模拟物理过程等方面来看，黏性阻力都展现出了积极的优点。选择黏性阻力作为优化算法设计中的一个重要因素，能够在理论分析和实际表现之间取得较好的平衡。

## 11.4　自适应学习率算法

神经网络研究人员长期以来一直认为，学习率是最难设置的超参数之一，因为它对模型性能有重大影响。成本通常对参数空间中的某些方向高度敏感，而对其他方向不敏感。动量法可以在一定程度上缓解这些问题，但这样做的代价是引入另一个超参数。面对这种情况，人们自然会问是否还有其他办法。如果认为敏感度的方向在某种程度上是轴对齐的，那么对每个参数使用单独的学习率是有意义的，并在整个学习过程中自动调整这些学习率。

delta-bar-delta 算法[13]是一种早期的启发式方法，用于在训练期间调整模型参数的个体学习率。该方法基于一个简单的想法：如果损失对给定模型参数的偏导数保持不变，那么学习率应该提高。如果该参数的偏导数改变符号，则学习率应降低。当然，这种规则只能应用于全批量优化。

最近，引入了一些增量（或基于小批量）方法，以适应模型参数的学习速率[14]。本节将简要回顾其中一些算法。

### 11.4.1　AdaGrad 算法

AdaGrad 算法通过将所有模型参数的学习率与它们的所有历史二次方值之和的二次方根成反比来分别调整它们。具有最大损失偏导数的参数的学习率相对快速下降，而具有较小偏导数的参数的学习率下降相对较小。净效果是在参数空间更平缓的倾斜方向上取得更大的进展。

在凸优化的背景下，AdaGrad 算法具有一些理想的理论性质。然而，经验发现，对于训练深度神经网络模型，从训练开始累积二次方梯度可能导致有效学习率过早和过度下降。AdaGrad 算法在一些深度学习模型中表现良好。

### 11.4.2　RMSProp 算法

RMSProp 算法通过将梯度累积更改为指数加权移动平均值修改 AdaGrad，使其在非凸环境中表现更好。AdaGrad 算法旨在应用于凸函数时快速收敛。当应用于非凸函数来训练神经网络时，学习轨迹可能通过许多不同的结构，最终到达局部凸结构区域。AdaGrad 算法根据二次方梯度的整个历史收缩学习率，使得在达到这种凸结构之前学习率过小。RMSProp 算法使用指数衰减平均值来丢弃极端过去的历史，以便在找到凸结构后可以快速收敛，就好像它是初始化的 AdaGrad 算法的实例一样。

经验表明，RMSProp 算法是一种有效、实用的深度神经网络优化算法。它是目前深度学习实践者经常采用的一种趋势优化的方法。

### 11.4.3　Adam 算法

Adam[15] 算法是另一种自适应学习率优化算法。在早期算法的上下文中，它被视为 RMSProp 和动量组合的变体，并有一些重要区别。首先，在 Adam 算法中，动量直接作为梯度的一阶矩（指数加权）的估计值合并。向 RMSProp 算法添加动量最直接的方法是将动量应用于重新缩放的梯度。动量的使用与重新缩放的结合并没有明确的理论动机。其次，Adam 算法对一阶矩（动量项）和（非中心）二阶矩的估计值进行偏差修正，以说明它们在原点的初始化。RMSProp 算法还包含（非中心）二阶矩的估计值，但缺少校正系数。因此，与 Adam 算法不同，RMSProp 算法二阶矩估计在训练早期可能具有较高的偏差。Adam 算法通常被认为对超参数的选择相当稳健，尽管学习率有时需要从建议的默认值更改。

### 11.4.4　选择正确的优化算法

本节讨论了一系列相关算法，每个算法都试图通过调整每个模型参数的学习率来解决优化深度模型的挑战。应该选择哪种算法，目前没有达成共识。Schaul 等人对各种学习任务中的大量优化算法进行了有价值的比较。虽然结果表明，具有自适应学习率的算法家族（由 RMSProp 和 AdaDelta 表示）表现相当稳健，但没有出现单一的最佳算法。

目前，最流行的优化算法包括 SGD、带动量的 SGD、RMSProp、带动量的 RMSProp、AdaDelta 和 Adam。在这一点上，选择使用哪种算法似乎在很大程度上取决于用户对算法的熟悉程度（便于超参数调整）。

## 本章习题

1. 设计一个合理的神经网络的三点要素是什么？
2. 优化的目标是什么？
3. 优化和深度学习的区别有哪些？
4. 请简述优化的过程。
5. 深度学习中的优化挑战有哪些？
6. 什么是梯度下降和随机梯度下降？
7. 请分析梯度下降算法的收敛性。
8. 动量法解决了什么问题？
9. 请列举 3 种自适应学习率算法，并说明其优点。
10. 谈一谈你对优化算法的理解。

## 参考文献

[1] SUN R. Optimization for deep learning: theory and algorithms [J]. arXiv preprint arXiv: 1912.08957, 2019.

[2] BERTSEKAS D P. Nonlinear programming [J]. Journal of the operational research society, 1997, 48 (3): 334.

[3] SRA S, NOWOZIN S, WRIGHT S J. Optimization for machine learning [M]. Cambridge: MIT Press, 2012.

[4] BOTTOU L, CURTIS F E, NOCEDAL J. Optimization methods for large-scale machine learning [J]. SIAM review, 2018, 60 (2): 223-311.

[5] GOODFELLOW I, BENGIO Y, COURVILLE A, et al. Deep learning, volume 1 [M]. Cambridge: MIT Press, 2016.

[6] SHAMIR O. Exponential convergence time of gradient descent for one-dimensional deep linear networks [J]. arXiv preprint arXiv: 1809.08587, 2018.

[7] KLINKHAMER F R. A saddle-point solution in the Weinberg-Salam theory [J]. Current physics-sources & comments, 1991, 8 (10): 245-253.

[8] KOCHENDERFER M J, WHEELER T A. Algorithms for optimization [M]. Cambridge: MIT Press, 2019.

[9] SIMON D. Evolutionary optimization algorithms [M]. New York: John Wiley & Sons, 2013.

[10] ARORA R K. Optimization: algorithms and applications [M]. Boca Raton: CRC press, 2015.

[11] RUDER S. An overview of gradient descent optimization algorithms [J]. arXiv preprint arXiv: 1609.04747, 2016.

[12] SIMO J C, TARNOW N. The discrete energy-momentum method. Conserving algorithms for nonlinear elastodynamics [J]. Zeitschrift für angewandte mathematik und physik ZAMP, 1992, 43: 757-792.

[13] JACOBS R A. Increased rates of convergence through learning rate adaptation [J]. Neural networks, 1988, 1 (4): 295-307.

[14] SCHNEIDER J, KIRKPATRICK S. Stochastic optimization [M]. Berlin: Springer Science & Business Media, 2007.

[15] KINGMA D P, BA J. Adam: a method for stochastic optimization [J]. arXiv preprint arXiv: 1412.6980, 2014.

CHAPTER 12

# 第 12 章

# 多目标优化算法

本章将全面介绍多目标优化算法的基础理论和应用。12.1 节首先对多目标优化算法进行概述，详细讲解多目标优化算法的定义，分析其与单目标优化的关键区别，阐述多目标优化的解决方法，并深入探讨非占优解与帕累托最优解的概念。通过这些基础内容的学习，读者将对多目标优化问题建立系统的认识。

12.2 节和 12.3 节分别介绍三代多目标优化算法和高维多目标优化算法。这两节内容将帮助读者理解多目标优化算法的发展历程和在高维空间中的优化策略，为解决复杂的多目标优化问题奠定理论基础。

12.4 节将通过航天器轨迹设计和悬臂板设计两个典型案例，展示多目标优化算法在工程实践中的具体应用。这些实例将帮助读者理解如何将多目标优化算法应用于实际问题的求解过程。

通过本章的学习，读者将掌握多目标优化算法的基本原理，了解其在工程领域的实际应用，为后续深入研究多目标优化问题打下坚实的基础。

## 12.1 多目标优化算法简介

### 12.1.1 多目标优化算法定义

多目标优化是优化活动中不可或缺的一部分，具有巨大的现实意义，因为几乎所有现实世界中的优化问题都非常适合用多个相互冲突的目标来建模。解决这类问题的经典方法主要集中在将多个目标定量化为单目标，而进化方法一直是按原样解决多目标优化问题。本章将讨论多目标优化的基本原理，多目标优化与单目标优化的区别，并描述了几种著名的多目标优化的经典算法和进化算法。通过两个应用案例研究揭示了多目标优化在实践中的重要性，最后介绍了一些研究挑战。

许多现实世界的搜索和优化问题自然地被视为具有多个相互冲突目标的非线性规划问题。由于缺乏合适的求解技术，这些问题被人为地转化为单目标问题并得到解决。之所以出现困难，是因为此类问题会产生一组权衡最优解（称为帕累托最优解），而不是单个最优解。因此，不仅要找到一个帕累托最优解，而且要找到尽可能多的解决方案。这是因为任何两个这样的解决方案都构成了目标之间的权衡，当这种权衡解决方案被公开时，用户将处于更好的选择位置。

经典方法采用不同的方法来解决这些问题，主要是因为缺乏一种合适的优化方法来有效地找到多个最优解。它们通常需要重复应用一个算法来找到多个帕累托最优解，在某些情况下，这样的应用不能保证找到任何帕累托最优解。相比之下，进化算法的种群方法是在一次模拟运行中同时找到多个帕累托最优解的有效方法。在过去的15年里，进化多目标优化的研究和应用变得非常流行。

多目标优化问题处理多个目标函数。在大多数实际的决策问题中，多个目标或多个标准是显而易见的。由于缺乏合适的解决方法，多目标优化问题过去大多被作为单目标优化问题来解决。然而，单目标优化算法和多目标优化算法的工作原理之间存在许多根本差异，因此必须使用多目标优化技术来尝试解决多目标优化问题。在单目标优化问题中，主要的任务是找到一个优化唯一目标函数的解决方案（某些特定的多模态优化问题除外，针对这些问题会寻求多个最优解决方案）。如果将思想扩展到多目标优化，可能会错误地认为多目标优化中的任务是找到每个目标函数对应的最优解。当然，多目标优化远不止这个简单的想法。现通过一个示例问题来描述多目标优化的概念。

考虑一个购买汽车的决策。汽车的价格从几千美元到几十万美元不等。假设两辆价格相差极大的汽车，一辆汽车约10 000美元（解决方案1），另一辆汽车约100 000美元（解决方案2），如图12.1所示。如果成本是此决策过程的唯一目标，则最优选择是解决方案1。如果这是所有买家的唯一目标，那么在路上只会看到一种类型的汽车（解决方案1），并且没有汽车制造商会生产任何昂贵的汽车。但是，这一决策过程并不是一个单一目标的过程。除非有一些例外，否则预计廉价汽车可能不太舒适。图12.1表明最便宜的汽车具有40%的假设舒适度。对于以舒适度为决策唯一目标的富裕买家，选择解决方案2（假设最大舒适度为90%，见图12.1）。两目标优化问题不是两个独立的优化问题（上述两个极端解），在这两种极端解决方案之间，存在许多其他解决方案，其中存在成本和舒适度之间的权衡。图12.1中还显示了许多具有不同成本和舒适度的此类解决方案（解决方案A、B和C）。因此，在任何两个这样的解决方案之间，一个方案虽然在一个目标方面表现更好，但这种改善仅来自对另一个目标的牺牲。从这个意义上说，所有这些权衡解决方案都是多目标优化问题的最佳解决方案。通常，这种权衡解决方案在用客观值绘制的客观空间上提供了清晰的前沿。该前沿称为帕累托最优前沿，所有此类权衡解决方案称为帕累托最优解决方案。

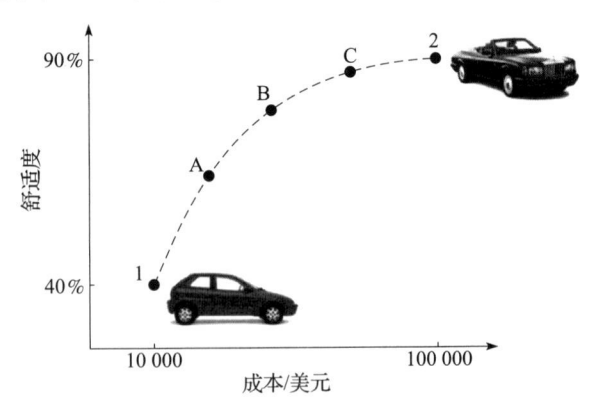

图12.1 购车决策问题的假设权衡解决方案

## 12.1.2 与单目标优化的区别

从以上描述可以清楚地看出，单目标优化任务和多目标优化任务之间存在许多差异。多目标优化具有以下性质：①最优集的基数通常不止一个；②有两个不同的优化目标；③拥有两个不同的搜索空间。下面将讨论上述每个性质。

首先，从 12.1.1 节购车示例中可以看出，具有冲突目标的多目标优化会产生多个帕累托最优解，这与通常认为只有一个最优解与单目标优化任务相关的概念不同。然而，存在一些单目标优化问题，其中也包含多个最优解（同等或不同等重要）。在某种意义上，多目标优化类似于多模态优化任务，但是原则上是有区别的。在大多数多目标优化算法中，帕累托最优解在它们的决策变量上有一定的相似性[1]。另外，在多模态优化问题中，一个局部或全局最优解与另一个局部或全局最优解之间可能不存在任何此类相似性。对于许多工程案例研究[2]，对所获得的权衡解决方案的分析揭示了以下特性：

1) 在所有帕累托最优解中，一些决策变量取相同的值。决策变量的这种性质意味着解是最优解。

2) 其他决策变量采用不同的值，导致解决方案在其目标值上进行权衡。而且，与在单目标优化中找到最优值的唯一目标不同，这里有两个不同的目标：

①收敛到帕累托最优解。

②维护一组最大扩展的帕累托最优解。

从某种意义上说，这些目标是相互独立的。优化算法必须具有实现每个目标的特定属性。

单目标和多目标优化之间的另一个区别是，在多目标优化中，除了所有优化问题共有的通常的决策变量空间之外，目标函数还构成多维空间。这个额外的空间称为目标空间 $Z$。对于其中的每个解 $x$，在目标空间中存在一个点，用 $f(x) = z = (z_1, z_2, \cdots, z_M)^T$ 表示。映射发生在 $n$ 维解向量和 $m$ 维目标向量之间。图 12.2 说明了这两个空间以及它们之间的映射。尽管算法的搜索过程发生在决策变量空间上，但许多有趣的算法［尤其是多目标进化算法（Muti-objective Evolutionary Algorithm，MOEA）］在其搜索算子中使用目标空间信息。然而，两个不同空间的存在在设计用于多目标优化的搜索算法时引入了许多有趣的灵活性。

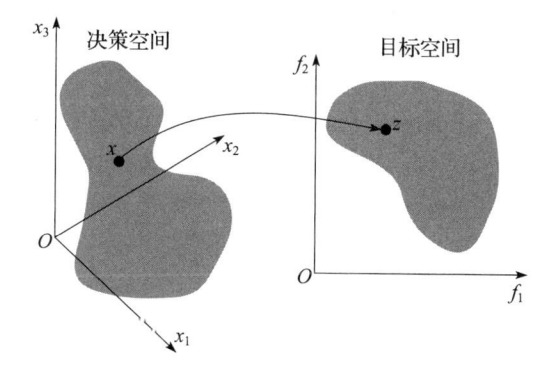

图 12.2 决策变量空间和相应目标空间的表示

## 12.1.3 多目标优化的两种方法

虽然单目标优化和多目标优化的根本区别在于最优集合的基数，但从实用的角度来看，用户只需要一个解，无论相关的优化问题是单目标还是多目标。在多目标优化的情况下，用户现在处于两难境地：人们在这些最佳解决方案中选择哪一个？以购车问题为例，尝试回答这个问题。知道市场上有多少在成本和舒适度之间权衡不同的解决方案，人们会买哪辆车？这不是一个容易回答的问题。它涉及许多其他考虑因素，如可用于购买汽车的总资金、每天行驶的距离、乘坐汽车的人数、燃料消耗和成本、折旧值、汽车主要驾驶的道路条件、乘客的身体健康、社会地位等。通常，这种更高层次的信息是非技术性、定性和经验驱动的。然而，如果一套权衡解决方案已经制定或可用，人们可以基于所有这些非技术和定性的考虑因素来评估每个解决方案的利弊，并对它们进行比较以做出选择。因此，在多目标优化中，理想的努力必须通过考虑所有目标都很重要来找到一组权衡最优的解决方案。在找到一组这样的权衡解决方案后，用户可以使用更高级别的定性考虑来做出选择。

因此，对于理想的多目标优化程序，建议遵循以下原则：①找出目标取值范围广泛的多个权衡最优解；②使用更高级别的信息从所获得的解决方案中选择一个。

在①（垂直向下）中，找到了多个权衡解决方案。此后在②（水平地、向右地）中，使用更高级别的信息来选择权衡解决方案之一。记住这一过程，就很容易认识到单目标优化是多目标优化的退化情况。在单目标优化只有一个全局最优解的情况下，①将只找到一个解，从而不需要进入②。在具有多个全局最优解的单目标优化的情况下，这两个步骤都是必需的，首先找到所有或多个全局最优解，然后利用问题的高层信息从它们中选择一个。如果仔细考虑，每个权衡解决方案都对应于目标的特定重要性顺序。

从图 12.1 可以清楚地看出，解决方案 A 更重视成本而不是舒适性，解决方案 C 更注重舒适性而不是成本。因此，如果目标之间的这种相对偏好因素对于特定问题是已知的，则不需要遵循上述原则来解决多目标优化问题。一种简单的方法是形成一个综合目标函数，作为目标的加权和，其中目标的权重与分配给该特定目标的偏好系数成比例。这种将目标向量标量化为单个复合目标函数的方法将多目标优化问题转化为单目标优化问题。在多目标优化问题中，通常会构建一个加权综合的复合目标函数。在大多数情况下，通过优化该复合目标函数，能够获得一个平衡各目标之间权重的折中解。相比同时优化所有目标，这种基于偏好向量的方法会简单得多，尽管仍存在一定的主观性。

该方法被称为基于偏好的多目标优化方法。其基本思路是，首先根据先验知识或偏好，选择一个权重向量 $w$，作为各目标函数之间的相对重要性。然后，将所有目标函数根据权重向量 $w$ 线性组合为一个复合的单目标函数。最后，使用传统的单目标优化算法对这个复合函数进行优化求解，从而得到一个平衡了各方面目标的最优解。

虽然这种方法很少被单独使用，但通过不断调整权重向量并重复上述过程，便可以获得一系列具有不同权衡特性的解决方案，从而为决策者提供多种可供选择的备选方案。

重要的是要认识到，通过使用基于偏好的策略获得的权衡解在很大程度上对形成复合函数所使用的相对偏好向量敏感。这种偏好向量的变化将导致（希望）不同的权衡解决方案。除了这一困难之外，人们还可以直观地认识到，寻找相对偏好向量本身是高度主观的，并不简单。这需要对非技术、定性和经验驱动的信息进行分析，以找到量化的相对偏好向量。如果对可能的权衡解决方案一无所知，这将是一项更加困难的任务。经典的多目标优化方法通过利用目标的相对偏好向量将多个目标转换为单个目标，按照这种基于偏好的策略工作。除非有可靠和准确的偏好向量可用，否则通过这种方法获得的最优解对特定用户来说是高度主观的。

前面提出的理想的多目标优化程序主观性较小。在①中，用户不需要任何相对偏好向量信息。这里的任务是找到尽可能多的不同的权衡解决方案。一旦找到了一组分布良好的权衡解决方案，②就需要特定的问题信息才能选择一个解决方案。值得一提的是，在②中问题信息用于评估和比较每个获得的权衡解决方案。在理想方法中，问题信息不用于搜索新的解决方案；相反，它用于从一组已获得的权衡解决方案中选择一个解决方案。因此，在两种方法中使用问题信息存在根本区别。在基于偏好的方法中，需要在不知道可能的结果的情况下提供相对偏好向量。然而，在所提出的理想方法中，问题信息被用来从所获得的权衡解集中选择一个解。我们认为，在这件事上的理想方法是更有条理、更实际、更客观的，而且如果一个问题有一个可靠的相对偏好向量，就没有理由寻找其他权衡的解决方案。在这种情况下，基于偏好的方法就足够了。

### 12.1.4 非占优解与帕累托最优解

大多数多目标优化算法在其搜索中使用"占优"的概念。这里定义了"占优"及其相关术语的概念，并给出了在有限解群体中识别占优解的一些技巧。首先定义了一些在多目标优化算法中经常使用的特解。

（1）理想目标向量 对于 $m$ 个相互冲突的目标，每一个目标都存在一个不同的最优解。用这些个体最优目标值构造的目标向量构成理想目标向量。

理想目标向量 $z^*$ 的第 $m$ 个分量是以下问题的约束最小解：

$$\begin{cases} \text{Minimize } f_m(x) \\ \text{subject } x \in S \end{cases} \tag{12-1}$$

因此，如果第 $m$ 个目标函数的最小解是具有函数值 $f_m^*$ 的决策向量 $\boldsymbol{X}^{*(m)}$，则理想目标向量为

$$z^* = f^* = (f_1^*, f_2^*, \cdots, f_M^*)^\text{T} \tag{12-2}$$

在多目标优化问题中，通常会定义一个理想目标向量，它由所有目标函数的最优值组成。然而在大多数情况下，这个理想目标向量并不对应于问题的可行解。这是因为每个目标函数的最优解通常是不同的，除非所有目标函数的最优解恰好相同，这种情况下目标之间不存在冲突，任何一个目标函数的最优解都将成为多目标优化问题的唯一最优解。

尽管理想目标向量通常不对应于可行解，但它仍然是一个重要的概念。从图12.3中可以看出，解越接近理想目标向量，其综合性能就越好。此外，在许多多目标优化算法中需要知道每个目标函数的最优值，以便将不同目标的函数值归一化到一个共同的尺度上，方便进行比较和优化。因此，理想目标向量虽然通常不可达，但它提供了一个衡量解的质量和设计优化算法的重要参考。

（2）乌托邦目标向量 理想目标向量表示所有目标函数的下界的数组。这意味着对于每个目标函数，在可行搜索空间中至少存在一个解决方案，该解决方案与理想解决方案中的相应元素共享相同的值。一些算法可能需要一个目标值严格优于（且不等于）搜索空间中任何解决方案的解决方案。为此，乌托邦目标向量

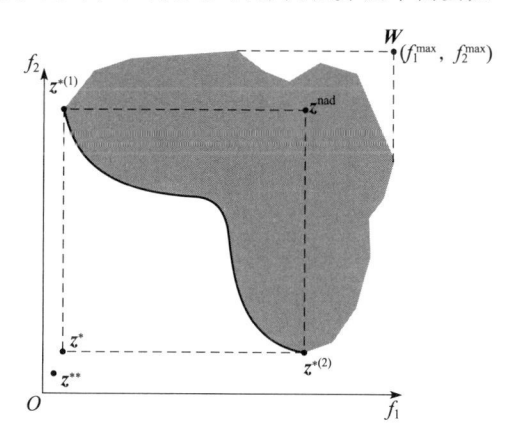

图 12.3 理想、乌托邦和最低目标向量

定义如下。

乌托邦目标向量 $z^{**}$ 的每个分量都略小于理想目标向量的分量，或者 $z_i^{**}=z_i^*-\varepsilon_i$，其中 $\varepsilon_i>0$，$i=1,2,\cdots,M$。图 12.3 显示了一个乌托邦目标向量。与理想目标向量一样，乌托邦目标向量也代表了一个不存在的解决方案。

（3）最低目标向量  除了理想目标向量，还可以定义最低目标向量。与代表整个可行解空间中每个目标函数最优值的理想目标向量不同，最低目标向量表示整个帕累托最优解集中每个目标函数的最差值，而非整个搜索空间的最差值。需要注意的是，不要将最低目标向量与使用整个搜索空间中最差可行解得到的目标向量（图 12.3 中标记为"W"的点）相混淆。最低目标向量所对应的解可能存在也可能不存在，这取决于帕累托最优解集的凸性和连续性。

为了对帕累托最优区域内的解进行归一化处理，可以利用最低目标向量和理想目标向量的信息。设 $f_i^{nad}$ 和 $f_i^{ideal}$ 分别表示第 $i$ 个目标的最低目标值和理想目标值，$f_i(x)$ 表示解 $x$ 在第 $i$ 个目标上的函数值，则归一化后的目标函数值 $\overline{f_i}(x)$ 可按照式（12-3）计算。

$$\overline{f_i}(x)=\frac{f_i(x)-f_i^{ideal}}{f_i^{nad}-f_i^{ideal}} \tag{12-3}$$

通过这种归一化处理，可以将不同目标函数的取值范围统一到 [0，1] 区间内，方便进行比较和优化。这种利用最低目标向量和理想目标向量进行归一化的方法，在多目标优化领域中被广泛应用。

（4）占优的概念  大多数多目标优化算法使用占优的概念。在这些算法中，根据一种解决方案是否占优另一种解决方案来比较两种解决方案。下面描述占优的概念。

假设有 $m$ 个目标函数。为了涵盖目标函数的最小化和最大化，在两个解决方案 $i$ 和 $j$ 之间用运算符 $\triangleleft$ 表示解决方案 $i$ 在特定目标上优于解决方案 $j$，写作 $i \triangleleft j$。同理 $i \triangleright j$ 表示解决方案 $i$ 在特定目标上比解决方案 $j$ 差。

例如，如果要最小化目标函数，则运算符 $\triangleleft$ 将意味着运算符 "<"，而如果要最大化目标函数，则运算符 $\triangleleft$ 将意味着运算符 ">"。以下定义涵盖了一些目标函数最小化和其余目标函数最大化的混合问题。

如果条件 1 和 2 都为真，则称一个解 $x^{(1)}$ 占优另一个解 $x^{(2)}$：

1）解 $x^{(1)}$ 在所有目标中都不比 $x^{(2)}$ 差，或者 $f_j(x^{(1)}) \triangleright\!\!\!\!\!\!\!/\, f_j(x^{(2)})$，$j=1,2,\cdots,M$。

2）解 $x^{(1)}$ 在至少一个目标上严格优于 $x^{(2)}$，或者 $f_{\overline{j}}(x^{(1)}) \triangleleft f_{\overline{j}}(x^{(2)})$，其中至少有一个 $\overline{j} \in \{1,2,\cdots,M\}$。

如果违反这两个条件之一，则解 $x^{(1)}$ 不占优解 $x^{(2)}$。如果 $x^{(1)}$ 占优解 $x^{(2)}$（数学上写作 $x^{(1)} \succeq x^{(2)}$），则满足以下任何一项性质：

1）$x^{(2)}$ 受 $x^{(1)}$ 占优。

2）$x^{(1)}$ 不受 $x^{(2)}$ 占优。

3）$x^{(1)}$ 不劣于 $x^{(2)}$。

考虑一个两目标优化问题，假设目标函数 1 需要最大化，而目标函数 2 需要最小化，图 12.4 显示了具有不同目标函数值的 5 个解决方案。由于这两个目标函数都很重要，

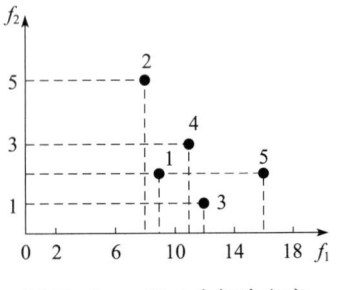

图 12.4  一组 5 个解决方案

通常很难找到一个对两个目标都是最好的解决方案。然而，可以使用占优定义来决定在任何两个给定的解决方案中，就两个目标而言，哪个解决方案更好。例如，如果要比较解 1 和解 2，观察到在目标函数 1 中解 1 比解 2 好，在目标函数 2 中解 1 也比解 2 好。因此，上述占优条件都满足，可以写出解 1 占优解 2。如果比较解 1 和解 5，解 5 在目标函数 1 中好于解 1，在目标函数 2 中不比解 1 差（它们相等）。因此，上述占优条件也都满足，可以写出解 5 占优解 1。

直观地说，如果一个解 $x^{(1)}$ 占优另一个解 $x^{(2)}$，则在多目标优化的说法中，解 $x^{(1)}$ 比 $x^{(2)}$ 好。由于占优概念允许比较具有多个目标的解的方式，大多数多目标优化方法使用该占优概念来搜索非占优解。

## 12.2 三代多目标优化算法

多目标 NSGA-Ⅲ的基本框架与原始 NSGA-Ⅱ算法相似，但其选择机制发生了重大变化。但与 NSGA-Ⅱ不同的是，NSGA-Ⅲ中种群成员之间多样性的维持是通过提供和适应性更新一些广泛传播的参考点来实现的。为了完整起见，首先简要介绍原始 NSGA-Ⅱ算法。

考虑第 $t$ 代 NSGA-Ⅱ算法。假设这一代的父种群是 $P_t$，它的大小是 $N$，而从 $P_t$ 创建的后代种群是 $Q_t$，有 $N$ 个成员。第一步是从组合的亲代和后代种群中选择最好的 $N$ 个成员 $R_t = P_t \cup Q_t$（大小为 $2N$），从而允许保留亲代种群的精英成员。为了实现这一点，首先根据不同的非占优级别（$F_1$、$F_2$ 等）对组合种群 $R_t$ 进行排序。然后，每次选择一个非占优级别来构造一个新的种群 $S_t$，从 $F_1$ 开始，直到 $S_t$ 的大小等于 $N$ 或第一次超过 $N$。假设包含的最后一个级别是第 $L$ 级。因此，从第 $L+1$ 级开始的所有解决方案都从组合总体 $R_t$ 中被拒绝。在大多数情况下，最后接受的级别（第 $L$ 级别）仅被部分接受。在这种情况下，只选择将最大化第 $L$ 前沿的多样性的解决方案。在 NSGA-Ⅱ 中，这是通过计算高效但近似的生态位保护算子来实现的，该算子将每个最后一级成员的拥挤距离计算为两个相邻解之间的客观归一化距离的总和。此后，选择具有较大拥挤距离值的解决方案。在这里，用以下方法替换拥挤距离算子。

（1）将人口划分为非占优等级  上述使用通常的占优原则[3] 识别非占优前沿的过程也用于 NSGA-Ⅲ。从非占优前线 $L$ 层到 1 层的所有成员首先包含在 $S_t$ 中。如果 $|S_t|=N$，不需要进一步的操作，下一代从 $P_{t+1}=S_t$ 开始。对于 $|S_t|>N$，从 1 到 $L-1$ 个前沿的成员已经被选中，即 $P_{t+1} = \cup_{i=1}^{l-1} F_i$，然后从最后一个前沿 $F_l$ 中选择剩下的 $K=N-|P_{t+1}|$ 个种群成员。下面描述剩余的选择过程。

（2）确定超平面上的参考点  如前所述，NSGA-Ⅲ使用一组预定义的参考点来确保获得的解决方案的多样性。选择的参考点可以以结构化方式预定义或由用户优先提供。在没有任何偏好信息的情况下，可以采用任何预先定义的参考点的结构化放置，将点放置在归一化超平面上-a($M-1$) 维单位单纯形，该超平面对所有目标轴的倾斜度相等，并且每个轴上的截距为一个。如果沿每个目标考虑 $p$ 个划分，则 $M$ 个目标问题中的参考点总数 $H$ 为

$$H = \binom{M+p-1}{p} \tag{12-4}$$

例如，在三目标问题（$M=3$）中，参考点创建在顶点位于（1,0,0）、（0,1,0）和（0,0,1）

的三角形上。如果为每个目标轴选择 4 个分区（$p=4$），则 $H = \binom{3+4-1}{4}$ 或将创建 15 个参考点。为清楚起见，这些参考点显示在图 12.5 中。在提议的 NSGA-Ⅲ 中，除了强调非占优解决方案外，还强调在某种意义上与这些参考点中的每一个相关联的总体成员。由于上面创建的参考点广泛分布在整个归一化超平面上，因此获得的解决方案也很可能广泛分布在帕累托最优前沿上或附近。在用户提供一组首选参考点的理想情况下，用户可以在归一化超平面上标记 $H$ 点或为此目的指示任何 $H$、$M$ 维向量。所提出的算法很可能找到与所提供的参考点相对应的接近帕累托最优解，从决策和多目标优化的组合应用的角度来看，允许更多地使用该方法。该过程在算法 12.1 中给出。

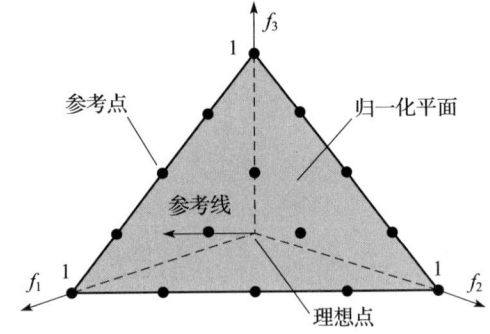

图 12.5 三目标问题归一化平面上的参考点

---

**算法 12.1　NSGA-Ⅲ 程序的第 $t$ 代**

输入：$H$ 结构化参考点 $Z^s$ 或提供的参考点 $Z^a$，父母群体 $P_t$

输出：$P_{t+1}$

1) $S_t = \phi$, $i = 1$
2) $Q_t = $ 重组+突变 ($P_t$)
3) $R_t = P_t \cup Q_t^R$
4) $(F_1, F_2, \cdots) = $ 非占优排序 ($R_t$)
5) 重复
6) $S_t = S_t \cup F_i$, $i = i+1$
7) 直到 $|S_t| \geq N$
8) 要包括的最后一个前沿：$F_l = F_i$
9) 如果 $|S_t| = N$，那么
10) $P_{t+1} = S_t$，停止
11) 否则
12) $P_{t+1} = \cup_{j=1}^{l-1} F_j$
13) 从 $F_l$ 中选择的点：$K = N - |P_{t+1}|$
14) 标准化目标并创建参考集 $Z^r$：归一化 ($f^n, S_t, Z^r, Z^a$)
15) 将 $S_t$ 的每个成员 $s$ 与一个参考点相关联：$[\pi(s), d(s)] = $ association$(S_t, Z^T) \% \pi(s)$
16) 计算参考点的生态位计数，$j \in Z^r : p_j = \sum_{s \in S_t/F_l} [(\pi(s) = j)? \ 1:0]$
17) 从 $F_l$ 中一次选择 $K$ 个成员构造 $P_{t+1}$：Niching$(K, p_j, \pi, d, Z^r, F_l, P_{t+1})$
18) 结束

---

（3）种群成员的自适应归一化　首先，对于 $\cup_{T=0}^{t} S_T$ 中每个目标函数 $i = 1, 2, \cdots, M$，通过

确定最小值 $z_i^{\min}$ 来确定总体 $S_t$ 的理想点，并构造理想点 $\tilde{z}=(z_1^{\min},z_2^{\min},\cdots,z_M^{\min})$。然后通过 $z_i^{\min}$ 减目标 $f_i$ 来平移 $S_t$ 的每个目标值，使得平移 $S_t$ 的理想点变为零向量。将这个平移后的目标表示为 $f_i'(x)=f_i(x)-z_i^{\min}$。此后，通过找到使以下成就标量函数最小的解（$x \in S^t$）来识别每个目标轴上的极值点：

$$\text{ASF}(x,w) = \max_{i=1}^{M} f_i'(x)/w_i \quad x \in S_t \tag{12-5}$$

对于 $w_i=0$，将其替换为一个小数 $10^{-6}$。对于第 $i$ 个平移的目标方向 $f_i'$，这将导致一个极端的目标向量 $z^{i,\max}$。然后用这 $M$ 个极值向量构成一个 $M$ 维线性超平面。可以计算第 $i$ 个目标轴和线性超平面的截距 $a_i$（见图 12.6），并且可以将目标函数归一化如下：

$$f_i^n(x) = \frac{f_i'(x)}{a_i - z_i^{\min}} = \frac{f_i(x) - z_i^{\min}}{a_i - z_i^{\min}} \quad i=1,2,\cdots,M$$

$$(12\text{-}6)$$

请注意，每个归一化目标轴上的截距现在位于 $f_i^n=1$ 并且用这些截点构建的超平面将使 $\sum_{i=1}^{M} f_i^n = 1$。

在结构化参考点 $\boldsymbol{H}$ 的情况下，使用该方法计算的原始参考点已经位于这个归一化的超平面上。在用户首选参考点的情况下，参考点简单地映射到上述构造的归一化超平面。由于归一化过程和超平面的创建是在每一代使用极值完成的从模拟开始就发现的点，NSGA-Ⅲ程序自适应地保持了每一代 $S_t$ 成员跨越的空间的多样性。这使得 NSGA-Ⅲ能够解决具有帕累托最优前沿的问题，该前沿的目标值可能不同。

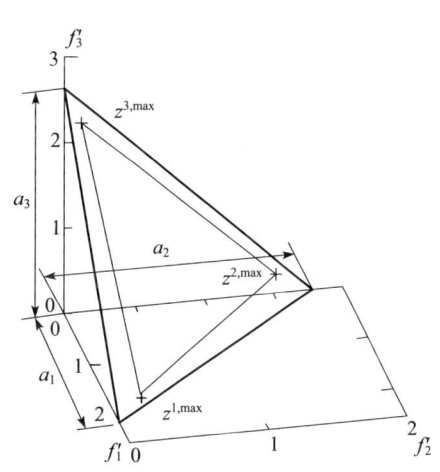

图 12.6 三目标问题计算截距然后从极值点形成超平面的过程

## 12.3 高维多目标优化算法

解决复杂的优化问题在人工智能的发展中起着至关重要的作用。在一些实际应用中，需要同时优化两个或多个目标函数，这导致了多目标优化的进步。假设 $f(x)=(f_1(x),\cdots,f_m(x))$ 表示多目标函数，且优化问题是确定性的，即每次调用 $f$ 都会为相同的解 $x$ 返回相同的函数值。此外，我们专注于无导数优化。也就是说，$f$ 被认为是一个黑盒函数，只能根据采样的解及其函数值进行多目标优化。其他信息如梯度没有使用甚至不可用。由于无导数优化方法不依赖于梯度，它们适用于各种复杂的现实世界优化问题，例如非凸函数、不可微函数和不连续函数。

先前的研究表明，无导数多目标优化算法对于低维解空间中的多目标优化算法对函数是有效且高效的。然而，多目标优化算法对优化方法可能会失去其对高维多目标函数的能力，因为在高维解空间中收敛速度慢或每次迭代的计算成本高。此外，解空间的高维对多目标优化的伤害比单目标优化要严重得多，因为多目标优化算法对算法需要找到一组达到不同目标最优平衡的解。因此，可扩展性成为多目标优化算法对优化的主要瓶颈之一，限制了它的进一步应用。

## 12.4 多目标优化算法应用实例

自 1993 年 MOEA 早期开发以来，它们已被应用于许多现实世界和有趣的优化问题，本节介绍两个相关的案例研究。

### 12.4.1 航天器轨迹设计

卡罗尔等人[4]提出了一种多目标优化技术，使用原始的非占优排序在航天器轨迹优化问题[5]中找到多个权衡解决方案。为了评估解决方案（轨迹），需要使用 SEPSPOT 软件，并计算交付的有效载荷质量和总飞行时间。为了降低计算复杂度，SEPSPOT 程序运行固定代数。在多目标优化问题中共有 8 个控制轨迹的决策变量，3 个目标函数即最大化目的地交付的有效载荷、最大化飞行时间的负数、最大化日心的总数轨迹中的转数，以及 3 个约束即限制 SEPSPOT 收敛误差、限制最小日心转数、限制轨迹中的最大日心转数。

在地球-火星交会任务中，研究发现了有趣的权衡解决方案。使用大小为 150 的人口，NSGA 在配备 333MHz Ultra SPARC Ⅲ 处理器的 Sun Ultra 10 工作站上运行了 30 个迭代。对于三个目标中的两个，获得的非占优解如图 12.7 所示。显然，存在交付有效载荷较小的短时飞行（标记为 44 的解决方案）和交付有效载荷较大的长期飞行（标记为 36 的解决方案）。令人惊讶的是，出现了两种不同类型的轨迹。解决方案 44 可以运送 685.28kg 的货物，行程时间约 1.12 年；解决方案 72 可以运送近 862kg 的货物，行程时间约 3 年。有趣的是，在解决方案 72 和 73 之

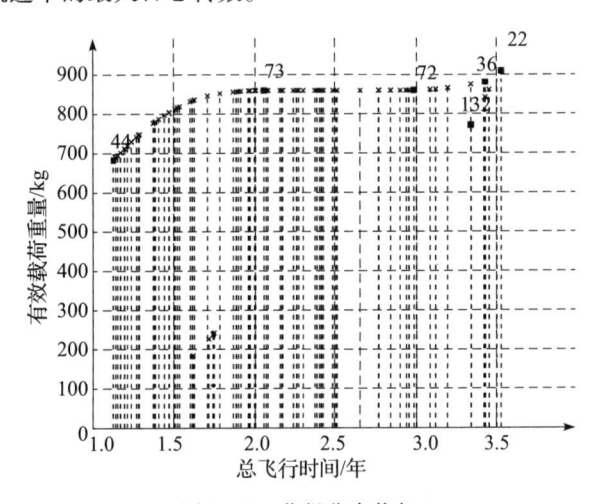

图 12.7 获得非占优解

间，有效载荷只有很小的改进。要移动到稍微改进的有效载荷，必须找到不同的轨迹策略。在解决方案 72 附近，添加了额外的燃烧，导致轨迹具有更好的有效载荷。解决方案 36 可以提供 884.10kg 的有效载荷。在这个背景下，再等待一年才能携带额外 180kg 有效载荷是个问题，这将导致决策者需要在解决方案 44 和 73 之间做出选择。尽管可以为每个目标设置相对权重并优化生成的聚合目标函数，但决策者总是想知道如果使用稍微不同的权重向量会得出什么解决方案。理想的多目标优化技术允许在选择特定解决方案之前采用灵活且实用的程序来分析多样化的解决方案集。

### 12.4.2 悬臂板设计

一端固定一块矩形板（1.2m×2m），另一端的中心元件施加 100kN 载荷。选择以下其他参数：板厚 20mm，屈服强度 150MPa，杨氏模量 200GPa，泊松比 0.25。

矩形板被划分为多个网格，每个网格的存在与否成为一个布尔决策变量。NSGA-Ⅱ 运行了 100 次迭代，种群规模为 54，交叉概率为 0.95。为了提高所获得解决方案的质量，使用增量

网格调整技术。NSGA-Ⅱ和第一个局部搜索过程以粗网格结构（6×10 或 60 个元素）运行。在第一次局部搜索过程之后，每个网格被分成 4 个大小相等的网格，从而具有 12×20 或 240 个元素。新的较小元素继承其父元素的存在或不存在状态。第二次局部搜索结束后，再次划分元素，从而得到 24×40 或 960 个元素。在所有情况下，都使用自动网格生成有限元方法来分析开发的结构。

图 12.8 显示了使用 8 种解决方案获得的前沿：重量和挠度之间的权衡很明显。图 12.9 显示了这 8 种解决方案的形状。解决方案按照从左到右和从上到下递增的重量排列。因此，最小权重解是左上解，最小挠度解是右下解。

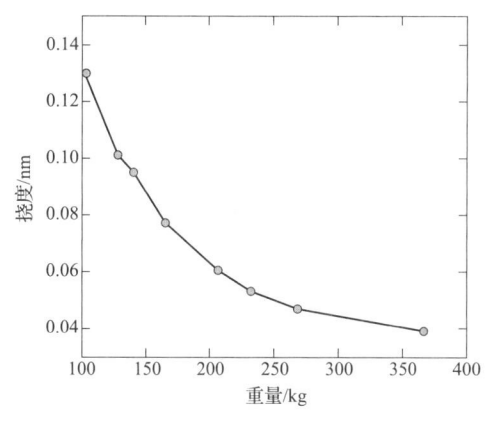

图 12.8 针对悬臂板设计问题获得了 8 个聚类解的前沿

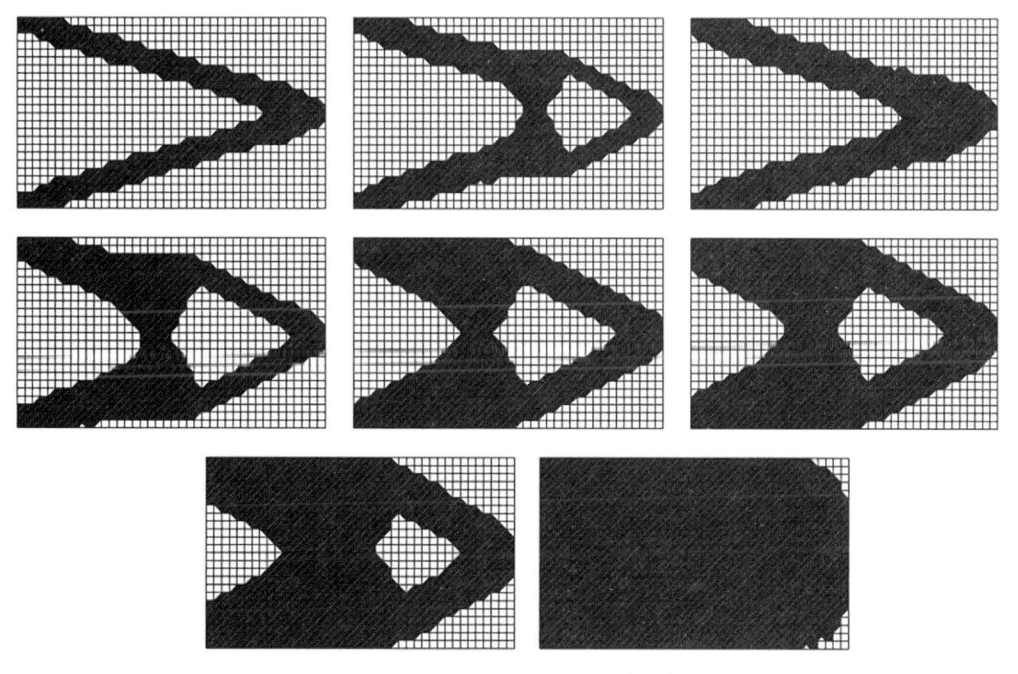

图 12.9 悬臂板设计问题的 8 种解决方案的形状

单目标优化和多目标优化之间的一个显著区别是解决方案集的基数。在多目标优化中，结果是多个解决方案，而且每个解决方案在理论上都是对应于目标之间特定权衡的最佳解决方案。因此，多目标优化找到的所有此类权衡解决方案都是高性能的近乎最佳解决方案，这些解决方案将具有一些使它们接近帕累托最优的共同属性。

用悬臂板设计问题来说明创新任务的有用性。手动分析获得的 8 种解决方案，并揭示以下有趣的见解作为这些解决方案的属性。

1）所有 8 种解决方案都关于盘子的中间行对称。由于负载和支撑围绕中间行对称放置，因此得到的最佳解决方案也可能是对称的。尽管此信息未在混合 NSGA-Ⅱ程序中明确编码，但这是所有最佳解决方案中的特征之一。虽然在这个问题中很难知道真正的帕累托最优解，但在这些解中实现的对称性表明它们接近真正的帕累托最优解。

2）最小重量解决方案只是将两个臂从极端支撑节点延伸到承载负载的元件。由于直线是连接两点的最短路径，因此该解可以很容易地理解为接近最小权重可行解的一种。

3）此后，为了减少挠度，必须增加重量。对于重量的特定牺牲，该程序发现当两个臂通过加强件连接时，可以最大限度地减少挠度。这是一种经常用于设计刚性结构的工程技巧。仅仅通过使用元素打开或关闭，来实现设计创新。

4）有趣的是，第三种解决方案是最小权重解决方案的加厚版本。通过使臂变厚，可以最大限度地增加偏转，以使重量与先前的解决方案相比固定变化。虽然不直观，但这种粗臂解决方案并不是最小重量解决方案的直接权衡解决方案。尽管与第二种解决方案相比，该解决方案的偏转较小，但加强解决方案是薄臂和厚臂解决方案之间的良好折中。

5）此后，任何增加双臂解的厚度都证明是次优命题。从支撑到加强筋，现在的臂比以前更厚，提供比以前更好的刚度。

6）在其余的解决方案中，加强筋和臂越来越宽，最终形成完整的圆角板。毫无疑问，该解决方案接近真正的最小挠度解决方案。

从具有最小重量解决方案的简单薄双臂悬臂板到具有最小挠度解决方案的边缘倒圆的完整板的过渡通过发现连接两个臂的垂直加强筋，然后通过加宽臂、逐渐加厚加强筋来进行。解的关于中间行的对称特征已经成为所有获得的解的共同性质。关于权衡解决方案的此类信息对设计人员非常有用。重要的是，如何通过任何其他方式在一次模拟运行中获得如此重要的设计信息并不明显。

## 本章习题

1. 以购车决策问题为例，设计一个问题，说明多目标优化问题。
2. 试概括多目标优化的两种方法。
3. 为什么说理想目标向量与乌托邦向量是不存在的解？
4. 如果 $x^{(1)}$ 占优解 $x^{(2)}$，写出其满足的性质。
5. 将算法 12.1 以伪代码的形式表示。
6. 推导出 $f(x)$ 具有 $M$ 有效维数的充分必要条件。
7. 推导出 $f(x)$ 具有 $M$ 有效维数的另一个充分条件。
8. 试着解释多目标优化算法是如何应用到航天器轨迹设计的。
9. 单目标优化算法与多目标优化算法最显著的区别是什么？

## 参考文献

[1] DEB K. Unveiling innovative design principles by means of multiple conflicting objectives [J]. Engineering optimization, 2003, 35 (5): 445-470.

[2] DEB K, JAIN S. Multi-speed gearbox design using multi-objective evolutionary algorithms [J]. Journal of mechanical design, 2003, 125 (3): 609-619.

[3] CHANKONG V, HAIMES Y Y. Multiobjective decision making: theory and methodology [M]. Amsterdam: North Holland, 1983.

[4] COVERSTONE-CARROLL V, HARTMANN J W, MASON W J. Optimal multi-objective low-thrust spacecraft trajectories [J]. Computer methods in applied mechanics and engineering, 2000, 186 (2-4): 387-402.

[5] SRINIVAS N, DEB K. Muiltiobjective optimization using nondominated sorting in genetic algorithms [J]. Evolutionary computation, 1994, 2 (3): 221-248.

PART 4

第四篇

# 应用及展望

- 第 13 章　智能物联网与深度学习应用
- 第 14 章　智能物联网与深度学习的未来展望

CHAPTER 13

# 第 13 章

# 智能物联网与深度学习应用

本章将全面探讨智能物联网与深度学习的实际应用场景。13.1 节重点介绍深度学习在社交媒体分析中的应用，包括用户行为分析和业务分析两个主要方面。通过这些内容，读者将了解深度学习技术如何助力社交媒体数据的智能分析。

13.2、13.3 节分别讨论医疗认知系统与深度学习的结合应用，以及人工智能在 5G 系统中的应用。将详细探讨医疗物联网的应用和安全机制，同时介绍人工智能和 5G 系统的深度融合应用场景。

13.4 节将介绍生成对抗网络（Generative Adversarial Network，GAN）在深度学习中的应用，包括 GAN 在自然语言处理和计算机视觉中的应用以及 GAN 的安全应用。13.5 节探讨大数据技术在城市治理与智慧城市中的具体应用。13.6 节则关注无人机应用。

13.7 节重点讨论安全与隐私保障应用。13.8 节探讨体感技术应用，重点介绍身体运动和日常活动监测。

通过本章的学习，读者将全面了解智能物联网与深度学习在各个领域的实际应用，掌握这些技术如何解决现实世界中的具体问题。

## 13.1 深度学习在社交媒体分析中的应用

随着全球社交媒体数据的出现，数据密集型问题的增长速度也在加快。数字数据的广泛可用性和指数级增长使得通过当代软件工具和技术可视化、探索、管理和分析数据具有挑战性。数据量的增加、数据种类的多样性以及数据进出的速度（称为 3V 的概念）是造成这种现象最突出的原因。例如，根据市场研究机构 IDC 的最新数据，到 2025 年，全球产生的数据总量将达到 175ZB（泽塔字节）。其中，每天从各种终端设备、物联网传感器等渠道上产生的数据就高达几十 EB（艾字节）。互联网、移动通信、云计算等新兴技术的高速发展，催生了数据的爆炸式增长。据 IDC 预测，2020—2025 年，全球数据总量将呈现 40% 的年复合增长率，其中 90% 以上的数据将来自于物联网设备、智能手机、车载导航等各类边缘设备[1]。这种巨大的数字数据集为教育、卫生、工业、商业、公共管理、科学研究等各个部门开启了重要的研究前景。此外，社交媒体的出现也导致了当前科学研究在数据驱动的知识发现道路上的轰动式范式转变。

尽管社交媒体将全球各地的人们联系在一起，但正如前面所提到的，它提供了各种各样的知识提取任务。伴随着现有计算能力的进步，机器学习技术在利用这些数据中的隐藏信息方面发挥了重要作用。作为机器学习的一个活跃子领域，深度学习被认为是处理社交媒体分析问题的一个强有力的工具。显然，与其他社交媒体应用程序一样，基于 Web 的应用程序每天都在增加。基于 Web 的应用程序包括社会计算，如在线社区、声誉系统、问答系统、预测系统、推荐系统和异构信息网络分析[2]。另外，图论更好地说明了社交媒体数据的语义结构，将用户表示为节点，将用户之间的关系表示为链接。

社交媒体数据每天都在大量增加，为了更健康地发现知识，需要精细的模式和特征提取方法。大多数传统的学习方法使用浅结构的学习体系结构，而深度学习讨论了有监督或无监督机器学习技术，自动学习分类的层次表示。通过近期对人类大脑处理过程的生物学观察得到的启发，深度学习已经引起了研究界的重视。此外，它还在数字图像处理、语音到文本和协同过滤（Collaborative Filtering, CF）等众多研究领域发挥了主导作用。深度学习也被应用于工程和产品制造，成功简化了海量的数字数据。一些著名的公司如谷歌、苹果和 Facebook，每天都要处理成堆的数据。这些公司正在热衷于推出面向数据生命周期管理的项目。例如，iPhone 上的应用程序 Siri，作为一个虚拟助手，使用深度学习为用户提供广泛的服务：统计体育新闻、回答用户的问题、报告最新的天气更新以及提醒等。而谷歌则将深度学习应用于大量谷歌 Translator 的混沌数据。

相比之下，社交媒体分析是最重要、最热门和最新的研究领域之一。通过将深度学习与社交媒体分析连接起来，得到了值得思考的结果。此前，已有多篇文献[3-5]表明深度学习是可行且高效的解决大量大数据问题的方法。然而，大多数文献的重点是深度学习的应用，例如图像分类和语音识别，没有对最重要和最发达的社交媒体平台进行专门研究。深度学习方法已经应用在商业、教育、经济学、卫生信息学等应用领域。本节将介绍社交媒体一些值得注意的应用领域，如用户行为分析、业务分析、情感分析和异常检测，在这些领域深度学习利用其丰富的知识发挥了显著作用。

## 13.1.1 用户行为分析

当今的社会是各种实体的组合，而人也是其中一种实体。从直观上讲，人类的行为主要可以分为个体行为和群体行为。然而，人类作为社会的参与者，在不同的社会情境中有着不同的表现。社会行为是某些大气变化、环境事件或社会影响的结果。在了解社会变化的同时，了解个人的社会行为也同样重要。此外，社会状况对用户行为的影响也值得研究。正如前面所定义的，社交媒体是社会中连接人们的重要方式，主要依赖于用户生成的内容。因此，深度学习提供了优秀的技术来分析用户的行为，并基于社交媒体学习用户过去和现在的特征之间的相关性。在这里，将通过社会媒体中执行的一些分类任务来分析使用深度学习的用户行为，如图 13.1 所示。

**1. 使用深度学习进行预测**

目前已有许多研究使用深度学习来预测社交网络中的人类行为。深度学习可以很有效地处理多维数据，为此，Zhang 等人[6]提出了一种张量自编码器（Tensor Autoencoder，TAE）深度计算模型，用于从异构 YouTube 数据中学习特征。给定向量的参考基，用张量来表示向量之间的线性关系。数组是在计算机内存中表示张量的一种方法，数组的维数构成张量的度（秩）。例如，一个二维数组可以用来表示向量之间的线性映射，因此是一个二阶张量。为了表示输入数据，TAE 模型利用张量将传统的深度学习模型扩展到高阶张量空间。该模型利用张量将学习到的异构数据特征融合到隐含层中，它有利于张量深度学习模型理解输入数据的多方面关系。为了训练 TAE 模型，他们设计了一种高阶反向传播算法，该算法是提高预测精度的重要工具。但是，与在 TAE 上使用同构数据相比，异构数据需要更多的迭代来训练参数，需要花费更多的时间。

图 13.1 用户行为识别的定义及应用领域

社交媒体数据包含大量有价值的信息，可用于做出合理的预测。显然在社交媒体中，异构源学习仍然是一项艰巨的任务。为此，Jia 等人[7]融合了社交网络，提出了一种新的深度模型，使用深度学习融合社交网络来自异质社会网络的信息。这是一个信息融合任务，需要深度学习从多个数据源的复杂性中学习。在这个模型中，作者使用不同的内层来学习来自多个社交网络的复杂表示。首先，用户通过他们的多个社会论坛账户进行关联。其次，利用提取的多方面特征，如语言、人口和行为特征对给定的用户进行表征。显然，用户在社交媒体中的活动是不平衡的，这导致了数据的缺失。在使用非负矩阵分解将提取的特征输入深度学习模型之前，会将这些缺失的数据推断出来。非负矩阵分解是多元分析中的一组算法，其中矩阵 $M$ 被分解为两个矩阵 $X$ 和 $H$，3 个矩阵中没有任何负元素。利用深度映射将底层特征映射为高层特征，然后将高层特征融合在一起进行任务学习。通过测量用户在多个社交论坛中的信任度和一致性，全面了解用户的兴趣、行为和个性特征。

**2. 使用深度学习进行分类**

社交媒体是人们在网络和社区中产生和分享思想和信息的最重要的互动方式之一。一般情况下，社交媒体数据具有噪声、多样性、低质量、量大、异质性大等特点。为了记录日常活动，用户用多样的背景训练社交媒体平台，这种方式影响了社交媒体数据的主观性。它还为这些数据提供了广泛的属性集合，例如所使用的资源、实体在特定上下文中的出现、信息扩散、链接分析等。由于其多样性的特点，图像标注和分类等社交媒体任务是不平凡的。

然而，社交媒体是异构的，具有多模态用户生成的内容，这启发了数据的联合表示。例如，一幅花的图像可能与许多文本标签相关联，这使得用于图像分类的潜在特征学习相当复杂。联合表示可以更好地交付与内容相关联的信息。Yuan 等人[8]提出了一种基于深度学习的方法来分类社交媒体数据，使用潜在特征学习社交媒体数据，特别是图像。作者使用 Flickr 数据集，将图片分类为链接和不链接的，这在某种程度上将其作为一个图像分类和链接分析问题。显然，处理如此巨大的特征空间是一项艰巨的任务，然而，深度学习可能是处理图像数据的一个有价值的工具。因为深度学习拥有对各种社交数据特征的无监督预训练、特征的精细调优、分层学习结构以及对更抽象、更健壮语义的解释。

Yuan 等人提出了一种关系生成深度信念网络（Relationship Generation Deep Belief Network，RGDBN）模型，并研究了潜在特征相互作用生成的信息对象之间的联系。首先，在 RGDBN 中学习底层表示，然后使用具有更多层的深层架构，再通过使用更高层次的表示来更好地学习图像和相关文本标记之间的链接。作者认为，将潜特征学习的集体效应整合到深度模型中，可以更好地代表数据空间的多样性和异质性。考虑到学习有用的网络表示，科研人员提出了一种结构深度网络嵌入（Structural Deep Network Embedding，SDNE）模型，以有效地捕捉复杂网络的巨大非线性结构，它是一个具有多层非线性函数的半监督深度模型。SDNE 模型的多层深层结构使得该模型能够捕捉到异常非线性的异构网络结构。网络嵌入的目标是学习异构网络的复杂表示。

通过社交网络，人们可以共享多种类型的不同数据。然而，用户不太可能分享他们的个人数据，如性别、出生年份、人口统计数据等。用户行为预测需要对用户进行年龄段分类，通过这种方法可以揭示出不同年龄段用户行为的有价值的见解。Guimaras 等人[9]分析了来自社交网络的 7000 个句子，他们使用深度卷积神经网络（Dynamic Convolution Neural Network，DCNN）对社交网络帖子的特征进行分类，如标签、转发、推文中的人物、粉丝数量、推文数量等。在使用不同的机器学习算法如随机森林、决策树、支持向量机等进行大量实验后，他们发现 DCNN 在大规模数据分类方面优于其他同类算法。

### 3. 使用深度学习进行聚类

在社交媒体数据中，社区检测是确定信息对象内在分组（在社交媒体概念下定义）的现实解决方案。为了对信息对象进行分组，不同的属性可能有不同的作用。属性值对分组任务有影响。例如，资格程度是一个有价值的属性，可以将用户与相应的机构进行分组。在社交网络中，Zin 等人[10]将聚类与排序相结合，提出了一种新的深度模型——深度学习聚类排序。这种方法更好地说明了社交网络中的排序集群的重要性。对于集群中的每一项，在网络中信息对象的学习特征的基础上分配一个等级。社交网络中各种信息对象形成许多复杂的表示形式，而该模型能够非常有效地处理这一点。

### 4. 利用深度学习进行排名

社交媒体可以作为一个标志，通过在论坛发布查询来解决人们的问题。这些论坛被称为社区问答（Community-based Question and Answering，CQA）论坛。这些论坛帮助用户获得满意的信息。然而，用户不太可能在短时间内得到想要的内容，因为在 CQA 上有很多相同问题的答案，它需要对 CQA 专家提供的答案进行排序。

Chen 等人[11] 提出了一种利用多实例深度学习框架预测用户个性化满意度的方法。在 CQA 中，一个问题可能有多个答案，且每个答案都被视为一个包中的实例，在这个包中，每个问题解决方案都在 Stack Exchange 数据集上获得一个满意的答案。这种方法根据用户的历史行为，定义并初始化公共用户空间，用于表示每个个体用户。在提取特征后，将其注入深度循环神经网络，对其进行正向或负向排序。

**5. 使用深度学习进行推荐**

社交媒体数据是不断向多领域用户推荐相关内容的一个很有前景的数据来源。如果联合学习不同领域的条目并得到推荐，那么推荐的影响会被夸大。Elkahky 等人[12] 提出了一种多视图深度神经网络（Multi-View Deep Neural Network，MV-DNN），它将商品和用户映射到一个共享的语义空间，并推荐具有大写相似性的商品。例如，访问 espncricinfo.com 的人最有可能看到关于板球的新闻，如在 PC 或 Xbox 上玩与板球相关的游戏。作者使用了几个数据源，如微软的产品日志（如必应搜索日志）、Windows Store 的下载历史日志或 Xbox 的电影查看日志，以做出兴趣推荐。

利用 DNN 将不同领域的用户和物品的高维特征空间和低维特征空间结合起来。社交网络用户通常属于不同的领域，可以通过 DNN 寻找他们感兴趣的项目。MV-DNN 能够根据电影类型、应用类别、项目所属国家或地区等类别特征推荐项目。

协同过滤也是向用户推荐合适内容的一种著名风格。基于协同过滤的方法通常使用用户的评级向他们推荐相关的项目。然而，评级的稀缺性导致推荐绩效显著下降。Wang 等人[13] 提出了一种协同深度学习模型，该模型吸收了对内容信息（项目）深度表示的学习和对用户评级的协同过滤。作者使用不同的数据域，如 CiteULike、Netflix 和 IMDB 向用户推荐项目。

此外，用户的信任度对于找到值得信赖的推荐也起着重要的作用。Deng 等人[14] 提出了基于深度学习的矩阵分解（DLMF）模型来综合用户的兴趣和他们信任的链接。对于不寻常的数据和冷启动用户，DLMF 在推荐准确度方面也表现得更好。利用 Epinions 数据，在第一阶段使用自动编码器学习用户的初始特征向量和条目，在第二阶段学习用户的最终潜在特征向量，该方法同样适用于可信社区的检测。

## 13.1.2 业务分析

随着社交媒体的兴起，社交网络、博客、评论论坛、评级和推荐迅速兴起。对于想要销售自己的产品并认识到新的市场前景的企业来说，自动过滤数据是非常重要的。然而，由于社交数据规模庞大，很难对用户情绪进行自动分类。例如，来自两个不同领域的评审将包含不同的词汇表，从而使不同领域的不同数据分布激增。因此，领域自适应可以起到学习中间表示的过渡作用。

**1. 使用深度学习进行分类**

人们使用社交媒体平台来管理客户关系，为做出外出/就餐的酒店决策。事实上，像 Facebook、Twitter 这样的社交媒体平台现在是一个广泛的输入来源，对于市场研究公司、公众观点协会和其他文本挖掘单位来说是非常有价值的，它促使这些实体在社交媒体上投入更多资金以获得更多业务。

Glorot 等人[15] 提出了一种情感分类器领域自适应的深度学习方法。深度学习技术学习源数据和目标数据之间的中间概念。领域适应漂移使深度学习能够学习到有意义的中间概念，如产品价格或质量、客户服务、客户对产品的评价等。人们可以通过在前一层中显示的特征来学习这些特征。此外，亚马逊是一个广泛使用的商业平台，深度学习在所有领域中都产生了更好的学习表示。

Ding 等人在文献［16］中使用了 Amazon 数据集，其中包括来自域名的评论，以及书籍、厨房、电子产品和 DVD。在特征提取阶段，将堆叠降噪自动（Stacked Denoising Auto，SDA）编码器与多层感知机（MLP）进行比较。在比较中使用一层的 SDA-1 和三层的 SDA-3 两种变体。

MLP 的性能表明，非线性虽然支持提取信息，但并不足以从数据中积累所有必要的信息。使用可以合并来自不同领域数据的无监督阶段更为可行。显然，在这个广泛的问题上，单一的层不足以掌握最优性能。将三层叠加在一起可以得到数据的最佳表示。值得注意的是，SDAsh3 学习到的表示对于不同的领域非常重要，可以准确地适应于各种领域。

Ding 等人[16]提出了一种基于 CNN 的模型，根据用户在社交媒体平台上表达的产品需求对用户进行分类。提出的基于 CNN 的产品消费意向模型与支持向量机以及单词嵌入或单词袋相比，能够更好地从文本中分类意向词。

### 2. 使用深度学习进行推荐

由于社交媒体的兴起，人们倾向于在网上购买服装。Lin 等人[17]提出了一个分层的深度 CNN 框架，为在线客户推荐更好、更高效的服装选择。特定于服装的树是由男性、女性等类别生成的，而子类别包括上衣、连衣裙、外套等。解决方案是将客户喜欢的布料图像与数据集中的图像进行匹配。深度 CNN 用于自动学习识别特征表示，具有检测异质类型服装图像的能力。此外，与传统的人工构造特征的 CNN 相比，基于深度学习的级联的层次搜索提供了即时检索响应。

深度 CNN 模型在学习特征表示方面得到了越来越普遍的应用。Kiapour 等人[18]提出了一种基于深度学习的级联的模型来匹配用户查询的精确购物位置。图 13.2 使用的是 Tamaraberg 和 ModCloth，将用户服装查询与可用的购物位置匹配的问题直观地表现为计算查询得到的服装特征与网上店铺图像特征之间的余弦相似度。为了向顾客推荐更好的购物地点，根据计算的相似度对商店检索进行排序。

图 13.2　正确匹配和错误匹配案例

图 13.2　正确匹配和错误匹配案例（续）

## 13.2　医疗认知系统与健康大数据应用

医疗物联网（Internet of Medical Things，IoMT）通过连接实现医疗设备之间的互联性，并将其纳入更大的健康网络，以改善患者的健康问题。医疗物联网在提高产品在医疗领域的质量、效率和效益方面发挥着至关重要的作用。虽然物联网涵盖了许多领域，但我们的重点是物联网在医疗保健领域的工作影响。本小节将有助于研究人员考虑医疗保健领域目前的应用、问题、挑战和威胁，还可以帮助该领域的研究人员和专业人士，让他们认识到物联网在医学领域的巨大可能性。

**1. 物联网在医疗保健中的应用**

20~59 岁女性死亡的主要因素之一是乳腺癌，且每年影响约 210 万女性。据世界卫生组织统计，2018 年有 62.7 万人死于乳腺癌，约占所有女性癌症死亡人数的 15%。可以通过获得有效的护理和适当的疾病治疗来减少死亡人数。各种人工智能模型在 IoMT 的技术应用中起到了一定的作用，可用于进一步检测和治疗乳腺癌中的恶性细胞。物联网使生活比以往任何时候都更方便。随着物联网领域的发展，对患者的护理正在增强，医疗保健变得越来越便宜，患者的治疗效果得到了改善，任何类型的疾病都可以实时检测到，人们的生活质量得到了改善，用户终端体验也在优化。一个人在这个世界上的主要目标是健康和长寿，这也可以通过物联网实现。它还被用于有效预防和监测大多数疾病。患者健康状况的突然下降都会向不同的医疗人员显示自动警报，从而节省其他基于物联网的设备的资源。在物联网领域，帮助物联网发展的最关键因素之一是用户体验。它提供了简单、廉价和易于使用的设备，用最少的指令来保证设备的正常工作[19]。

因此，医生可以很容易地在一个地方记录许多患者的情况，医生的时间和精力消耗随之减少。营养师推荐的健康饮食或任何基于医学饮食的机器学习/人工智能模型都有助于患者预防疾病，同时改善健康状况。下面列举了几种物联网在医疗保健中的应用[20]。

（1）智能医疗技术　这包括目前正在部署的智能医疗设备和工具包。护理人员目前使用这些设备为急需医疗护理和援助的患者提供即时帮助，例如使用医疗无人机执行此类任务。

医疗无人机最初用于应对与心脏骤停患者相关的紧急情况[21]，因为这些无人机能够最快到达急救现场。无人机将被引导飞往特定的目的地，这节省了时间，也拯救了生命，因为医护人员可能因为交通不便不能及时到达，无法根据需要快速做出反应。这鼓励人们使用智能医疗机器人在医院环境中执行外科手术，基于虚拟/增强现实和人工智能的医疗技术也被用于各种医疗中。例如IBM Watson和基因网络科学医疗AI系统，用于搜索合理的癌症治疗方法。

（2）可吸收的相机　如图13.3所示，这些是尖端、具有成本效益的胶囊，可被患者（体内/体外）吞服，为早期发现慢性疾病和癌症提供内部器官实时视觉监测，包括可吞咽数据记录仪胶囊医疗装置、用于内镜检查的可吞咽内镜光学扫描装置和可吞咽凝胶装置。可摄入的设备依赖于X射线或摄像机胶囊、跟踪/记录系统和用于评估的诊断工具包。

（3）实时患者监测　实时患者监测被用于确保实时、经济有效的远程监测，这通过家庭护理远程健康系统或远程监测系统连接到患者身体的传感器实现。监测内容包括健康水平、血糖水平、呼吸频率和心率等。现在有很多新的实时患者监测产品出现，包括监测抑郁症的Apple Watch应用程序，Apple的Research Kit，以及AD-AMM智能哮喘监测设备。

（4）皮肤状况监测系统　这些系统检测皮肤受伤的状况和愈合过程。科学家建

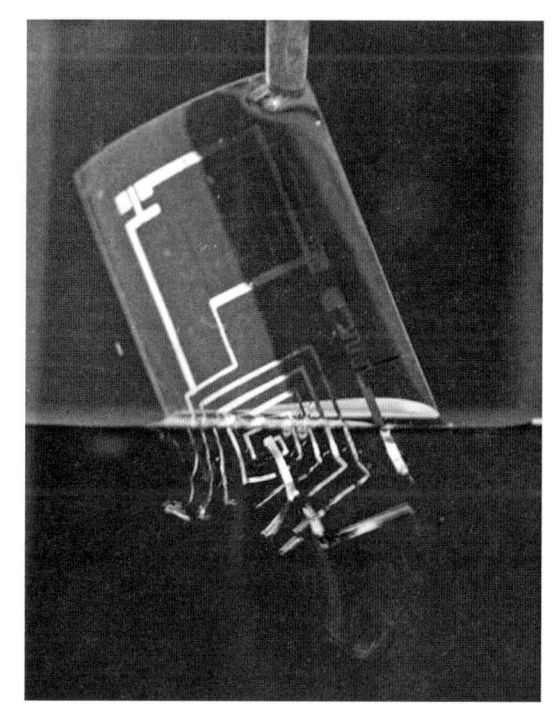

图13.3　可以内服消化的微型数码相机产品

议利用智能手机建立一个移动远程医疗论坛，他们在10位专家模拟测试的基础上测试了该平台的可行性和可用性，这些专家使用实验性的移动应用程序远程检查糖尿病足。该平台可以远程分类伤口以及评估截肢风险，平均准确率为89%。

（5）作为移动检测器的IoMT设备　这些设备供不能活动的病人使用。对这些人来说，追踪他们的行踪变得非常重要。一般将智能手表和传感器安装在病人的衣服、床或身体上，以跟踪他们的活动。它还将有助于监测非自主的手势，并为有效的医疗控制提供更深入的见解。这些设备收集的数据从一端到另一端都受到了保护，从而保护了患者的隐私。

### 2. 物联网医疗安全和隐私

已经证明家庭远程医疗系统中一些有效的方法，可以最大限度地减少医疗服务的过载和降低医疗成本。由于很多物联网组件以无线方式收发数据，这使得IoMT面临着无线传感器网络安全漏洞的风险。IoMT解决方案还提供用于运行、跟踪和管理这些组件的软件。应用程序的风险包括身份验证和授权违规，以及程序的一般保护和功能。由于所有的医疗系统都很脆弱，因此以一种不同的方式处理这些问题是很重要的。许多医疗都与互联网相连，以确保其

可靠性。因此，可以通过一个通用的分层架构，为每一层提供独特的功能[22]。分层如下：

1）感知层：利用传感器等物理设备，将体温、心率等所有数据传输到网络，即网络层。

2）网络层：该层使用网络寻址来搜索和交付内容，并将内容从源路发送到目的地。

3）中间件：这一层管理数据的处理和检索，这些数据是从感知层仪器（如传感器）获得的，资源的检测和对应用程序访问的管理。

4）应用层：在这一层的帮助下，所有用户通过一个中间件层链接到 IoMT 设备。

5）业务层：它控制医疗保健提供商的市场基本原理，并管理公司运营的生命周期，包括跟踪、控制和改进业务流程。

IoMT 面临着不同的问题和挑战，例如缺乏安全和隐私措施以及必要的培训和意识。现有安全解决方案分为密码学和非密码学。随着数字医疗 4.0 时代的兴起，IoMT 作为主要的安全措施，在安全级别和系统性能之间呈现出一种权衡。一个安全解决方案分为 5 个不同的层来检测和防止攻击，减少这些已知攻击的损害和保护患者的隐私。这些设备能够持续实时跟踪患者的健康状况，包括监测血糖水平、呼吸频率和心率等。因此，不需要让患者留在医院。目前的主要问题是，许多 IoMT 设备容易受到网络攻击，这仅仅是因为医疗设备对潜在对手的安全性较差，或者根本不安全。这是 IoMT 面临的主要挑战，即在不降低安全级别的情况下保护患者的隐私。从这点来看，应对日益突出的安全问题和挑战，任重道远。然而，可以通过实施多种技术性和非技术性的安全措施来缓解这些问题[23]。

(1) 非技术安全措施　这些措施包括对工作人员的培训，以及保护患者的医疗信息，可根据需要采取相应的措施。培训医务人员和 IT 人员可以通过以下 3 种不同的方式来完成：

1）增强意识：必须让工作人员特别是 IT 人员有相应的意识，因为他们可以了解并识别正常网络正在发生的攻击，以评估风险的可能性和影响。一旦确定了风险，还必须知晓如何减轻风险，并使用正确的安全措施来处理任何威胁并降低其风险。为此，需要提高技术意识。

2）技术培训：除了增强意识，人们应该知道如何降低风险和处理攻击。在教学阶段结束后立即开始培训医务人员和 IT 部门的员工，这包括 7 个阶段：

①识别阶段，IT 人员能够从异常行为中识别可疑行为。

②确认阶段，确认攻击正在发生的能力。

③分类阶段，识别正在发生的攻击类型的能力。

④反应或响应阶段，基于计算机应急响应小组，使用正确的安全防御措施对给定的攻击做出快速反应并防止攻击升级的能力。

⑤遏制阶段，其基础是遏制攻击事件并加以克服。

⑥调查阶段，在此过程中进行调查，以确定攻击的原因、影响和损害。

⑦增强阶段，从以前的攻击中吸取教训。

3）提高教育水平：必须要提高 IT 部门的教育水平，对网络安全和 IT 人员进行必要的教学和教育，以对每次攻击进行分类，并对攻击目标进行机密性、完整性的认证。

(2) 技术安全措施　下面讨论应该采取的技术安全措施，以保证端到端 IoMT 系统的安全。

1）多因素识别与验证：为了防止任何可能的 IoMT 系统非法访问，需要建立一个完善的识别与验证机制。最好的方式是建立一个生物识别系统，并且需要一个数据库系统来存储身份。一些生物识别技术可以达到这一目的，这些生物识别技术可分为物理技术和行为技术。

2）物理生物识别技术：一种基于个体物理特征的生物识别技术，包括面部识别、视网膜扫描或虹膜扫描。

①面部识别：是指通过面部特征来识别一个人身份的方法。它记录、分析和对比个人面部特征。面部识别过程是在照片和记录中识别和发现人脸的一个重要阶段。

②虹膜扫描：是利用可见光和近红外照明来制作一个人虹膜的高对比度图像的操作。由于它能够获得精确和正确的测量，对确认和核查都很重要。

③视网膜扫描：其重点是对人眼后方血管区域的检查，这已被证明是一个非常准确和可靠的测试。

3）行为生物识别技术：手部几何是可以用于识别和验证阶段的行为生物识别技术。行为生物特征认证技术包括击键分析、步态识别、语音识别、鼠标使用特征、签名识别和认知生物特征识别。一般来说，生物特征模态的精度是由错误接受率和错误拒绝率组成的互反误差决定的。

4）多因素认证技术：将认证作为对源端和目的端进行认证的第一道防线。事实上，身份验证可以是单因素的身份验证，将密码作为唯一的安全措施，但这并不可取。它也可以是双重身份验证，依赖于除密码之外的另一种安全措施，以便访问给定的系统。而且，它可以是多因素身份验证，其中需要第三种安全措施才能访问系统。因此，在为给定网络上的可访问资源提供安全保障方面，身份验证起着关键作用。

5）授权技术：分配的授权必须基于提供最少权限。因此，采用了基于角色的访问控制（Role-Based Access Control，RBAC）模型。该模型为给定的医务人员或员工提供执行给定任务的最少权限，并提供完成特定任务的最少权限和功能。T-RBAC 主要为云计算环境设计，代表基于角色的时间访问控制，这种控制可以是时空的、智能的和广义的。它还能够根据分配的角色和任务为任何医疗用户验证任何所需的访问权限。

6）可用性技术：服务器维护是保证数据流通的必要条件。要保持服务器的可用性，需要实现作为备份设备的计算设备，以及经过验证的备份和应急响应计划，以防任何突然的系统故障。在静态网络中，对大量干扰的识别和对策进行了规划和试验。

7）蜜罐：当涉及检测攻击者的目标、工具和使用的方法时，蜜罐系统起到了很大的作用。"蜜罐"是一种连接在网络上的设备，它被设置为一个诱饵，用于防止、转移或研究入侵尝试，以获得对信息系统的未经授权的访问。

## 13.3 认知车联网与 5G 认知系统应用

### 13.3.1 认知车联网

为了充分实现自动驾驶场景，车联网（Internet of Vehicles，IoV）引起了学术界和工业界的广泛关注[24]。然而，现有的架构（如蜂窝网络、车载自组织网络等）无法有力地保证合适的成本和稳定的连接。随着人工智能、云/边缘计算和 5G 网络切片的蓬勃发展，一个更智能的车载网络应运而生，如图 13.4 所示。

自 20 世纪 70 年代以来，世界范围内的车辆数量迅速增长，车辆已经成为人们日常出行最重要的交通工具。然而，由于视线受阻、疲劳驾驶、超速等原因，交通事故始终无法有效减

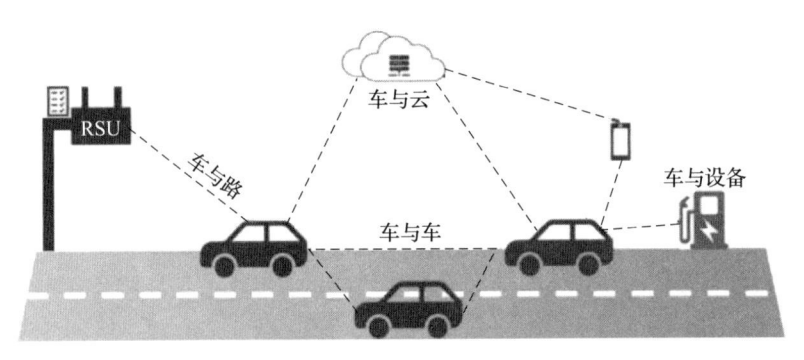

图 13.4　车联网示例图

少。根据研究统计，90%的交通事故是由人为驾驶失误或判断失误造成的。Eno 交通中心发布的一份调查报告显示，如果能够将自动驾驶技术和车辆通信合作，将大大减少因驾驶失误造成的交通事故，并大大缓解城市交通拥堵。目前，为了完成这种合作，汽车行业正在经历一场巨大的技术革命。自 2012 年以来，随着大数据技术和物联网的快速发展，第一代 IoV 已成为实现未来自动驾驶场景的关键使能技术[25]。认知和自主性是每一个物联网系统特有功能的实现范例，因此也适用于 IoV。根据麦肯锡公司 2016 年的一份报告显示，未来的自动驾驶汽车应同时具备智能和连接性，到 2030 年，全自动驾驶汽车的销量将占全球汽车市场的 15%，自动驾驶汽车市场的新商业模式可能会将总收入增加约 30%。目前一些研究已经讨论了 IoV 的一些问题，对 IoV 的分层架构、协议栈和网络模型提出了见解。直观地说，IoV 可以被视为一个功能强大的无线传感器网络，在没有人为干预的情况下移动。然而，与传统的无线传感器网络相比，由于对 IoV 的应用要求极其严格，许多问题仍有待解决[26]：

1）高速移动：IoV 的关键要素是高速移动的自动驾驶车辆。由于交通条件的复杂性和多样性，保证自动驾驶汽车的准确性非常重要。

2）延迟敏感度：在 IoV 中，需要以毫秒为单位测量通信延迟。一旦网络发生拥塞或长时间延迟，由于计算速度慢或带宽有限，就会发生一系列危及生命的交通事故。

3）无缝连接：在 IoV 中，用户对网络质量和服务连续性的要求会更高。具体来说，许多计算密集型任务需要实时处理。因此，只有保证稳定、不间断的网络连接，才能满足许多车辆应用的服务质量。

4）数据隐私：车辆网络中涉及大量车主隐私信息，传统网络保护机制无法保护。此外，城市交通系统需要一个安全可靠的网络环境，以保证自动驾驶的有序进行。

5）资源限制：尽管车辆自组织网络可以提供实时通信，但单个车辆拥有的计算资源和网络资源仍然有限，尤其是在半自动驾驶场景的过渡期。资源需要根据大规模车辆网络的实际行驶路线进行实时精确调度。

为了解决这些问题，需要全面加强 IoV 的智能化。因此，相关学者提出了认知车辆网络（Cognition Internet of Vehicles，CIoV）[27]，以实现自主驾驶场景的智能认知、控制和决策。与现有的 IoV 研究不同，以人为中心的 CIoV 利用分层认知引擎，在物理和网络数据空间中进行联合分析。CIoV 的主要参与者分为车内网络、车间网络和车外网络。CIoV 的主要优势如下：

1）认知智能：CIoV 通过对车内网络（驾驶员、乘客、智能设备等）、车间网络（相邻智能车辆）和车外网络（道路环境、蜂窝网络、边缘节点、远程云等）的认知，使 IoV 具有更准确的感知能力，它还可以为整个交通系统提供宏观信息和调度策略。

2) 可靠决策：通过将认知计算引入自动驾驶系统，可以有效提高自动驾驶车辆的学习能力。此外，通过感知、训练、学习和反馈的认知周期，自动驾驶汽车的决策过程将更加可靠。

3) 资源的高效利用：通过感知网络交通状态和实时道路情况，通过机器学习和深度学习等分析技术得出的决策，可以帮助资源认知引擎对车辆进行更有效的控制，以及提高车辆网络内的信息共享效率。

4) 丰富的市场潜力：就市场机会而言，CIoV 带来的好处不仅限于汽车市场，还与人们生活中的许多方面如娱乐、医疗、议程等密切相关。这一特性还将推动许多传统应用设备转变为智能嵌入式应用设备。

CIoV 被认为是强化 IoV 认知智能的高级解决方案。为了更好地理解车辆网络的发展，下面将解释 CIoV 与 3 个相关概念之间的差异。

智能交通系统（Intelligent Traffic System，ITS）、车载随意移动网络（Vehicular ad-hoc network，VANET）、IoV 和 CIoV 是 2000 年之前提出的一个广泛概念。ITS 涉及一系列应用系统：车辆管理系统、车牌自动识别系统和交通信号控制系统。一个典型的例子是，为了在信息网络平台上实现车辆静态和动态信息的提取和利用，ITS 可以通过无线射频识别等技术识别车辆上携带的电子标签。随着无线移动通信技术的飞速发展，车与车之间的通信作为提高道路安全、提高运输效率的一种方式受到了研究人员的关注。长期以来，车载网络一直备受关注。VANET 主要利用的是专用短程通信（Dedicated Short Range Communications，DSRC）技术，但仍有一些问题没有解决：由于车辆的高速移动和目前不完善的基础设施，VANET 中服务连接的可靠性很脆弱。因此，仅依赖 VANET 无法满足自动驾驶场景的要求。大数据和物联网的出现催生了 IoV 的概念。根据商定的通信协议和数据交互标准，可以在 IoV 上进行车辆与任何物体如其他车辆、道路、行人等之间进行无线通信和信息交换。

在 IoV 的宏观框架中，CIoV 旨在解决 IoV 的顶层问题，即全面提升 IoV 的智能性。具体来说，CIoV 是在对物理数据空间和网络数据空间共同认知的基础上，充分挖掘所有参与者的信息，以达到以下目标：①根据私人需求增强用户体验；②改善交通系统的驾驶安全；③加强网络环境下的数据安全；④全面优化网络资源配置。

为了实现 CIoV，需要一些关键技术，包括自动驾驶技术、云/边缘混合框架和 5G 网络切片。

**1. 自动驾驶技术**

近年来，人工智能技术方兴未艾，深度学习逐渐成为人工智能技术中最重要的部分。作为人工智能的一种垂直应用，自动驾驶技术在汽车行业备受关注。一方面，车辆行驶过程中产生的大量数据可以为人工智能提供足够的学习和训练基础。另一方面，随着 GPU、张量处理单元（Tensor Processing Unit，TPU）、FPGA、专用集成电路（Application Specific Integrated Circuit，ASIC）等电子电路的快速发展，深度学习算法在实时处理方面的性能得到了显著提高，为 CIoV 上的环境感知、决策和控制提供了实时业务保障。目前，随着基于人工智能的路径优化算法和障碍物与道路识别算法等算法的引入，自动驾驶的研究取得了很大进展。在 CIoV 中，考虑了智能自主车辆的信息认知和交互，使得智能自主车辆能够与相邻车辆、道路和基础设施获取更多信息。因此，与单个自动驾驶车辆相比，CIoV 的感知能力大大提高。

**2. 云/边缘混合框架**

云计算平台具有强大的计算和存储能力，可以降低软件服务的部署成本。然而，随着越来越多的移动设备接入和高质量的本地处理需求，边缘计算作为一个离用户端更近的框架，有效地补充了云计算的功能。

云/边缘混合框架是 CIoV 的合理解决方案。具体而言，可以通过边缘节点的协作在附近提供智能应用服务，从而满足许多需要本地处理的延迟敏感车辆的应用需求，例如实时路况分析和驾驶员实时行为分析。然而，由于存储和计算能力有限，边缘计算无法满足用户和环境的长期认知需求。在这种情况下，有必要将任务卸载到云端，以便在非驾驶状态的空闲时间进行进一步分析。此外，车辆边缘和云之间的通信也很重要，尤其是在紧急情况下。

**3. 5G 网络切片**

随着移动通信产业的发展，5G 网络服务近年来蓬勃发展，具有更贴近用户需求、定制能力增强、网络与业务深度融合、服务更加友好等特点。5G 网络切片由于其弹性和可扩展性，成为网络通信领域的研究热点。网络切片可以挖掘和释放电信技术的潜力，提高效率，降低成本。另一方面，在汽车、智能城市和工业制造等领域，网络切片有潜在的市场需求。

5G 网络切片可以满足超低延迟和高可靠性等特定应用的 IoV 要求。本质上，它将运营商的物理网络划分为多个虚拟网络，每个虚拟网络对应延迟、带宽、安全性和可靠性等一种服务需求，从而可以灵活应对不同的网络应用场景。此外，随着网络切片代理的引入，5G 网络切片技术可以实现网络资源共享，并对原本相互独立的网络资源进行整合和分配，从而实现对网络资源的实时动态调度，以满足特殊需求。

目前，一些研究项目已经尝试将网络切片技术引入 IoV。有学者提出了一种以集群为单元的 IoV 网络计算资源分配算法，但不涉及包括路边单元在内的核心网络部分。空间段和空中段中的网络资源被提供给地面段中的车辆以供共享使用，但延迟指示器（在 5G 网络切片的服务质量中最重要）尚未被考虑。在 CIoV 中，引入双认知引擎对网络资源进行认知、控制和调度。

### 13.3.2 5G 认知系统应用

随着医疗技术的发展和进步以及人们生活水平的提高，人们的健康水平逐步提高。然而，由于医疗资源分配不平衡，尤其是在发展中国家，仍存在较大的设计缺陷。针对这一问题，当前部署了基于视频会议的远程医疗系统，以打破医疗资源在时间和空间上的限制。通过将大医院的医疗资源外包到农村和偏远地区，集中共享优质医疗资源，在提高医疗资源利用率的同时，实现更高的打捞率。现有的远程医疗系统虽然有效，但只能治疗患者的生理疾病，而另一个具有挑战性的问题尚未解决：如何远程检测患者的情绪状态以诊断心理疾病。在本小节中，介绍了一种基于 5G 认知系统（5G Cognitive System, 5G-Csys）的新型医疗保健系统的 6 个应用场景，包括远程手术、远程情绪安抚、增强现实游戏、特技表演、测谎和在线游戏[28]。该系统由资源认知引擎和数据认知引擎组成。资源认知智能基于网络上下文的学习，旨在为认知应用提供超低延迟和超高可靠性。数据认知智能基于对医疗保健大数据的分析，用于了解患者的生理和心理健康状况。

（1）远程手术　由于缺乏医疗资源和时间，医生可能无法及时为患者进行手术，这可能会由于长途延误而给患者带来不必要的风险。为了克服这一障碍，提出了远程手术，如图 13.5 所示。在这种远程场景中，患者和医生分别位于远程端。借助显示设备和触觉传感设备，医生可以实时了解患者的状态，并根据患者的当前状态执行相应的操作。在手术过程中，触觉设备可以捕捉医生手臂的姿势、位置和运动，并通过 5G 网络将数据快速传输到患者一侧的手术终端；然后，操作终端的机械臂精确复制医生的动作，以便对患者执行操作。同时，位于患者侧的传感装置能够感知并将关于患者的音频和视频信息以及操作终端检测到的触觉反馈传送给医生。医生收到的所有信息都可以作为进一步手术的参考。医生和患者之间的信息传输形成了远程手术的通信回路。

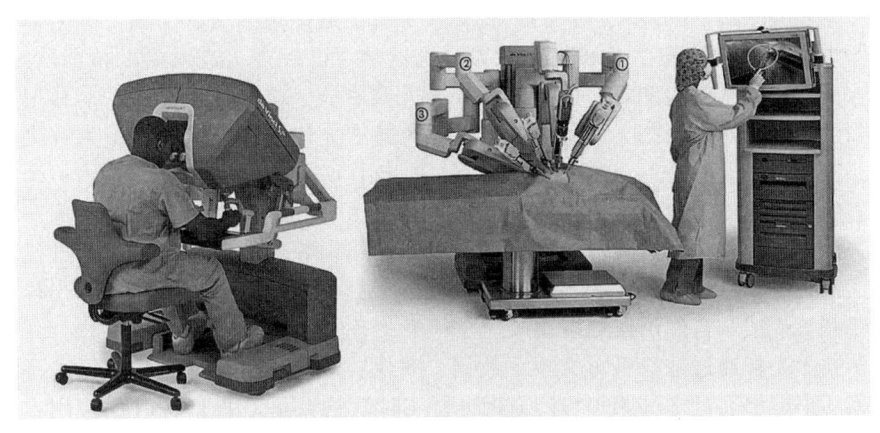

图 13.5　5G 远程手术

（2）远程情绪安抚　由于各种原因，母亲不能一直陪伴年幼的孩子。当孩子的情绪不稳定时，母亲可以利用情绪交流系统提供的情绪检测能力，使用枕头机器人等支持的互动功能，实时与孩子交流并安抚他们。情绪沟通系统可以快速检测和传递孩子的情绪，因此母亲可以实时了解孩子当前的情绪状态，并在沟通期间采取适当的行动安抚孩子。

（3）增强现实游戏　增强现实游戏的内容是事先安排好的，不能随着玩家情绪的变化而动态变化。结合情感交流系统，可以提供一种新型的增强现实游戏，它可以实时获取玩家的情感并将其传输到远程内容提供商，然后根据玩家的情绪动态生成相应的游戏策略和游戏内容，改善游戏体验。

（4）特技表演　特技表演因其激动人心而广受公众欢迎。对于特技演员来说，稳定的心态和非凡的技能是成功的两个关键因素。表演者情绪的任何细微变化都可能极大地影响表演和表演者的安全。与情感交流系统和智能服装相结合，监控系统可以捕捉表演者情绪的细微变化，并在表演者面临危险时执行相应的预防措施。

（5）测谎　测谎仪过去一直是审讯嫌疑人的常用工具。现在，情感交流系统可以检测嫌疑人的情绪，并有可能实现对罪犯的联合审讯。在国际犯罪案件中，由多个国家任命的检察官可以相互合作审讯罪犯。检察官可以实时获取罪犯的情绪信息，并根据罪犯的情绪判断他们是否撒谎，即罪犯情绪的细微变化可能有助于检察官评估罪犯回答的真实性。

（6）在线游戏　实时在线游戏已经成为一种具有巨大商业价值的流行活动。然而，现有的网络游戏仍然缺乏游戏体验。将情感交流系统和智能服装系统集成在一起，在线游戏的所有玩家都可以实时感知彼此的情感状态。在情绪感知的基础上，团队领导者可以更恰当地激励团队成员，并在游戏期间做出更好的决策，最终将改善游戏体验。

## 13.4 生成对抗网络在深度学习中的应用

生成对抗网络（GAN）作为近年来最具创造性的深度学习模型之一，在计算机视觉和自然语言处理领域取得了巨大的成功。它使用博弈论在生成器和鉴别器中生成最佳样本。近年来，许多深度学习模型被应用于安全领域。随着"生成性"和"对抗性"概念的提出，研究人员正试图将 GAN 应用于安全领域[29]。

随着自动驾驶、机器翻译等技术的出现，人工智能逐渐进入公共生活。一直以来，研究人员都在努力提高计算机的学习和优化能力，机器学习已经正式进入人工智能阶段。然而，一旦在现实生活中缺乏先验知识，机器就很难为人类服务，原因是机器的手动标记类别越来越困难，而且类别成本也很高。幸运的是，以聚类算法为代表的无监督学习为解决此类问题提供了思路。2014 年，伊恩·古德费罗等人[30] 提出了 GAN 的生成模型，它由一个发生器和一个鉴别器组成。生成器负责生成样本，鉴别器负责区分样本的真实性。由于每一方的目标都是击败另一方，因此不断修改优化自身的模型，最终训练后的生成器可以通过任何输入生成几乎真实的样本。在过去几年中，与其他生成模型相比，GAN 具有优越的输出样本，并已广泛应用于图像生成和自然语言处理领域。

多媒体技术是指通过计算机对文本、数据、图像、动画和声音等媒体信息进行综合处理和管理，使用户能够通过多种感官与计算机进行实时信息交互。由于 GAN 的应用方向主要是自然语言处理和计算机视觉，并且与多媒体技术的很多方面紧密结合，GAN 的诞生为多媒体技术的发展提供了无限的前景。本节以文本、音频、图像和视频等多媒体技术为载体，介绍 GAN 在现实生活中的应用。

### 13.4.1 GAN 在自然语言处理中的应用

自然语言处理（NLP）是研究人类和计算机之间使用自然语言进行正常交流的学科。目前，NLP 主要基于统计机器学习，应用于情感处理、机器翻译、文本提取等方向。然而，NLP 在 GAN 的早期并没有取得很大进展。其原因是 GAN 主要应用于连续数据，而文本主要是离散数据。根据判别结果，判别器在输入生成器生成的序列后，会反馈给生成器。在研究人员的努力下，GAN 近年来在 NLP 方面取得了一些成果。

#### 1. 文本处理

强化学习经常用于 NLP。Yu 等人提出了一个名为 SeqGAN 的模型[31]，将强化学习与 GAN 创新地结合起来，在 NLP 上的 GAN 发展上取得了突破。SeqGAN 将错误视为 RL 的奖励，将序列的生成视为顺序决策过程。策略梯度算法用于强化学习，结果是一首中国诗和奥巴马的演讲集。在此基础上，其他学者又提出了 Dialog Generation，该模型采用 Seq2Seq 代替生成器[32]。通过进入历史对话，RNN 生成每个单词——回答问题，最终得到回复消息。通过展示生成语句的效果，进一步证明了 GAN 在 NLP 上的无限潜力。在信息检索领域，Wang 等人提出了 IR-GAN[33]，该模型根据信息检索的特点将生成器和鉴别器转化为两个信息检索系统，生成模型预测相关文档，判别模型判断给定文档之间的相关性。在 GAN 框架下，仍然采用基于策略梯度的 RL 方法，大大提高了信息检索的性能。

**2. 音频生成**

随着高级学习的发展，虽然计算机 NLP 能力逐渐提高，但很少应用于音频处理。以前的音频生成方法一般都是基于文本的，这种方法需要人类记录大量的语音数据库，效率低下并且会产生不自然的音频。2016 年，Google Deep Mind 提出了一种原始音频波形的深度生成模型 WaveNet，该模型选择直接对音频信号的原始波形进行建模，扩大了音频的种类并增加了音频生成的真实性。但由于音频有序列，属于自回归模型的 WaveNet 需要较长时间进行连续采样，研究人员一直在尝试更多的生成方法，如 MelodyRNN、DeepBach 等。

由于 GAN 在图像生成方面的高效率和高质量，Yu 等人一直在尝试使用 GAN 来生成音乐，并提出了 SeqGAN[31]。该方法在最后一个会话中也可以生成音频，但它不显示生成的样本。受 WaveNet 的启发，Yang 等人提出了一个将 CNN 与 GAN 相结合的 MidiNet 模型[34]，生成的音乐在真实感和愉悦感上达到了 Melody RNN 的水平。之后有学者提出了一种快速生成高保真音频的方法，该方法采用 Progressive GAN 的架构，比目前最常用的 WaveNet 方法快 50 000 倍。与 WaveNet 不同，该方法利用卷积在单个潜在向量上生成音频片段，从而分离出音高、音色等全局特征。

## 13.4.2 GAN 在计算机视觉中的应用

计算机视觉的目标是使计算机和机器人能够实现人类视觉跟踪和测量物体的能力，它还使用图像处理来允许计算机生成更易于人类和机器识别的图像。在计算机视觉领域，由于 GAN 自身的 counter 机制，生成的样本在与其他样本进行比较之前，经历了无数次的自我比较和优化，使得 GAN 在图像处理方面的表现令人惊叹。

**1. 图像合成**

图像合成字面意思是将一些现有图像合成为新图像的过程，目前主要应用于人脸和自然场景。例如，将 DCGAN 的向量加减思想应用于图像合成，模型通过多张微笑的女性图像和自然的男女面部表情得到一组微笑的男性图像。从人的侧面生成人脸一直是图像合成的难题，但 Huang 等人提出的双路径生成对抗网络（TP-GAN）[35] 解决了这个问题，如图 13.6 所示。该模型的特点是生成器包含两条路径，一条推断全局结构，另一条推断局部纹理，两条路径的最终特征融合在一起。

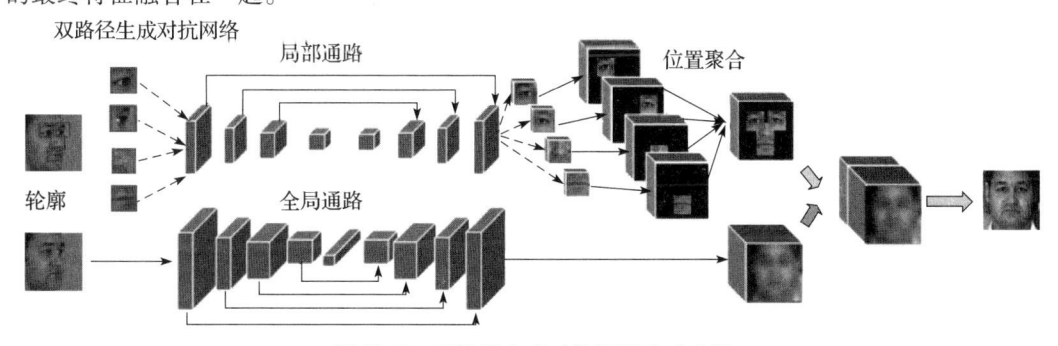

图 13.6 双路径生成对抗网络生成人脸

## 2. 图像转换

图像转换不同于传统的 GAN 图像生成追求高质量，它旨在生成另一种风格的图像，并追求生成图像的多样性，最著名的是 Pix2pix 和 CycleGAN。Pix2pix 采用 CGAN 作为基本框架，通过在生成器中加入标签生成的要求，得到想要的样本风格。与 CGAN 不同，Pix2pix 输入的不是噪声而是图像。同时，鉴别器采用 PatchGAN 模型，不区分整幅图像的真伪，而是将图像分成 $N \times N$ 个块进行区分，提高了运算速度。CycleGAN 创造性地反映了 GAN 结构，生成了一个共享两个生成器的网络，每侧都有一个鉴别器。相对于 Pix2pix 需要图像和标签之间具有一定的相关性，该模型实现了两个不相关数据集的同时训练，因此可以满足各种风格的图像生成要求。

## 3. 超分辨率

超分辨率（Super-Resolution，SR）通常是重建一幅或多幅低分辨率图像以生成高分辨率图像。在深度学习中，超分辨率采用 SRCNN、DRCN 等方法进行重建。在超分辨率重建方面，Pix2pixHD 通过使用粗细生成器、多尺度鉴别器结构和鲁棒的对抗学习目标函数进一步优化 Pix2pix，以达到超分辨率重建和生成高分辨率图像的目的。此外，基于 GAN 模型训练的 SR-GAN 使用生成器生成图像的细节部分，并采用感知损失函数和反损失函数来增加图像的真实感。这种方法不仅可以应用于老照片的锐化，还可以应用于一些早期游戏的界面优化。基于 SRGAN 的思想，ESRGAN 等边缘图像更清晰的优化模型的提出，推动了超分辨率的发展。

### 13.4.3 GAN 的安全应用

人工智能是一把双刃剑，我们不仅要保护人工智能技术实施的安全，更要采用人工智能技术创造一个安全的环境，本小节将介绍 GAN 在安全方面的应用。

## 1. 信息安全

信息具有普遍性、可共享性、增值性、可管理性和多功能性。信息安全的含义是保护各种信息资源免受各种威胁、干扰和破坏。攻击者和防御者的博弈机制与 GAN 类似，对提高信息安全，密码学方面做出了一定的贡献。

2016 年，谷歌提出了一种基于 GAN 的加密技术，可以有效解决数据共享过程中的数据保护问题。密码学可攻可守，GAN 也应用于解密技术。Hitaj 等人提出了一种基于机器学习理论的密码生成方式来替代人工生成的密码规则，命名为 PassGAN[36]，通过将泄露的密码列表作为真实样本训练鉴别器，生成器生成的样本将越来越接近真实用户的密码，完成密码猜测过程。2018 年，Gomez 提出了一种无监督的密码破译方法，名为 CipherGAN[37]。该方法经过不匹配的明文和密文训练后，可以高保真地解码恺撒移位码或弗吉尼亚码。该模型受 CycleGAN 的启发，采用不匹配的明文和密文，在没有并行文本的情况下完成长词级别的密钥解码。

## 2. 网络安全

如今，由于大数据、物联网（IoT）、区块链等热点的进步，网络安全越来越受到研究人员的关注。同时，越来越多的网络异常威胁着网络的正常运行，如挑战崩溃攻击、分布式拒绝服务攻击、恶意软件和蠕虫。然而，网络异常行为并不是简单的图像或文本，用 GAN 很难处理。同时，作为网络异常行为的检测技术，研究人员将目光转向攻击源，计划采用生成异常行为样本的方法来模拟攻击,以提高现有检测技术的检测能力。MalGAN 是一种恶意软件的生成模型[38],该模型使用基于神经网络的替代检测器来匹配黑盒检测,以生成可以欺骗检测器的样本,从而通过黑盒检测。DeepDGA 算法通过 GAN 的训练可以生成大量的伪随机域名。之后 Ye 等人提出了 TDCGAN[39],将恶意软件变成图片,采用自编码器作为 GAN 的生成器,最后训练了采用迁移学习方法的鉴别器来检测零日恶意软件。

**3. 人工智能安全**

在人工智能的发展中,深度学习是人工智能领域最关键的技术之一。然而,研究人员发现深度学习算法容易受到样本攻击,因此提高算法的鲁棒性和安全性迫在眉睫。有学者总结了深度学习算法对抗抗性攻击的 3 个主要方向:

1) 使用修改后的训练或修改后的输入。
2) 修改网络。
3) 使用外部模型作为网络。

目前,针对此类攻击的大多数防御措施是梯度正则化/掩蔽,但研究人员已经证明可以规避此类方法。Bao 等人提出的 FBGAN[40] 来捕捉输入的语义特征并过滤非语义扰动,经过预训练和双向映射,对对抗性数据进行去噪和分类,以有效削弱对抗性攻击,实验证明了防御的有效性。

## 13.5 大数据技术在城市治理与智慧城市中的应用

随着全球城市化的快速发展,大城市发展带来的环境、安全等问题和隐患也频频出现,成为影响城市发展的一大难题。随着信息技术的发展,依托大数据技术为基础的智慧城市建设理念已成为未来城市发展的目标。智慧城市的建设将提升整个城市的管理和服务水平,大大改善居民的居住环境,加快城市建设步伐,推动城市建设的长远发展,成为全新的概念城市建设。

进入 21 世纪后,随着互联网信息技术的飞速发展,大数据应用技术也应运而生,中国也越来越重视大数据技术,先后在贵州等地建设国家大数据研发中心,加大对大数据技术的支持力度。依托大数据技术的智慧城市建设步伐越来越稳健。本节从大数据和智慧城市的概念入手,阐释大数据技术在城市治理中的巨大作用,进一步研究大数据技术在城市治理中的多种应用模式和方向。大数据通过收集、掌握、分析和展示海量数据,有效地分析和做出科学决策。改善城市发展条件和环境,提高人民生活水平,创造理论基础和支撑。同时,大数据在城市治理中的应用是更新城市管理理念、创新社会治理模式、提高政府治理能力的新途径,对推动国家治理体系现代化具有重要作用[41]。

大数据技术可以提高城市服务质量和水平,加快城市应急响应速度,提高城市管理服务效率。我国过去城市发展模式比较单一粗放,传统的数据采集处理无法满足日益加快的城市建设步伐,无法应对复杂的城市事物处理,通过数据处理方式,可以快速在大型数据库中进行分析,提出为城市建设服务的规律,总结处理措施,加强应急处理管理措施,提高城市服务效率。大数据处理可以优化城市安全、医疗、交通、监管、电网等城市基础服务结构,实现空间和时间的充分规划和管理,为居民生活提供极大便利。大城市企业行业信息数据采集响应,能准确反映行业发展趋势和市场特点实时变化趋势及时准确反馈,让企业及时采取措施，做好应对准备，提高了企业的工作效率行为，提高企业竞争力，促进行业市场健康发展。我国要加大对社会大数据处理的支持力度，加快大数据产业发展，为智慧城市建设保驾护航，主要有以下几个方面：

### 1. 大数据在医疗服务体系建设中的应用

物联网技术涵盖的范围比较广，不仅包括传感器识别技术和视频采集技术，还包括多媒体通信技术。因此，可以将其充分应用到医疗服务系统的构建过程中，从而实现远程医疗服务。在这个过程中，患者不需要去医院看病，而是可以通过语言或视频电话与医生进行有效沟通，从而得到及时有效的治疗。同时，物联网技术下的大数据和远程医疗模式具有更显著的优势，不仅可以最大限度地缩短医生诊断时间和患者就诊时间，还可以有效减少患者的医疗费用，特别是对于一些紧急情况，远程医疗服务更能体现其自身的价值。此外，医院工作人员可以利用一些先进的设备和技术，通过网络将患者的病历信息传输到远程医疗系统。同时，医生和专家还可以通过远程网络技术获取患者的病理信息，并进行综合分析和准确诊断，从而为患者制定系统完善的治疗方案。

### 2. 大数据技术在道路交通系统中的应用

我国现阶段随着城市化进程的不断推进，城市建设规模也越来越大，导致城市人口和车辆快速增加。在这种情况下，城市道路交通成为人们日益关注的焦点。从我国城市道路交通建设的总体情况看，传统的城市道路管理模式已经不能适应当今社会的发展需求，其整体管理水平和管理效率较低，经常出现交通拥堵，频繁造成交通拥堵和交通事故，严重影响人们出行安全。因此，在道路交通系统管理过程中，充分应用大数据和物联网技术，不仅可以构建合理的城市道路交通指挥系统，还可以进一步提高城市道路交通管理水平，缓解城市道路交通压力。在城市道路交通管理过程中，通过远程管理系统配合远程测试系统，不仅可以对城市道路交通进行准确的导航定位，同时还可以根据道路交通数据的相关信息进行有效管控，并为道路交通节点收费工作提供便捷服务。此外，远程控制系统不仅可以为城市道路管理提供有价值的数据支持，还可以进一步提高道路交通的安全性，从而降低交通事故的发生频率。

### 3. 大数据技术在智能电网中的应用

近年来，随着我国社会经济的不断发展，我国电力需求也在不断提升，并呈现逐年上升的趋势，导致我国城市供电出现不均衡，严重影响了城市的稳定和安全。电力系统运行故障，对城市发展等一系列不利影响，降低了电能的使用效率。如图13.7所示，在这种情况下，利用大数据和互联网技术，不仅可以充分利用计算机技术、传感器、通信设备的作用和优势，还可以进一步提高输电管理水平，提高整体充分利用电力，保障电力系统运行安全稳定，在此基础上提高电力系统运行经济效益和社会效益，推进城市智能电网建设，通过大数据进行城市电力资源配置提供有利的数据和理论支持。

### 4. 大数据技术在智慧城市管理中的应用

在建设智慧城市的过程中，有大量的数据和信息。这些数据的来源非常广泛。大数据技术的应用范围非常广泛，甚至已经渗透到城市发展的方方面面。例如，现在的城市医疗、社保、交通，都离不开数据技术的支持和帮助。在这种情况下，应加强智慧城市建设，结合多种信息技术，形成更加完善的信息系统，从而提高数据的安全性和有效性，更好地实现信息集成。

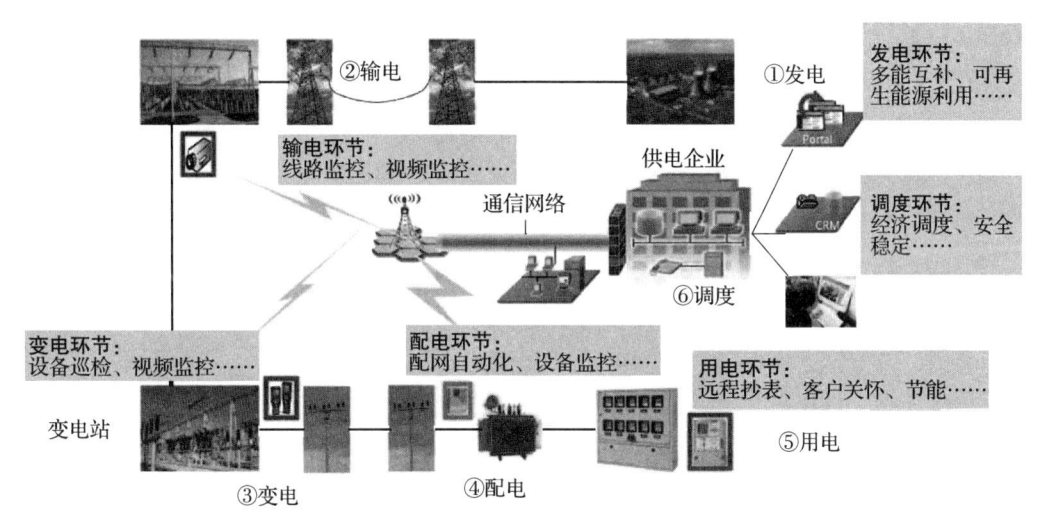

图 13.7 大数据与人工智能技术助力智能电网

随着大数据技术的进一步发展，不仅给传统社区治理带来了挑战，也带来了新的机遇。随着互联网的普及，"智能门卡"已经构成了庞大的数据资源数据库。基层政府和社会治理部门深入挖掘和分析数据，利用共享数据及时准确发现社会问题，及时处理公共事件，响应市民诉求，更好地服务群众。但大数据在基层公共事务管理中的应用还不是很深，还需要不断探索，不仅要从顶层设计方面考虑，还要注意实用性和适用性，实现大数据与社区治理的高度契合，这将是大数据应用于社区治理的发展趋势。

## 13.6 无人机应用

### 1. 无人机在军事上的应用

2022 年，来自世界各地的 4000 多人参加了由国际无人机系统协会（Association for Unmanned Vehicle Systems International，AUVSI）在美国佛罗里达州奥兰多市举办的第 33 届 AUVSI 年会。会议包括 100 多场技术演示和一场展览，200 多家公司在约 2000m$^2$ 的展览中展示了最新的整车和技术子系统。一位发言者援引二战飞行员哈普·阿诺德将军的话说，他早在 1945 年就预言了无人机的出现。AUVSI 定义的无人驾驶车辆也可称为机器人服务车辆，分为三大类[42]：

1）机载类型，包括螺旋桨和喷气式飞机、常规和垂直起飞、直升机，甚至比航空船还轻。飞机的大小从一只手可以握住到可以搭载一人或多人的飞机或直升机。

2）地面车辆，包括轮式和拖拉机驱动的汽车、卡车、装甲车、炸弹回收装置和车下监控设备。

3）海基部队，包括用于监视和武器部署的水面舰艇、无人水面艇（Unmanned Surface Vessel，USV）和无人航行器（Unmanned Underwater Vehicle，UUV）。最小的是一艘圆柱形水下飞机，长约 1m，直径仅约 8cm，可由一人发射。其他一些海底飞行器直径约 53cm，部署在潜艇鱼雷管中，最大的海底直径约 91cm。无人水面舰艇的范围和无人动力艇相同。

所有无人机有许多共同的技术需求，即它们都需要车载能源，这些能源可以是电池、汽油或柴油活塞发动机、氢燃料电池或喷气式发动机。在所有情况下，目标都是在加油前实现质量或体积的最大能效，以增加任务范围、时间和有效载荷。对于某些应用，防止敌对势力检测到无人驾驶车辆的存在也很重要。

无人机电池的功率密度是一个主要的发展重点。由于一些小型飞机由电池供电，能量密度与重量的关系是一个重要参数。一位参展商展示了一种新的电池技术，它可以提供350W·h的能量。

另一个发展领域是非常小的柴油飞机发动机。LLC展示了一台0.25马力（1马力=735.499W）的柴油飞机发动机，大小相当于一个药瓶。柴油发动机的价值在于柴油燃料，也称为重燃料，每单位质量的能量比汽油多，在战场上很容易获得。

在电子领域，所有无人驾驶车辆都需要最先进的车载计算能力、有效的通信能力和实时监控系统，同时将质量或设备体积以及对任务的影响降至最低。

软件功能必须支持车载操作以及基地操作员指挥和控制站控制。对于大多数车辆来说，还需要提高自主操作的能力，即在很少或没有人为干预的情况下完成任务目标的能力。另一个目标是跨多个平台实现控制标准化，以减少操作员培训，提高车辆之间的互操作性。对于机载车辆而言，在民用商业空域适应操作的复杂性增加了。

对无人驾驶车辆的研究需求主要来自军事需求，其他监控应用包括森林火灾探测、为渔船队定位鱼群、协助边境安全和警察行动、危险品处理以及地下隧道和管道勘探。

一些研究展示了目前在伊拉克和阿富汗军事行动中无人驾驶车辆的部署情况。仅在伊拉克，估计就有4000辆地面和空中无人驾驶车辆在运行。伊拉克军方甚至有一个路边炸弹处理机器人的车辆维修中心。

一些机载飞行器装备有激光束来定位和标记敌对目标。激光束以精确的精度引导武器直接命中目标。其他飞机的尺寸与无线电控制的业余飞机相似，可以作为背包由步兵携带。他可以展开机翼，发射飞机，并从笔记本计算机上引导飞机。飞船将实时视频图像发送回笔记本计算机。无人机的一个主要问题是如何建立合适的位置，以便进行测试和操作员培训。

载人商用、民用和军用飞机的需求几乎没有为此类行动留下空间。在美国新墨西哥州有一个试验区，阿拉斯加州有另一个试验区。在欧洲，检测主要在斯堪的纳维亚半岛进行。几家技术开发商正在开发软件，以改善无人驾驶飞机在同样分配给有人驾驶商业和军事飞行的空域的适应能力和安全操作。

在展厅里，静态设备展示包括一系列地面车辆，从民用SUV改装成无人驾驶，再到各种炸弹处理拖拉机驱动装置，甚至还有一辆装甲军车。机载设备包括螺旋桨驱动和直升机垂直起降设备，这些设备小到可以单手握住，无人机的大小大约相当于一个双人设备。

Fibertek公司展示了他们的机载飞行器自动避碰软件包。基于激光的封装可以在75m处检测直径为6mm的电线，在200m处检测直径更大的电线。Fibertek的其他基于激光的产品包括端面泵浦激光测距仪。

高级陶瓷研究公司展示了一款11.8kg重的飞行器，名为"银狐"，如图13.8所示，可在65~93km/h的任务速度和102km/h的空速下飞行8h。该飞行器带有机载实时视频监控系统。ACR的另一架飞机是"郊狼"，一架5.4kg的便携式飞机，飞行时间为1.5h，空速为148km/h。它还携带一个实时视频反馈系统。

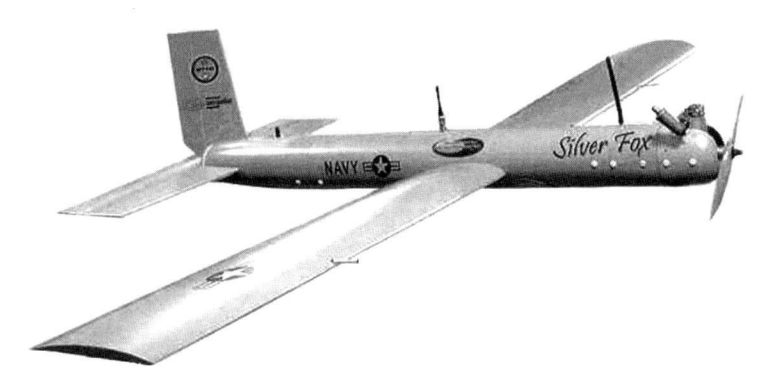

图 13.8 "银狐"无人机

**2. 无人机在商业上的应用**

虽然几十年来军队和政府组织一直使用无人机来收集数据，但它们在私营部门的使用要晚得多。当无人机技术变得容易获取后，私营和商业部门迅速使用了无人机技术，用于改善运营状况，提升工作效率[43]。无人机服务市场继续呈指数级增长，2018 年价值 44 亿美元的行业预计到 2025 年将超过 600 亿美元。无人机使用量上涨的同时，使用无人机的方式也在不断增加。

（1）无人机技术的当前用途　作为一种用途广泛的技术产品，无人机被应用于各个行业，尽管它们以捕捉用于营销或广告的航空摄影和视频而闻名，但这只是市场的一小部分。建筑、采矿、能源和农业等行业通常使用无人机来节省数据收集的时间和成本，同时提高收集数据的质量。用途包括但不限于：

1）环境评估。
2）建筑工地的进度监测。
3）无人机检查工地和资产。
4）使用激光雷达、摄影测量和数字孪生创建进行土地测量。

（2）商用无人机使用的未来趋势　随着技术和设备变得更容易获得，以及人工智能的进步，业界预计无人机将成为商业和工业运营中更加活跃的一部分。

1）航空激光雷达。光探测和测距（Light Detection and ranging，LiDAR）是一种测量距离和探测真实空间物体的方法，方法是向表面发送激光脉冲并测量光返回传感器所需的时间长度。这些数据用于创建三维点云，然后可用于创建地图、模型和其他可交付成果。

无人机使 LiDAR 更容易被各行各业，包括建筑、考古、采矿、环境科学和能源的企业和组织使用。连接在无人机上的传感器正在提高准确性和精度，改善收集的数据，但同样重要的是收集数据的速度。无人机团队每天可以扫描多达 500acre（1acre = 4046.856$m^2$）的土地，同时捕获精确的数据，使土地测量和地形图的创建速度更快，劳动强度更低且更具可扩展性。

2）创建数字孪生。数字双胞胎是物理对象的虚拟模型，提供接近精确的复制品，包括按比例缩放的尺寸和颜色，在某些情况下还包括温度和壁厚。拥有资产的数字双胞胎通过使用 AI 软件创建算法和变量来显示资产在未来的表现。例如，制造中使用的金属部件的数字双胞胎可以显示生锈的发展方式、应力或热量会导致的裂纹位置，或者部件的使用寿命。在一段时间内进行多次扫描可以帮助识别数字双胞胎之间的差异。

无人机如何改善这一点？通过发送无人机近距离捕捉实物资产的 360°镜头，可以快速轻松地获取创建数字孪生所需的数据，即使是从难以到达区域的资产中。

3）农业。无人机已经在农业中使用，它们能够绘制区域地图并确定暴风雨后的农作物损害、发现排水问题、确定产量、发现疾病或害虫并快速检查牲畜。对于占地数千英亩的大型农场，无人机将发挥更积极的作用，包括喷洒杀虫剂和除草剂以及改善灌溉状况。

4）医疗与救援。无人机目前被用于通过显示损坏程度、安全区域以及部署救援队的位置来改善灾难后或危险情况下的应急响应。然而，通过为无人机配备热像仪，无人机还可以用于更高级的搜索和救援任务以寻找幸存者，特别是在地震或其他人们可能被困在瓦砾下的灾难中。

此外，可以通过在复杂地形中使用无人机投放或运输物资。例如，总部位于美国的公司 Zipline 使用无人机在卢旺达和加纳运输疫苗。

5）供应链。亚马逊推出的 PrimeAir 无人机如图 13.9 所示。这是一种向客户提供包裹和产品的方式。由于送货需求的增长和送货司机的短缺，亚马逊想在测试市场推进这项服务，在送货服务中使用无人机技术，目标是在 30min 或更短的时间内为更多客户送货，同时改进安全和效率状况。

图 13.9　亚马逊 PrimeAir 无人机

6）新闻报道。虽然依靠直升机和交通摄像头一直是当地新闻报道交通状况和车祸的常态，但更多的新闻机构正在转向无人机来捕捉他们需要的镜头。无人机可以飞得更低，超越"鸟瞰"，提供更深入的路况信息，同时节省时间、资源和金钱。改进新闻镜头将成为以后无人机技术的增长趋势。

## 13.7　安全与隐私保障应用

如今，物联网正变得无处不在且更加智能。由于信息技术的快速发展，传感器和摄像头等物联网设备非常便宜，智能家居与智慧城市的应用日渐成熟。与此同时，无人驾驶交通等应用也蓬勃发展，如无人机和自动驾驶汽车，这些都是智能物联网的典型案例。此外，智能手机及其丰富的功能提供了来自各种社交网络的大量数据。每天，来自物联网系统的海量数据被注入各种存储空间。据报道，90%的数据是在过去两年中产生的，大型数据集的可用性推动了人工智能和学习算法的进步。

然而，物联网设备及其网络正在给网络空间带来威胁。物联网设备通常很便宜，而计算和存储能力有限。此外，物联网应用和研究仍处于早期阶段，主流物联网行业正在发展，在物联网安全方面的研究不够成熟。因此，物联网设备很容易受到各种攻击，曾有许多针对物联网系统或来自物联网系统的网络攻击。例如，2016年1月，乌克兰电网遭到僵尸网络黑能源的攻击，数百万家庭陷入黑暗，时间持续了数小时甚至数天。2016年10月，近一半的美国互联网被另一个强大的基于物联网的僵尸网络 Mirai 屏蔽或影响数小时。2017年12月14日的《科学》杂志的一个特别栏目报道了人们对自动驾驶汽车系统的安全和隐私有很大的担忧，物联网设备和系统已成为黑客组织网络攻击的热门且易于访问的资源。

与此同时，物联网的迅猛发展也带来了极大的隐私问题。随着物联网应用与人们的生活紧密结合，敏感信息由物联网系统收集和存储。高度发达的学习算法和可用的数据集严重威胁着人们的隐私。网络隐私保护已经进行了几十年，研究人员已经发明了一些隐私保护方法，如 K-匿名、L-多样性和 T-闭合算法。然而，这些方法最初是为数据库设计的，不适合异构物联网数据集。同时，差异隐私作为一种理论框架在实践中以各种形式得到了指数级的应用。不幸的是，差异隐私是为了在信息检索中关注保护而设计的，这只是隐私保护的一小部分。

在物联网场景中，所有东西都有标识，所有东西都通过互联网连接起来。因此，物联网产品可以很容易地进行追踪。对于一个人或一家公司来说，大量相关的物联网产品拥有丰富的所有者信息。使用强大的学习算法，几乎不可能保护所有者的敏感信息。而且，不同格式的物联网数据来源不同，具有超大体量、异构性、稀疏性等特点。因此，物联网空间在隐私保护方面面临着前所未有的挑战。与内容安全相比，网络安全更多的是攻击和防御。在安全和隐私研究的短暂历史中，受保护的主体主要是使用密码学的信息内容。随着20世纪90年代互联网的出现，网络攻防成为新的战场，在安全领域获得了越来越重的分量。在这个新领域，人们面临着许多未开拓的领域和无数前所未有的挑战。因此，本节对智能物联网时代下的安全与隐私进行探讨。图13.10 所示为一个物联网架构示意图。

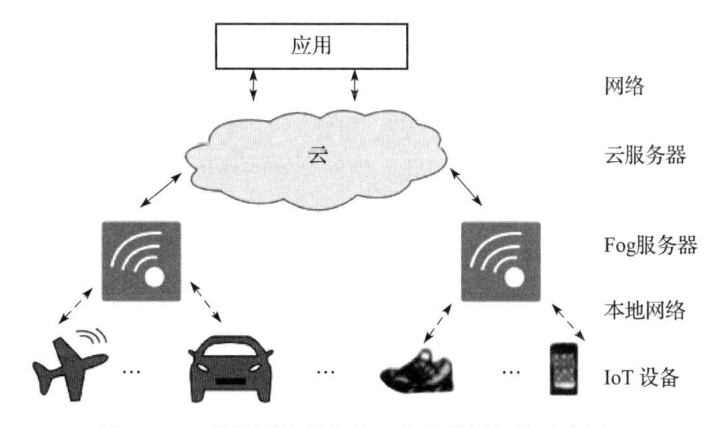

图 13.10　关注网络视角的一个物联网架构示意图

一般来说，数据从物联网设备收集，通过自组织网络、Wi-Fi 等传输到本地 Fog 服务器或接入点，然后通过互联网存储在云中。可以看到，较低的层计算和存储能力较低，因此防御能力较低。

智能物联网系统是大数据系统的一种类型。一方面，智能物联网系统生成超大数据集；另一方面，学习算法发现物联网系统的新知识。大数据的新概念也是智能物联网面临的新问题，如同流调度和软件平台。当然，智能物联网系统继承了大数据安全和隐私方面的挑战和问题，如缺乏理论建模工具，缺乏有效的方法来应对大数据量的挑战，以及难以处理异构数据源。

智能物联网系统的安全和隐私问题的研究迫在眉睫。在智能物联网应用的早期阶段，相关行业参与者的目标是让系统首先工作，而由于各种原因，对安全和隐私的关注较少。传统的系统安全方法是被动打补丁——系统受到攻击，人们注意到漏洞，然后进行修复。然而，在智能物联网环境中，考虑到物联网系统的特点，很难实施这种被动补丁策略。

物联网空间的攻击层出不穷，包括干扰攻击、密码泄露攻击、病毒、恶意软件和间谍软件等。在深入研究的基础上，人们发现分布式拒绝服务（Distributed Denial of Service，DDoS）攻击是物联网领域的主要威胁之一。为简化讨论，下面将使用 DDoS 和隐私作为物联网安全和隐私的两个典型案例。

### 13.7.1 物联网安全

首先，无处不在的物联网系统为组织和实施网络攻击（例如 DDoS 攻击）提供了载体。可以肯定的是，未来将看到对物联网系统的破坏性攻击越来越多。原因列举如下。

1）物联网设备很容易受到攻击。由于物联网设备的性质，它们的大部分资源都被部署来执行分配的任务，因此它们用于安全的资源有限或没有。此外，大多数物联网设备都缺乏安全监控。所以，物联网设备很容易成为黑客攻击的目标。

2）物联网系统提供了大量的主动物联网机器人进行攻击。鉴于物联网设备的数量非常多，很容易获得足够数量的主动物联网机器人来进行攻击。对抗 DDoS 攻击的斗争可以追溯到近 20 年前；研究人员发现，网络攻击和防御的根本问题是对资源的竞争；胜利者是拥有相对更多资源的一方。基于这一发现，得出结论：单一的互联网服务提供商无法击败 DDoS 攻击，但可以从资源和财务角度在云环境中击败 DDoS 攻击。这一防御策略已经被亚马逊在实践中用于维护云安全。然而，物联网系统的出现和快速发展使迄今开发的许多有效算法失效。例如，物联网系统为攻击者提供了更多的攻击资源，可以轻松地克服给定云的可用资源，这意味着云托管服务再次容易受到 DDoS 攻击。因此，当前有效的模仿攻击检测方法变得无效，因为攻击者操纵的活动机器人的数量超过了 Flash Crowds 的活动合法用户的数量。

3）限制活跃机器人的数量。DDoS 攻击的强度来自足够多的活跃机器人，使人们的防御能力超负荷。人们需要策略来减轻、阻止或防止攻击力量的聚集。例如，设计分布式隔离系统以将攻击限制在本地定义的区域内；设计不同子网之间的隔离系统；在受害者端建立红色名单或黑名单；要求可疑客户证明自己不是机器人。

4）投入大部分资源来保护核心设备和服务器。由于物联网系统通常是大型分布式系统，因此在终端设备上工作既困难又昂贵。出于保护目的，人们应该将大部分国防资源投入到潜在受害者附近，如服务器、关键路由器和链路。

5）为物联网设备设计负担得起的安全协议。加密是主流的安全方法，这基于时间复杂性，而物联网设备的计算能力非常有限。这两种观点从根本上是矛盾的。计算分流可能是将繁重的加密工作负载从物联网设备转移到雾服务器、云或数据中心的有效方法。此外，人们高度期待有非加密方法来解决这一矛盾。然而，人们还没有看到这个方向的任何曙光。也许新兴的分子计算和量子计算会有所帮助。

### 13.7.2 物联网中的隐私

随着大数据的出现，隐私成为一个重要的问题，而物联网是大数据集的最大贡献者之一。大数据集的可用性推动了数据挖掘算法的快速发展，而强大的挖掘算法对人们的隐私构成了极大的威胁。从物联网和网络的角度，在图 13.11 中展示了物联网隐私研究示意图。

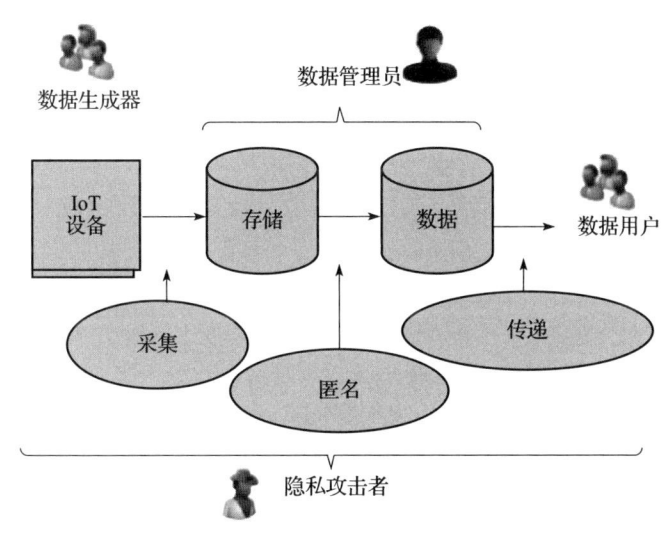

图 13.11 物联网隐私研究示意图

在图 13.11 中，原始数据通过本地网络被收集、编码、修剪并存储在存储空间（例如数据库）中。出于隐私保护的目的，存储的数据在向公众（数据用户）发布之前需要匿名。不同的数据用户可能会将发布的大数据集用于不同目的。根据研究，黑客可以攻击图 13.11 中的任何元素来侵犯隐私[44]。

现代隐私研究已经进行了约 20 年，但仍然处于起步阶段，该领域主要有两个分支机构。

数据聚类是一种实用的隐私保护方法，包括 $k$-匿名性、$l$-多样性和 $t$-闭合性。其基本思想是通过数据泛化使数据库中的每条记录都具有多个对等点。该分支是可行的，并在实践中得到了广泛的应用，包括数据发布、位置隐私等。然而，该领域缺乏坚实的理论基础，限制了其实用性。

另一个分支主要是关于差异隐私[45]。它是统计信息检索中隐私保护的一个严格的数学框架。它保证了两个非常相似的查询之间的最小信息收益。例如，出于各种目的向公众发布医疗数据。某人可能会提交两个类似的问题："有多少人感染了这种致命的病毒？""除了 Bob，还有多少人感染了这种致命的病毒？"如果答案分别是 $n$ 和 $n-1$，他可以推断 Bob 被感染了。

在对差异隐私进行处理后,这两个答案可能是相同的,例如约 $n$ 个人。因此,他无法通过多次查询获得额外信息。到目前为止,差异隐私是为数不多的几个众所周知的隐私保护理论工具之一。然而,我们注意到差异隐私只涵盖了信息检索部分,即图 13.11 中数据用户与已发布数据之间的"沟通"过程。换句话说,隐私图的大片区域并未直接被这一理论工具覆盖。

研究人员已经证明,隐私的基本问题是在数据效用和应用程序隐私保护之间找到平衡。作为一个新的研究领域,也面临着许多挑战和问题,下面列出了一些挑战和问题。

1)隐私测量:社会科学和心理学等不同学科的研究表明,隐私的定义非常不同,受到文化、宗教、背景、时间等因素的影响。到目前为止,所有的隐私研究都没有给出隐私的直接衡量标准。例如,与其他基于信息理论的工作类似,差异隐私并不给出隐私的衡量标准,它主要取决于对信息泄露的定义。同时,数据聚类方法提供了一种相对隐私的措施。例如,$k$-匿名方法期望足够大的 $k$,并且隐私保护力度是 $k$ 倍。隐私测量是困难的,但却是隐私研究的基础。

2)定制隐私保护:如前所述,隐私是可变的和个人的。因此,需要提供定制的隐私保护,而不是在现有方法中针对所有成员有统一隐私标准。例如,对于同一种医疗数据,不同的人给予不同的隐私级别,需要设计灵活的方法来提供个性化或定制的隐私。这一子领域的大部分工作都是在社交网络中进行的,可以根据两个成员的互动(例如,互动越多,关系越密切)来定义两个成员的相对社会关系或亲密程度。这种贴近程度可用作决定隐私保护级别的衡量标准。

3)隐私的理论工具:虽然有内容隐私的密码学,但从攻击和防御的角度来看,缺乏隐私的理论工具。目前,有不同的隐私来涵盖统计信息检索部分,并有博弈论来解决各方之间的冲突。

### 13.7.3 物联网安全和用户隐私面临的挑战

每一项新技术或新的计算模式都会给安全和隐私带来新的挑战。放眼当今信息、通信和技术领域快速发展的领域,可以看到一些杰出的领域,包括大数据、人工智能和区块链。本节将进一步介绍这些快速发展的学科对物联网安全和隐私可能产生的影响的理解。

随着可计算物联网设备的急剧增加,可以预见,黑客将拥有越来越大的计算能力。这种可用的计算能力和强大的学习算法将使攻击者能够实施更多的恶意操作。下面列举两个问题以揭示这一方向。

1)漏洞学习。黑客将基于人工智能技术开发智能恶意软件来学习网络空间中易受攻击的点,因为他们可以使用计算能力和学习算法。防御者也可以采取相同的策略来发现漏洞并对其进行修补。然而在物联网场景中,由于其规模和分布式性质,及时打补丁是一个问题,这将为攻击者提供充分的时间来利用漏洞。

2)数据污染攻击。目前的学习算法都是基于训练的,并且假设训练数据集是干净和真实的。在物联网案例中,黑客可以很容易地危害足够数量的物联网设备,并将其用作"合法"数据源以误导学习算法,并获得攻击者期望的结论。在线社交网络中已经看到了这种攻击,它可能成为物联网环境下黑客操纵的常见工具。好消息是数据界已经意识到这一点,现在一个名为对抗性机器学习的研究分支正在大力发展,以在对抗性环境中实现安全和可靠的学习。此外,隐私感知的机器学习也是社区中针对数据源所有者隐私保护的另一个热门分支。

## 13.8 生理和心理状态监测应用

医疗保健系统与物联网技术相结合,有助于提高用户生活质量、健康和预期寿命。通过从各种分布式智能传感器获取环境数据以及受试者的行为和生理信息,可以有效地实现这些系统。遵循物联网的概念,所有收集的数据都被安全地发送到云中,并可以通过数据分析算法进行处理,以确定驱动模式,并使系统对意外变化做出反应。这些智能传感器可以通过以不显眼的方式提供健康状态信息的智能可穿戴对象、通过嵌入在日常使用对象(如智能轮椅)上的传感单元以及监测室内环境条件的其他传感系统来表达,包括噪声水平、空气质量和照明质量。作为新兴行业之一,医疗物联网一直被学术界广泛探索,特别关注为患者提供个性化、安全和有效的健康监测。这种监测成为监测老年人口健康状况的一个重要因素,因为随着平均预期寿命的增加,他们可能会患上精神和身体疾病。

智能家居或智能环境的概念通常被赋予具有智能技术的环境,这些环境为居民提供便捷的服务,大大有助于提高人们的生活质量。这些服务包括常见的自动化机制和功能,使其能够监控家用电器、窗户、空调系统和门等。然而,有各种各样的服务对智能家居进行不同的分类,并在用户的日常生活活动和行动中提供不同类型的支持和帮助。辅助服务是辅助生活环境的一部分,它是专门为用户的特殊需求量身定做的。这些服务主要集中在通过监测用户的身体状况、进行的活动和室内定位来获取用户的高级信息。

环境辅助生活(Ambient Assisted Living,AAL)建立在这些智能家居服务的基础上,需要部署更好的监控技术和辅助工具。AAL 系统是专门为老年人和受慢性病影响的人在日常生活中提供支持而设计的。AAL 系统的主要目标是提高老年人的生活质量,延长他们独立生活的时间。这些系统表现为一个由可穿戴和不可穿戴的医疗传感器、无线传感器和执行器网络以及软件应用程序组成的生态系统,当相互连接时,这些应用程序可提供特定环境条件下患者健康状况的完整概述,并提供所需的医疗服务。也就是说,AAL 系统基于以医疗保健为重点的物联网系统的架构。图 13.12 概述了由环境质量传感器节点、执行器节点和可穿戴设备组成的这类系统。来自传感器网络的信息被发送到协调器节点/网关,然后被发送到云中心,在那里数据由数据分析算法处理。

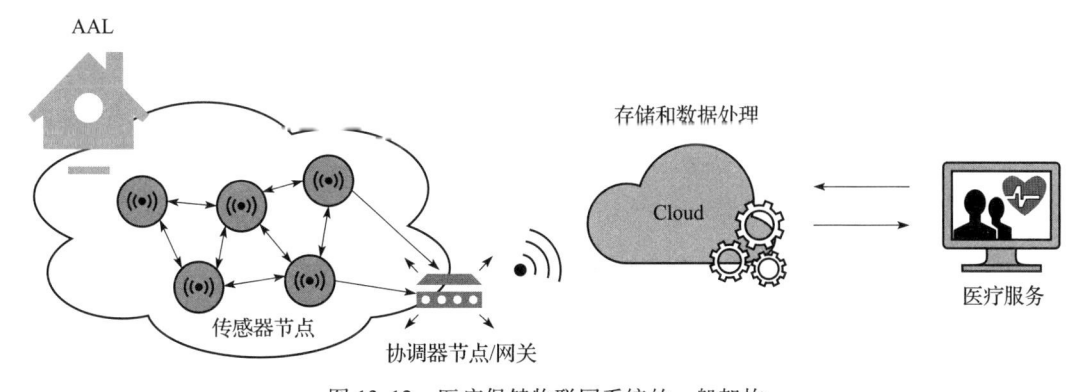

图 13.12 医疗保健物联网系统的一般架构

基于远程医疗的概念,任何医疗实体(护理人员、医生和理疗师)都可以远程获取与健康相关的数据，而患者可以独立地生活在他们喜欢的环境中。这一点很重要，因为直接从患者家中进行的医疗诊断可以极大地减少医疗花费，并能够更好地对患者进行治疗，特别是为患者量身定做治疗方案。实时监测可用于预防许多医疗紧急情况，如心力衰竭、哮喘发作等。正如卡希尔等人证实的那样，选择住在自己的家里，同时享受这种服务，对老年人来说是非常必要的。作者进行了一项研究，以确定老年人和其他利益相关者（即护士、家庭和职业）在考虑部署辅助生活环境时的要求。他们采访了独自生活的老年人、护理护士、家庭成员和痴呆症专家。与会者报告了关于住院体验的几个要求和需求：每个参与者都表示愿意留在他们自己家，而不是去长期护理机构或养老院。然而，尽管自己的家提供了舒适和隐私的需求，但养老院中的护理社区之间可以刺激的社会活动和关系比在家里可能的活动和关系要少得多。解决这个问题的一种方法是考虑监测患者的日常生活，包括积极参与老龄化相关的活动（如体育锻炼）和社交互动，并在当可能存在社交孤立或缺乏社交时通知家庭成员或护理人员。

在过去的十年里，文献中报道了各种基于 AAL 的智能家居项目。大多数项目提供了有效的解决方案，以提高个人在其生活环境中的独立性，同时实时监测日常生活活动或生理状态。然而，很少有人考虑实施室内环境质量监测解决方案，特别是室内空气质量和室内照明质量，这对人类的健康和生活幸福起着重要作用。除此之外，老年人可能会患上精神疾病，更容易受到其他负面事件的影响，如社会孤立和行动能力下降。这些问题要求 AAL 环境包括个性化和有效的解决方案，以提高老年人的社会参与度，并刺激老年人的认知和身体活动。本节旨在解决实施这种医疗保健系统的所有必要组成部分的问题，即 AAL 环境。这项研究集中讨论了目前文献中提出的以生命体征监测系统为特征的 AAL 解决方案，并确定了为提供可行的健康诊断而需要考虑的最相关的生理参数。还将讨论用于用户定位和日常活动识别的室内定位技术，以及用于活动识别和模式分类的最适合的机器学习和信号处理算法。此外，本节还分别介绍了用于室内环境质量评价和基于沉浸式环境的认知和身体刺激的各种监测解决方案。

**身体运动和日常活动监测**

除了生理体征的监测外，AAL 还有另一个同样重要的概念，那就是监测表征人的运动的步态参数，以及监测日常生活活动（Activity of Daily Living，ADL）。

监测个人的行走模式可以提供有关他们健康状况的重要数据。例如，步态障碍可能是由神经疾病、骨科问题和医学疾病引起的。基于视觉的系统和摄像头在监测步态活动和检测身体损伤方面非常有用。然而，尽管这些系统实现了准确性，但仍有一些限制因素限制了它们的使用。这些限制包括隐私问题，以及用户必须始终保持在视线内并在摄像头的特定范围内，这以某种方式阻止了对步态活动的持续监控。另外，基于加速计和陀螺仪的可穿戴运动传感器是评估步态动力学的一个很好的解决方案。根据人体运动学获得的线性和角运动测量结果，可以从传感器中提取几个关键特征。

辅助之家的监测系统可以包括识别人类日常活动的行为和特定模式的能力，以便调解和检测某种疾病的可能症状，无论是精神上的还是身体上的。ADL 解决了人们在自己的家庭环境中的日常生活活动问题，而不需要任何援助来执行这些活动。在衰老过程中执行这些基本程序的能力决定了一个人的身心健康状况和独立生活的能力。这种监测有助于跟踪与衰老相关的精神疾病的可能发展，即阿尔茨海默症、帕金森症和其他程度的痴呆症。ADL 主要包括以卫生、活动水平、穿衣、饮食和节制为基础的活动。简而言之，ADL 解决了与身体自我维护相关的任何任务，这对确保个人的健康和生活幸福至关重要。

在监测这类活动时需要考虑许多因素，即选择用于识别活动的技术及其在家庭中部署的能力、所实施系统的易用性及其隐私水平。通过基于可穿戴传感器、视频监控、家用电器监控和整个房间的分布式传感器的系统，表达了关于监控用户行为和日常生活的几项研究。然而，这类传感技术的实施可能会引发几个隐私问题，因为它们能够评估有关人们生活的相关信息。事实上，最准确的活动识别和监测机制包括基于视频的策略，如摄像机或热像仪。这种技术的实施并不总是被用户接受，大多数房间由于严重的隐私侵犯而无法进入。作为另一种选择，使用低信息量的传感器，如磁开关、红外运动传感器、压力传感器、超声波传感器等，是保护所需隐私级别的更好策略。尽管关于人类活动的信息较少，但在整个房屋中安装这些传感器的多个实例并实施传感器融合可以克服这一限制。

文献［46］开发了一种（通过加速计和陀螺仪）识别人在家中活动和身体运动的系统。用户的位置由放置在每个房间中的蓝牙信标位置标签给出。基于该多通道传感器和人体可穿戴设备设计了一个基于上下文的活动分类器，该系统对 19 种居家活动进行了分类，准确率超过 80%。

文献［47］开发了一种多传感器系统，可以佩戴在两个手腕上以识别活动。主腕上戴着与运动有关的加速度计和陀螺仪传感器，以及一个光传感器和一个气压计。温度和高度计传感器戴在非优势手腕上。传感器的位置不会干扰用户的日常活动，也不会中断用户的日常活动。虽然加速度计被认为是检测和识别活动的最有效的传感器，但其他传感器的加入进一步提高了活动分类的准确性。

文献［48］提出了将加速数据与生命体征相结合的另一种系统，以实现对所执行活动的更准确识别。该系统没有对特定的 ADL 进行分类，但识别了坐、走、跑、上升和下降等体力活动。数据采集设备基于一部智能手机和一个单一的传感设备。正如作者总结的那样，生命体征的获取也有助于区分不同的执行活动。

前面提到的系统是以机械为基础的，使用惯性测量单元（Inertial Measurement Unit，IMU）如加速计和陀螺仪，来确定目标相对于其先前位置的位置和角运动。然而，这些方法是突出的，因为它们需要附着到目标的表面。非穿戴传感器侵入性较小，可以放置在房子或房间的固定位置。它们可以通过监控物体的运行状态、检测房间内的运动、测量室温、监控门的开/关等方式提供有关已执行活动的重要信息。

文献［49］开发了一套基于不同传感技术的 ADL 检测系统。红外存在式传感器用于定位（如检测移动），并放置在战略位置；门接触固定在相关家用电器（如冰箱、橱柜和梳妆台）上，以检测其使用情况并计算其打开或关闭的时间百分比；传声器用于处理和识别日常生活活动的不同声音（如语音、关门、电话铃声、行走声音等）；作者还在浴室里放置了温度和湿度传感器，以检测与卫生有关的活动。此外，还实现了带有加速计和磁力计的可穿戴运动学传感器来检测和分类姿势和行走期间的转换。

射频系统和机械系统之间的数据融合可以极大地改善日常活动的整体分类，Hong[50]等人证实了这一点。作者使用 RFID 和加速计来检测和识别用户在日常生活环境中的活动。加速度计位于手腕上、颈部和腰部。手腕上也放置了 RFID 读卡器，而日常使用的物品上也放置了 RFID 标签。还增加了加速计，以便对人体的 5 种不同状态如站立、躺着、行走、坐着和跑步进行分类。身体状态和 RFID 标记对象的使用之间的关联提高了系统基于日常使用对象的处理来识别用户活动的效率。加速度计和 RFID 测量的数据融合在检测特定活动（例如，站立时饮酒、坐着阅读和站立时梳头等）上提供了更好的准确性，达到了 18 个 ADL 的 95% 的总体识别率。

随着技术的进步，总会有针对辅助生活系统和医疗评估的创新解决方案，对于接触到健康、老年人或残疾人并提高他们的生活质量是必不可少的。ADL 系统基于物联网的医疗保健系统的架构，特别关注为其居民提供个性化和辅助服务，对几个生理参数和行为模式进行监测，监测的主要目的是确定一个人的身心健康状况，并有助于延长一个人在他们喜欢的环境中独立生活的时间。

生理数据可以通过智能生物医学传感器获取，无论是可穿戴设备还是非可穿戴设备。这种采集系统可以确定最相关的人体生命体征，包括体温、脉搏、呼吸频率和血氧饱和度，这些体征可以由护理人员和医疗保健实体远程监测。关于用户心理状态的信息可以通过对其行为的监测来提供，其中偏离行为模式的日常活动的变化可能表明患有疾病。这是通过集成室内定位系统来实现的，该系统可以提供有关用户位置的信息，以及用于活动识别和分类的最合适的机器学习和信号处理算法。

关于医疗保健系统和辅助环境的开发，文献中提出了不同的解决方案。大多数项目通过使用身体传感器网络和其他室内定位技术与机器学习算法来监测日常生活活动，来有效监测人类的生理状态。然而，很少或根本不存在智能辅助环境，可以考虑创建智能辅助环境，将身体传感器网络用于生命体征监测，智能传感器和环境传感用于室内环境状况评估，活动识别和人工智能软件模块，以及用于认知和物理刺激的 VR/AR 实施，作为完全集成的 ADL 系统的一部分。

## 本章习题

1. 使用深度学习分析用户行为的方法有哪些？
2. 物联网在医疗保健中的应用有哪些？
3. 物联网保障医疗安全和隐私的措施有哪些？
4. 认知车联网的特点是什么？
5. 为了实现认知车联网，需要哪些关键技术？
6. 用于医疗保健的 5G 认知系统的应用有哪些？
7. 列举 3 个生成对抗网络在现实生活中的应用，并简要概述。
8. 列举 3 个大数据技术在城市治理与智慧城市中的应用，并简要概述。
9. 无人机在军事和非军事上有哪些应用？
10. 物联网在安全和隐私保障上面临的主要威胁是什么？请简要分析。

## 参考文献

［1］CHEN X W, LIN X. Big data deep learning: challenges and perspectives ［J］. IEEE Access, 2014, 2: 514-525.

［2］SHI C, LI Y, ZHANG J, et al. A survey of heterogeneous information network analysis ［J］. IEEE Transactions on knowledge and data engineering, 2017, 29 (1): 17-37.

［3］NAJAFABADI M M, VILLANUSTRE F, KHOSHGOFTAAR T M, et al. Deep learning applications and

challenges in big data analytics [J]. Journal of big data, 2015, 2 (1): 1-21.
[4] PAL S, DONG Y, THAPA B, et al. Deep learning for network analysis: problems, approaches and challenges [C] //2016 IEEE Military Communications Conference. New York: IEEE, 2016: 588-593.
[5] DENG L. A tutorial survey of architectures, algorithms, and applications for deep learning [J]. APSIPA Transactions on signal and information processing, 2014, 3: 1-29.
[6] ZHANG Q, YANG L T, CHEN Z. Deep computation model for unsupervised feature learning on big data [J]. IEEE Transactions on services computing, 2016, 9 (1): 161-171.
[7] JIA Y, SONG X, ZHOU J, et al. Fusing social networks with deep learning for volunteerism tendency prediction [C] // Proceedings of the 30th AAAI Conference on Artificial Intelligence. [S. l.]: AAAI, 2016: 165-171.
[8] YUAN Z, SANG J, LIU Y, et al. Latent feature learning in social media network [C] // Proceedings of the 21st ACM International Conference on Multimedia. New York: ACM, 2013: 253-262.
[9] GUIMARÃES R G, ROSA R L, DE GAETANO D, et al. Age groups classification in social network using deep learning [J]. IEEE Access, 2017, 5: 10805-10816.
[10] ZIN T, TIN P, HAMA H. Deep learning model for integration of clustering with ranking in social networks [C] // Proceedings of the Genetic and Evolutionary Computation Conference. Berlin: Springer, 2016: 247-254.
[11] CHEN Z, GAO B, ZHANG H, et al. User personalized satisfaction prediction via multiple instance deep learning [C] // Proceedings of the 26th International Conference on World Wide Web. Geneva: IW3C2, 2017: 907-915.
[12] ELKAHKY A M, SONG Y, HE X. A multi-view deep learning approach for cross domain user modeling in recommendation systems [C] // Proceedings of the 26th International Conference on World Wide Web. Geneva: IW3C2, 2015: 278-288.
[13] WANG H, WANG N, YEUNG D Y. Collaborative deep learning for recommender systems [C] // Proceedings of the 21st ACM SIGKDD International Conference on Knowledge Discovery and Data Mining. New York: ACM, 2015: 1235-1244.
[14] DENG S, HUANG L, XU G, et al. On deep learning for trust-aware recommendations in social networks [J]. IEEE Transactions on neural networks and learning systems, 2017, 28 (5): 1164-1177.
[15] GLOROT X, BORDES A, BENGIO Y. Domain adaptation for large-scale sentiment classification: a deep learning approach [C] //Proceeding of 28th International Conference on Machine Learning. [S. l.]: IMLS, 2011: 513-520.
[16] DING X, LIU T, DUAN J, et al. Mining user consumption intention from social media using domain adaptive convolutional neural network [C] //Proceeding of AAAI. [S. l.]: AAAI, 2015: 2389-2395.
[17] LIN K, YANG H-F, LIU K-H, et al. Rapid clothing retrieval via deep learning of binary codes and hierarchical search [C] // Proceedings of the 5th ACM on International Conference on Multimedia Retrieval. New York: ACM, 2015: 499-502.
[18] KIAPOUR M H, HAN X, LAZEBNIK S, et al. Where to buy it: matching street clothing photos in online shops [C] // Proceeding of ICCV. New York: IEEE, 2015: 3343-3351.
[19] RATTA P, KAUR A, SHARMA S, et al. Application of blockchain and internet of things in healthcare and medical sector: applications, challenges, and future perspectives [J]. Journal of food quality, 2021 (1): 1-20.

[20] HU F, XIE D, SHEN S. On the application of the internet of things in the field of medical and health care [C] // 2013 IEEE International Conference on Green Computing and Communications. New York: IEEE, 2013: 2053-2058.

[21] SUN G, FAN Y, LEI X, et al. Research on mobile intelligent medical information system based on the internet of things technology [C] // 2016 8th International Conference on Information Technology in Medicine and Education (ITME). New York: IEEE, 2017.

[22] KUMAR S, ARORA A K, GUPTA P, et al. A review of applications, security and challenges of internet of medical things [J]. Cognitive internet of medical things for smart healthcare: services and applications, 2021: 1-23.

[23] GATOUILLAT A, BADR Y, MASSOT B, et al. Internet of medical things: a review of recent contributions dealing with cyber-physical systems in medicine [J]. IEEE Internet of things journal, 2018, 5 (5): 3810-3822.

[24] GERLA M, LEE E K, PAU G, et al. Internet of vehicles: from intelligent grid to autonomous cars and vehicular clouds [C] // 2014 IEEE World Forum on Internet of Things (WF-IoT). New York: IEEE, 2014: 241-246.

[25] ALAM K M, SAINI M, SADDIK A E. Toward social internet of vehicles: concept, architecture, and Applications [J]. IEEE Access, 2015, 3: 343-357.

[26] YANG F, LI J, LEI T, et al. Architecture and key technologies for Internet of vehicles: a survey [J]. Journal of communications and information networks, 2017, 2 (2): 1-17.

[27] CHEN M, TIAN Y, FORTINO G, et al. Cognitive internet of vehicles [J]. Compute communications, 2018, 120: 58-70.

[28] CHEN M, LI W, HAO Y, et al. Edge cognitive computing based smart healthcare system [J]. Future generation computer systems, 2018, 86: 403-411.

[29] ZHANG Z. Research progress on generative adversarial network with its applications [C] //2020 IEEE 5th Information Technology and Mechatronics Engineering Conference (ITOEC). New York: IEEE, 2020.

[30] LECUN Y, BENGIO Y, HINTON G. Deep learning [J]. Nature 2015, 521 (7553): 436-444.

[31] YU L, ZHANG W, WANG J, et al. SeqGAN: sequence generative adversarial nets with policy gradient [C] // the 31 AAAI Conference on Artificial Intelligence. [S. l.]: AAAI, 2017.

[32] ZHANG W E, SHENG Q Z, ALHAZMI A, et al. Adversarial attacks on deep-learning models in natural language processing: a survey [J]. ACM Transactions on intelligent systems and technology (TIST), 2020, 11 (3): 1-41.

[33] WANG J, YU L, ZHANG W, et al. IRGAN: a minimax game for unifying generative and discriminative information retrieval models [C] // Proceedings of the 40th International ACM SIGIR Conference on Research and Development in Information Retrieval. New York: ACM, 2017: 515-524.

[34] YANG L C, CHOU S Y, YANG Y H. MidiNet: a convolutional generative adversarial network for symbolic-domain music generation [J]. arXiv preprint arXiv: 1703. 10847, 2017.

[35] HUANG R, ZHANG S, LI T, et al. Beyond face rotation: global and local perception GAN for photorealistic and identity preserving frontal view synthesis [C] // Proceedings of the IEEE International Conference on Computer Vision. New York: IEEE, 2017: 2439-2448.

[36] HITAJ B, GASTI P, ATENIESE G, et al. PassGAN: a deep learning approach for password guessing [C] //17th International Conference of Applied Cryptography and Network Security. Berlin: Springer In-

ternational Publishing, 2019: 217-237.
[37] GOMEZ A N, HUANG S, ZHANG I, et al. Unsupervised cipher cracking using discrete GANs [J]. arXiv preprint arXiv: 1801.04883, 2018.
[38] HU W, TAN Y. Generating adversarial malware examples for black-box attacks based on GAN [C] //International Conference on Data Mining and Big Data. Singapore: Springer Nature Singapore, 2022: 409-423.
[39] YE S, HU X, XU X. TDCGAN: temporal dilated convolutional generative adversarial network for end-to-end speech enhancement [J]. arXiv preprint arXiv: 2008.07787, 2020.
[40] BAO R, LIANG S, WANG Q. Featurized bidirectional GAN: adversarial defense via adversarially learned semantic inference [J]. arXiv preprint arXiv: 1805.07862, 2018.
[41] LIU F, GAO J. The application of big data technology in smart city [C] // E3S Web of Conferences. Paris: EDP Science, 2021, 251: 01053.
[42] FAHLSTROM P G, GLEASON T J, SADRAEY M H. Introduction to UAV systems [M]. Hoboken: John Wiley & Sons, 2022.
[43] KOVALEV I V, VOROSHILOVA A A, KARASEVA M V. Analysis of the current situation and development trend of the international cargo UAVs market [C] //Journal of Physics Conference Series. [S.l.]: IOP Publishing, 2019, 1399 (5): 055095.
[44] GOMEZ C, CHESSA S, FLEURY A, et al. Internet of things for enabling smart environments: a technology-centric perspective [J]. Journal of ambient intelligence and smart environments, 2019, 11 (1): 23-43.
[45] DOHR A, MODRE-OPSRIAN R, DROBICS M, et al. The internet of things for ambient assisted living [C] // 2010 7th International Conference on Information Technology: New Generations. New York: IEEE, 2010: 804-809.
[46] DE D, BHARTI P, DAS S K, et al. Multimodal wearable sensing for fine-grained activity recognition in healthcare [J]. IEEE Internet computing, 2015, 19 (5): 26-35.
[47] CHERNBUMROONG S, CANG S, YU H. A practical multi-sensor activity recognition system for home-based care [J]. Decision support systems, 2014, 66: 61-70.
[48] LARA O. D, PÉREZ A. J, LABRADOR M. A, et al. Centinela: a human activity recognition system based on acceleration and vital sign data [J]. Pervasive and mobile computing, 2012, 8 (5): 717-729.
[49] FLEURY A, VACHER M, NOURY N. SVM-based multimodal classification of activities of daily living in health smart homes: sensors, algorithms, and first experimental results [J]. IEEE Transactions on information technology in biomedicine, 2009, 14 (2): 274-283.
[50] HONG Y J, KIM I J, AHN S C, et al. Mobile health monitoring system based on activity recognition using accelerometer [J]. Simulation modelling practice and theory, 2010, 18 (4): 446-455.

CHAPTER 14

# 第 14 章

# 智能物联网与深度学习的未来展望

本章将展望智能物联网与深度学习的未来。14.1 节将探讨智能物联网与深度学习的发展前景，分析这两大技术领域未来可能的发展方向和应用场景。

14.2 节将深入讨论智能物联网与深度学习面临的挑战，包括技术层面、应用层面以及发展过程中需要解决的关键问题。

通过本章的学习，读者将对智能物联网与深度学习的未来发展有更清晰的认识，了解这一领域的发展趋势和面临的挑战。

## 14.1 智能物联网与深度学习的发展前景

### 1. 深度学习赋能物联网

近年来，深度学习技术取得了突飞猛进的发展，在计算机视觉、语音识别、自然语言理解等多个领域实现了从感知到认知的跨越。将深度学习引入物联网领域，可极大提升物联网的数据处理和分析能力。一方面，卷积神经网络（CNN）、循环神经网络（RNN）等深度学习模型可用于物联网海量异构数据的特征提取、关联分析、异常检测等，挖掘数据价值，提升系统智能。另一方面，在云边端协同的 AIoT 架构下，轻量化的深度学习算法可以部署在资源受限的边缘端，实现数据的就地处理和智能响应，提高系统实时性。例如，在工业设备健康监测中，深度学习可对设备的振动、温度等传感数据进行建模分析，及时预警设备故障，实现预测性维护。

同时，物联网也为深度学习提供了广阔的应用场景和海量的真实数据，推动深度学习模型不断优化迭代。一方面，结合具体场景数据对深度模型进行微调和专门化定制，可提高模型性能，加速落地应用。另一方面，在数据匮乏的场景，可利用迁移学习，将一个领域训练好的模型应用到相似领域，减少训练数据和时间。基于深度强化学习、自适应学习等技术，深度模型还可持续学习，不断进化，实现从专用智能向通用智能的跨越。总之，物联网与深度学习融合发展，既实现了"物联"数据驱动的智能化，又促进了"智联"模型的优化和进化。

## 2. 物联网与深度学习融合发展

随着物联网与人工智能的交叉融合，AIoT（AI+IoT）的概念应运而生，成为学术界和产业界的热门话题。AIoT强调用人工智能技术赋能物联网，通过智能算法提升物联网系统的自学习、分析决策和控制优化能力，实现全栈全域智能。在AIoT的顶层设计中，云边端协同被视为实现海量异构数据处理、复杂动态建模、智能自适应控制的关键。在云端，集中存储海量物联网数据，利用强大的计算资源和丰富的数据进行深度学习模型训练优化。在边缘侧，轻量化深度模型负责数据就近分析处理和实时控制响应。端侧智能设备负责本地数据感知与控制执行。云边端分工协作，优势互补。

同时，AIoT重塑了传统的软件定义硬件的物联网开发模式，强调软硬件协同设计。一方面，物联网芯片、传感器等嵌入式硬件需根据具体应用场景进行定制化设计，实现智能、高效、低功耗。另一方面，物联网操作系统、中间件等需为AI算法在嵌入式环境下的高效运行提供支撑。软硬件协同设计和优化成为AIoT发展的关键。例如，谷歌推出的Edge TPU专用于边缘端TensorFlow Lite模型的高效部署，实现了即插即用的边缘AI。NVIDIA公司提出的NVIDIA Jetson嵌入式人工智能计算平台，搭载GPU、CPU、PMIC、内存等模块，并预装NVIDIA JetPack SDK，极大地方便了AIoT开发。

AIoT还强调多模态感知与决策。与传统单一传感器数据分析不同，AIoT融合了图像、视频、语音、振动等多模态异构数据，利用多模态学习、跨模态推理实现全面感知和融合决策。一方面，AIoT将计算机视觉、语音识别、自然语言理解等AI技术与物联网相结合，实现更自然的人机物交互，加速物联网应用的人性化普及。另一方面，多传感器数据融合和联合建模，可显著提升异常检测、故障诊断、风险预警等核心功能的准确性，增强系统鲁棒性。例如，在自动驾驶领域，激光雷达、毫米波雷达、摄像头等多传感器数据融合，再结合高精度地图、深度学习算法，可实现车辆的全方位感知和智能决策控制，提高自动驾驶的安全性。

## 3. 智能物联网推动产业智能化升级

当前，数字经济蓬勃发展，工业互联网、智能制造等成为数字化转型的重要方向。借助物联网、大数据、云计算等新一代信息技术，以及新材料、新能源等先进技术，以智能化为主要特征的新一轮产业变革正在席卷全球。将深度学习引入产业物联网，通过智能算法增强设备的自学习、自适应、自优化能力，形成新型的工业智能，成为新一代人工智能技术与产业发展深度融合的关键抓手。

在供应链领域，智能物联网通过对采购、生产、库存、配送等各环节的数据进行实时采集、智能分析，对供需进行精准预测，实现柔性生产、敏捷配送、智能调度，推动供应链向智能化、网络化、协同化升级。在产业链层面，设备、产线、工厂、供应商、客户等产业链各参与主体实现互联互通、数据共享、协同优化，打破信息孤岛，实现产业链各环节的高效协同。以离散制造业为例，设备联网可实现生产过程的透明化管控，产品溯源可实现质量问题的快速定位，供应链协同可实现需求驱动的柔性制造。

在制造业领域，传统的制造模式正加速向智能制造、个性化定制转型。通过在关键设备上部署各类传感器，并引入机器视觉、智能语音等人机交互界面，可以采集海量工业数据，感知设备状态和产品质量。再利用深度学习算法，对产品研发、生产制造、运维服务等制造全流程进行建模优化和预测控制，形成设计、工艺、装备、管理和服务全方位智能化的新模式。例如在汽车行业，蔚来公司推出的 NOMI 车载人工智能系统，集成了语音交互、驾驶员情绪识别、场景感知等多项 AI 能力，实现了人车交互的个性化定制。在消费品行业，海尔工业互联网平台融合大数据、AI、VR 等技术，实现了用户参与产品设计、小批量个性化生产等智能服务。

在服务业领域，智能物联网正推动服务模式从被动响应向主动服务转变。利用车联网、智能穿戴等设备实时感知用户行为和偏好数据，再通过智能算法构建用户画像，洞察用户需求，形成面向不同场景、不同人群的个性化、精准化服务。以智慧医疗为例，通过可穿戴设备采集用户日常生理行为数据，再利用深度学习进行健康管理和疾病预警，为居民提供主动式、预防式、个性化的健康管理服务。同时，基于物联网平台汇聚的海量真实数据，利用机器学习不断优化服务流程，提升服务质量，催生出远程问诊、AI 辅助诊断等新型服务业态。

在能源领域，智能物联网与智慧能源深度融合，成为推动能源数字化、清洁化转型的关键力量。在智能电网场景，分布式能源接入、电动汽车充电桩等设备的接入，对电网调度控制提出了更高要求。利用物联网技术感知设备状态和用电负荷，再结合 AI 算法进行能源生产、输配、消费的协同优化，实现电网的安全、经济、高效运行。同时，AI 驱动的智能用电分析、智能需求侧管理等新业务模式不断涌现。在智慧油气田场景，钻井、采油、集输等各生产环节广泛部署了压力、温度、流量、图像等传感器，形成了复杂的工业物联网。将 AI 引入生产过程智能优化、设备健康管理、风险管控等，推动油气上游向数字化、智能化升级。

**4. 智能物联网推动社会治理变革**

随着城市数字化转型的深入推进，万物互联、数据驱动的智慧城市建设进入新阶段。城市是一个复杂的人工系统，涉及政府、企业、市民等多元主体，交通、能源、环保等多行业要素，利益诉求复杂多样。智能物联网作为感知城市的神经末梢，为城市治理插上了腾飞的翅膀。通过对人、物、环境等多源异构数据的关联挖掘，结合深度学习算法构建智慧大脑，为城市管理和公共服务提供精准洞察和智慧决策，推动社会治理迈向智能化。

在公共服务领域，医疗、教育、就业、养老等关乎民生福祉的公共服务供给质量和效率亟待提升。借助可穿戴设备、智能家居等，政府可以更全面地感知民众多样化、个性化的服务需求，提供更精准、更高效的智慧应对。同时，基于互联网和大数据，整合医疗、社保、民政等部门数据，利用知识图谱、智能搜索等技术，打造一站式民生服务平台，实现政府服务事项的"一网通办"。在医疗健康领域，医联体内部的诊疗、检验、影像等数据打通共享，再运用机器学习算法，可以辅助疾病诊断、合理用药、健康管理等。在教育领域，学生的学习行为、兴趣特点等数据的采集分析，有助于因材施教，推进教育的个性化、智能化。

在社会治安领域，犯罪形势错综复杂，传统的被动防控、经验判断难以适应新形势。公安机关通过在城市重点区域密集布控各类传感器，再结合视频结构化、人脸识别、轨迹分析等智能算法，实现对城市运行的全天候、全方位感知。利用犯罪行为识别、群体事件预警等模型，可以第一时间发现治安隐患，提升警务效能。同时，利用知识图谱技术，可对警情、警力等多源异构数据进行关联挖掘、可视化呈现，辅助情报研判和辖区管控。例如，广东省公安厅建设的"雪亮工程",通过"县级统筹、乡镇局部署、村居全覆盖"的方式,实现"全域覆盖、全网共享、全时可用、全程可控"的公共安全视频监控体系,成为平安城市的有力抓手。

在应急管理领域,自然灾害、事故灾难等突发事件的有效应对,对政府治理能力提出了严峻考验。利用遥感卫星、无人机等对地观测数据,运用深度学习算法对洪水、火情等灾害风险进行早期预警。灾情发生后,及时调度无人机、机器人等开展现场侦察、人员搜救。利用大数据技术,对灾民需求进行精准分析,实现救援物资的精准调配。在灾后重建阶段,利用物联网平台汇聚的各类灾情数据,通过知识图谱、仿真推演等技术,制定精准高效的灾后重建方案。比如,国家综合防灾减灾信息服务平台整合了气象、水利、地震、自然资源等多源数据,利用 AI 算法构建灾害风险评估模型,对自然灾害的时空分布、影响范围、损失程度进行动态评估,为应急指挥决策提供智力支持。

在城市管理领域,传统的"头痛医头、脚痛医脚"的被动管理模式,难以适应特大城市的精细化管理需求。利用视频监控、环境传感、移动终端等物联网感知技术,获取城市运行的全方位数据。通过时空数据挖掘、异常检测、相关分析等算法,对城市人流、交通、管线等进行实时监测分析,感知城市"体征"。结合数字孪生、仿真推演等技术,研判城市运行风险,制定动态的管理策略。同时,利用 AI 技术,优化调度环卫、园林等城市运维力量,提高管理效率。例如,深圳市智慧管理系统通过对城管工单、市民投诉等数据的分析挖掘,形成问题溯源、线索串并等智能化应用,再结合 AI 调度,使得城管部门对市容环境的响应时间从几天缩短至 2h 以内。

## 14.2 智能物联网与深度学习面临的挑战

智能物联网与深度学习虽然展现出广阔的发展前景,但从概念走向落地仍面临诸多挑战。一方面,智能物联网是一个复杂的系统工程,涉及感知、网络、平台、应用等多个层次,芯片、算法、架构、安全等多种关键技术。任何一个环节、一项技术的短板,都可能制约智能物联网的发展。另一方面,作为一种通用目的技术,智能物联网需要与垂直行业深度融合,探索可持续的商业模式。同时,其广泛应用也带来了数据治理、隐私保护、伦理安全等诸多挑战。本节将重点分析智能物联网在算法模型、计算架构、数据治理、跨界协同等方面面临的挑战及其应对思路。

### 1. 算法模型创新

深度学习模型是人工智能的核心,其性能很大程度上决定了智能物联网应用的效果。当前,面向智能物联网的深度学习算法仍存在诸多不足,亟须从模型设计、训练范式等方面进行针对性创新和改进。

首先,端侧智能是智能物联网的重要特征。受制于资源和功耗限制,端侧设备难以支撑传统的复杂深度模型,需要开发轻量级深度学习模型。通过网络架构搜索、剪枝、量化、蒸馏等模型压缩技术,在精度损失可接受的前提下,最大限度减小模型尺寸,加速推理速度。例如,谷歌提出的 MobileNet 系列轻量级网络,通过深度可分离卷积等设计,在同等精度下显著降低模型大小和计算量。清华大学提出的协同压缩技术,通过结构化稀疏和低秩因子分解,实现模型尺寸的极致压缩。此外,还可针对不同硬件平台,开发硬件感知的神经网络架构,在算法和硬件层面协同优化，实现端侧智能的高效部署。

其次，物联网大多应用在小样本场景。一方面，物联网终端种类繁多，应用领域各异，收集大规模标注数据的成本很高。另一方面，工业设备故障、突发事件等异常情况样本稀缺，依赖大量有标签数据训练的深度模型表现欠佳。因此，开发面向小样本的学习算法势在必行。少样本学习（Few-shot Learning）通过对已有类别的学习，掌握可迁移的特征表示，从而能在只有少量样本的情况下学习新的类别。零点学习更是希望通过对已知类别的学习，掌握语义空间的映射，对未曾见过的类别进行分类。此外，半监督学习、主动学习等也被用于解决小样本问题。小样本学习一定程度上突破了深度学习对大量标注数据的依赖，为实际应用带来曙光。

再次，在数据孤岛的背景下，开发面向分布式异构数据的机器学习框架成为当务之急。联邦学习（Federated Learning）作为一种分布式机器学习范式，允许参与方在不共享原始数据的情况下共同训练模型，成为数据孤岛背景下模型训练的有效解决方案。联邦学习的核心是在参与方本地进行模型训练，只需上传局部模型参数或梯度，从而保护隐私数据不出本地，打破数据共享的藩篱。当前，联邦学习已成功应用于智能手机的输入法、医疗人工智能等领域。同时，需要研究节点数量、数据分布不平衡等对联邦学习的影响，以及针对性的优化方法。

此外，提高深度学习模型的可解释性和稳定性，对于安全关键场景智能物联网应用至关重要。当前，深度模型普遍存在"黑盒"的问题，缺乏可解释性和透明度，难以赢得用户信任。需要开发面向因果关系、符号推理的可解释机器学习模型，让 AI 系统的决策变得可解释、可审计、可质疑。还要针对对抗攻击、数据漂移等，提高深度模型的鲁棒性。基于对抗训练、域适应等技术，增强模型的自适应能力和泛化能力，确保在开放动态环境中稳定工作。

**2. 计算架构变革**

智能物联网对计算架构提出了高性能、低功耗、实时性等多重要求。一方面，海量多模态数据给存储和计算带来巨大压力，需要重塑现有的计算架构。另一方面，复杂应用场景需要软硬协同设计，优化计算效能。为智能物联网应用提供高效算力平台，需要在芯片、存储、互连、软件等层面进行协同创新。

首先，物联网芯片向通用化、异构化方向发展，亟须芯片架构创新。通用处理器难以满足嵌入式 AI 的低功耗、实时性要求，FPGA、ASIC 等专用芯片部署成本高，灵活性差。未来需要面向 IoT 特定计算模式设计芯片架构，采用异构计算、近存算等新型设计，实现在线学习、增量学习等。例如，清华微电子所研制的通用类脑芯片，集成了神经网络与符号推理异构计算单元，并引入突触半导体存储器，实现低功耗下高效计算。同时，随着泛在连接，物联网芯片安全成为挑战。需要研究主动防御芯片架构，通过可信根、指令加密等技术，构建芯片的第一道防线。总之，面向物联网应用的新型 AI 芯片将突破传统边界，实现软件定义硬件、内存计算等创新架构。

其次，海量物联网数据对存储系统提出了高要求。当前，传统的中心化存储架构面临扩展性差、单点故障等问题。分布式存储虽然提高了可靠性和扩展性，但电力电子等工业领域对数据一致性要求极高。因此，需要研究新型分布式存储架构，在保证强一致性的同时，支持弹性扩展和多地协同。同时，存储系统要适配物联网数据"准静态"的特点，研究面向时序数据、视频数据的行列混合存储。要减少数据搬运,实现存算一体化,有望极大提升数据分析效率。例如,清华大学提出的存内计算技术,通过将数据处理迁移到存储设备内部,实现了存储与计算的无缝融合。

再次,异构计算、分布式学习等智能物联网场景对网络互连提出了更高要求。传统的 CPU 为中心的计算模式下,存在高速缓存一致性、互连带宽等诸多性能瓶颈。因此,需要开发智能互连,通过光网络、光电混合等技术,解决互连带宽和时延问题。需要研究智能拓扑,根据负载动态调整互连拓扑,优化网络利用率。需要设计异构融合互连,统一管理异构资源,实现无缝互连、协同计算,提升并行计算效率。例如在分布式深度学习中,需优化参数同步,减少通信开销。

从软件层面,物联网操作系统、边缘计算框架等中间件平台创新势在必行。由于资源限制,嵌入式设备难以运行通用操作系统。需要面向物联网智能化场景,开发轻量级物联网操作系统,为上层应用提供实时调度、异构管理等服务。在标准接口、扩展组件等方面进行针对性增强,以适配物联网应用开发的多样化需求。同时,随着边云协同成为主流,需要优化边缘计算框架,统一管理异构资源,支持模型压缩、在线学习等。在资源协同调度、容错迁移等方面开展创新,提升边缘智能服务质量。总之,物联网操作系统、边缘计算框架等将向轻量化、微服务化、智能化方向发展。

**3. 数据治理**

随着智能物联网大规模应用,海量数据治理问题日益突出。在利用数据创新应用的同时,也需着力破解数据采集困难、质量参差不齐、安全隐患突出等现实问题。推动数据汇聚共享、提升数据质量、强化数据安全成为智能物联网发展的重要课题。

首先,完善数据确权、定价、交易等机制,是推动智能物联网数据流通的关键。由于缺乏统一的数据产权界定规则,多源异构数据的归属权、使用权等边界模糊,制约了数据资源的市场化配置。需要完善数据产权制度,明晰数据权属关系,建立数据资产评估体系,合理评估数据价值,搭建数据交易平台,促进数据流通。总之,需在法律、政策、标准等层面形成制度供给,营造数据流通的良好生态。同时,区块链有望成为解决方案。利用区块链的不可篡改、可追溯等特性,可实现数据全生命周期管理,保证数据产权、交易等过程的可信可控。

其次,数据质量是人工智能的生命线。当前,由于缺乏统一的数据标准规范,加之人工标注成本高昂,智能物联网领域普遍存在数据质量不高的问题。需要从数据采集、清洗、管理等多环节强化数据质量控制。在数据采集阶段,需统一数据规范和接口标准,保障多源异构数据的互操作性。针对图像、语音等非结构化数据,亟须开发自动化标注工具,提高标注效率。在数据管理阶段,需开发数据质量评估工具,从完整性、准确性、一致性等多个维度评估数据质量。利用数据增强、迁移学习等技术,扩充样本规模,缓解数据不均衡问题。此外,区块链、联邦学习、隐私计算等新兴技术有望保障全流程数据质量。

再次,隐私泄露、数据滥用等安全问题成为智能物联网的"达摩克利斯之剑"。《个人信息保护法》《数据安全法》等法律法规为数据安全合规提供了政策指引。需要遵循最小够用、匿踪化处理的数据收集原则,强化全生命周期的数据安全防护。采用数据脱敏、同态加密、安全多方计算等技术,在保护隐私数据的前提下开展数据分析。例如,同态加密可以在密文上直接进行计算分析，无须解密就能获得分析结果，在数据使用和共享中得到广泛应用。此外，还要加强数据使用全流程监管，严防用户画像滥用等问题。可利用区块链构建数据流转"监管链"，实现数据流转可追溯、可审计。

**4. 跨界协同**

智能物联网是一个复杂的系统工程，单一技术、单个企业很难独立完成。跨技术、跨行业、跨领域的协同创新是智能物联网发展的必由之路。打破行业壁垒，发挥各自优势，协同攻关核心技术，构建生态合作，是智能物联网腾飞的关键。

首先，智能物联网与区块链技术深度融合，有利于破解数据孤岛、安全隐私等现实难题。例如在智慧医疗领域，患者的健康数据分散在医院、保险、药店等不同机构，难以形成完整的健康档案。利用区块链技术，在不同机构间搭建可信的数据共享通道，打通健康数据流通的"最后一公里"，有助于疾病的智能诊断和个性化治疗。在智能制造领域，利用区块链重塑供应链金融新生态。通过将供应链上的物流、资金流、信息流上链，实现端到端可信数据流转，解决中小企业融资难等问题。

其次，智能物联网与云计算深度融合，催生出 AIoT 云、IoT PaaS 等新型服务模式。一方面，传统的物联网平台向云端迁移，通过云服务模式提高系统扩展性和用户体验。另一方面，各大云计算厂商也将 AI 能力与云服务相结合，推出面向物联网的行业解决方案。比如，阿里云推出了城市大脑、ET 工业大脑等行业云产品，将人工智能引入城市管理、工业制造等物联网场景。同时，云原生架构也在物联网领域兴起，微服务、容器等云原生技术正在重塑物联网系统的开发模式。

再次，智能物联网同大数据融合，孕育出新应用新模式。海量物联网感知数据是人工智能的"粮食"。通过挖掘物联网数据资产，可以洞察用户行为，优化业务流程，创新数据驱动的商业模式。例如，海尔的 COSMOPlat 工业互联网平台积累了海量工业制造数据，通过机器学习开展设备故障诊断、工艺参数优化等，形成了面向制造企业的工业 APP。平安集团的"金融+生态"战略，利用智能物联网数据构建智慧城市场景，为政府、企业、个人等提供一站式智慧生活解决方案，打造"一个移动终端、一个账户、一个 APP"的未来生活图景。

此外，智能物联网与边缘计算融合，成为 AI 落地的新路径。通过在网络边缘进行数据分析和智能响应，可有效减轻云端压力，改善用户体验。同时，端云边协同已成为主流架构。在端侧就近感知与执行，在边缘侧汇聚数据与智能，在云端训练模型与管理，端云边分工协作，优势互补。例如，百度与合作伙伴共同打造的智能边缘服务器百度智能边缘（Baidu Intelligent Edge，BIE），集成了 AI 芯片、神经网络算法库等，在智能安防、智慧园区等场得到广泛应用。华为的边缘计算平台（Intelligent EdgeFabric，IEF）也应用于智慧城市、智能制造等领域。

## 本章小结

本章以"智联万物深智未来"为主题，对智能物联网与深度学习的未来发展进行了展望。一方面，深度学习等前沿技术与物联网深度融合，不断拓展物联网的智能化水平和应用场景，推动社会经济数字化转型步入新阶段，从智慧城市到智能制造，从智慧医疗到智慧能源，智能物联网正在深刻重塑人类生产生活的方方面面。另一方面，技术融合也带来诸多挑战。在算法模型层面,轻量化、小样本、联邦学习等是突破口;在计算架构层面,异构、存算一体化成为重点;在数据治理层面,产权明晰、质量提升、隐私保护亟待破题;在跨界协同层面,跨界融合、协同创新势在必行。

　　智能物联网是一场史诗级变革,而我们才刚刚开启新的征程。技术创新永无止境,产业变革方兴未艾。面对百年未有之大变局,唯有心怀敬畏、脚踏实地,以"咬定青山不放松"的定力,"不畏浮云遮望眼"的智慧,坚定不移走好自己的路。让创新成为智能物联网发展的不竭动力,让合作成为产业繁荣的金钥匙。携手共创万物互联、人机协同的美好未来,让智能点亮生活,让科技造福人类!

# 推荐阅读

## 数字逻辑与计算机组成

作者：袁春风 主编　武港山　吴海军　余子濠 编著　ISBN：978-7-111-66555-7

本书涵盖计算机系统层次结构中从数字逻辑电路到指令集体系结构（ISA）之间的抽象层，重点是数字逻辑电路设计、ISA设计和微体系结构设计，包括数字逻辑电路、整数和浮点数运算、指令系统、中央处理器、存储器和输入/输出等方面的设计思路和具体结构。本书选择开放的RISC-V指令集架构作为模型机，顺应计算机组成相关课程教学与CPU实验设计方面的发展趋势，丰富了国内教材在指令集架构方面的多样性，有助于读者进行对比学习。

## 现代操作系统：原理与实现

作者：陈海波　夏虞斌 等　ISBN：978-7-111-66607-3

本书面向经典基础理论与方法、面向国际前沿研究、面向先进的工业界实践，深入浅出地介绍操作系统的理论、架构、设计方法与具体实现。本书结合作者在工业界领带团队研发操作系统的经验，介绍了操作系统在典型场景下的实践，试图将实践中遇到的一些问题以多种形式展现给读者。同时，本书介绍了常见操作系统问题的前沿研究，从而为使用本书的实践人员解决一些真实场景问题提供参考。

## 智能计算系统

作者：陈云霁　李玲　李威　郭崎　杜子东　ISBN：978-7-111-64623-5

本书全面贯穿人工智能整个软硬件技术栈，以应用驱动，有助于形成智能领域的系统思维。同时，将前沿研究与产业实践结合，快速提升智能计算系统能力。通过学习本书，学生能深入理解智能计算完整软硬件技术栈（包括基础智能算法、智能计算编程框架、智能计算编程语言、智能芯片体系结构等），成为智能计算系统（子系统）的设计者和开发者。

# 推荐阅读

## 机器人学导论（原书第4版）

作者：[美] 约翰·J. 克雷格（John J. Craig） 译者：贠超 王伟
ISBN：978-7-111-59031-6 定价：79.00元

本书是美国斯坦福大学John J. Craig教授在机器人学和机器人技术方面多年的研究和教学工作的积累，根据斯坦福大学教授"机器人学导论"课程讲义不断修订完成，是当今机器人学领域的经典之作，国内外众多高校机器人相关专业推荐用作教材。作者根据机器人学的特点，将数学、力学和控制理论等与机器人应用实践密切结合，按照刚体力学、分析力学、机构学和控制理论中的原理和定义对机器人运动学、动力学、控制和编程中的原理进行了严谨的阐述，并使用典型例题解释原理。

## 现代机器人学：机构、规划与控制

作者：[美] 凯文·M. 林奇（Kevin M. Lynch）[韩] 朴钟宇（Frank C. Park） 译者：于靖军 贾振中
ISBN：978-7-111-63984-8 定价：139.00元

机器人学领域两位享誉世界资深学者和知名专家撰写。以旋量理论为工具，重构现代机器人学知识体系，既直观反映机器人本质特性，又抓住学科前沿。名校教授鼎力推荐！

"弗兰克和凯文对现代机器人学做了非常清晰和详尽的诠释。"

——哈佛大学罗杰·布罗克特教授

"本书传授了机器人学重要的见解……以一种清晰的方式让大学生们容易理解它。"

——卡内基·梅隆大学马修·梅森教授

# 推荐阅读

## 人工智能：原理与实践

作者：（美）查鲁·C. 阿加沃尔　译者：杜博　刘友发　ISBN：978-7-111-71067-7

**本书特色**

本书介绍了经典人工智能（逻辑或演绎推理）和现代人工智能（归纳学习和神经网络），分别阐述了三类方法：

**基于演绎推理的方法**，从预先定义的假设开始，用其进行推理，以得出合乎逻辑的结论。底层方法包括搜索和基于逻辑的方法。

**基于归纳学习的方法**，从示例开始，并使用统计方法得出假设。主要内容包括回归建模、支持向量机、神经网络、强化学习、无监督学习和概率图模型。

**基于演绎推理与归纳学习的方法**，包括知识图谱和神经符号人工智能的使用。

## 神经网络与深度学习

作者：邱锡鹏　ISBN：978-7-111-64968-7

本书是深度学习领域的入门教材，系统地整理了深度学习的知识体系，并由浅入深地阐述了深度学习的原理、模型以及方法，使得读者能全面地掌握深度学习的相关知识，并提高以深度学习技术来解决实际问题的能力。本书可作为高等院校人工智能、计算机、自动化、电子和通信等相关专业的研究生或本科生教材，也可供相关领域的研究人员和工程技术人员参考。